Anke te Heesen

Revolutionäre im Interview
Thomas Kuhn, Quantenphysik und Oral History

Verlag Klaus Wagenbach Berlin

Einleitung

Im Frühsommer 1963 erschien in einer dänischen Tageszeitung eine Fotografie von Thomas S. Kuhn. Sie zeigt den Wissenschaftshistoriker – noch ein Stück weit entfernt vom späteren Weltruhm – an einem Schreibtisch sitzend. Mit der obligatorischen Zigarette in der Hand geht er lässig die vor ihm liegenden Unterlagen durch. Das Telefon ist auf die Fensterbank verbannt, der Flüssigkleber steht in einer großen Dose bereit, jede Menge Papiere sind vor ihm ausgebreitet. Der die Fotografie begleitende Artikel berichtet – so die Überschrift – von der Rettung quantentheoretischen Quellenmaterials in letzter Sekunde [Abb. 1]. Neben Kuhn ist auf weiteren Bildern auch sein Mitarbeiter John L. Heilbron bei der Durchsicht von Materialien zu erkennen sowie das ehemalige Büro des Physikers Niels Bohr mit Arbeitsnotizen auf einer Wandtafel..

Diese Aufnahmen vom Juni 1963 sind die einzigen, die Kuhn als Leiter des Sammlungs- und Interviewprojekts Sources for History of Quantum Physics (SHQP) und dessen Arbeit zeigen. 1961 offiziell begonnen, hatte es zum Ziel, alle verfügbaren Quellen zur Genese der Quantenphysik zu sammeln. Dazu sollten die noch lebenden Physiker und Physikerinnen ausführlich befragt und um Kopien ihrer noch existierenden persönlichen Arbeitsunterlagen gebeten werden. Dass diese Unternehmung, die ein neues Kapitel in der modernen Wissenschaftsgeschichte aufschlug und diese entscheidend prägte, mangels visueller Zeugnisse im doppelten Sinn fast un*sicht*bar bleiben sollte, ist durchaus emblematisch. Denn nicht nur ist bisher kaum etwas bekannt über die Arbeitsweise des Projekts bekannt, am Ende der zunächst in Teilen als Misserfolg verbuchten Untersuchung entwickelte sich zugleich die wichtige Konsequenz, dass die Sicherung historischer Forschung mündlich wie schriftlich zu erfolgen habe: Dokumentationswürdig war von nun an auch das Zustandekommen der Erkenntnisse, ermittelt wurde dieses im Interview mit den Akteuren: Der Wissenschaftler selbst trat auf die Bühne, die früher vom fertigen Ergebnis dominiert worden war.

Professor, dr. THOMAS S. KUHN, der leder indsamlingsarbejdet af kildematerialet til atomfysikkens udvikling i vort århundrede. - Billedet er taget i sekretariatet på Carlsberg

Kvanteteoriens kildemateriale reddes i sidste sekund..

EN af de største revolutioner i naturvidenskabernes historie har fundet sted i tiden mellem århundredets begyndelse og anden verdenskrig. Det var i denne periode den moderne atomfysik blev udviklet — og det er velkendt, at det især blev Niels Bohrs indsats inden for kvantefysikken, der kom til at præge hele denne relativt hurtige, ofte dramatiske udvikling.

FOR kun få år siden blev man klar over, at førstehåndskendskabet til hele denne periode i atomfysikken hurtigt kunne forsvinde med de lidt ældre forskere. Man blev opmærksom på, at der nu måtte handles hurtigt, hvis man ville bevare de store berømtheders stemmer og deres personlige erindringer for eftertiden. På amerikansk initiativ gik man derfor i gang med denne alt andet end lette opgave, der i første omgang måtte bestå i at indsamle dokumentarisk materiale af enhver art — breve, båndoptagelser af erindringer, udkast til afhandlinger, upublicerede manuskripter og foredrag o.s.v. Det er håbet, at dette materiale, når det er indsamlet, vil danne grundlaget for fremtidigt arbejde vedrørende kvantefysikkens historie.

Hovedkvarter på Carlsberg

Fra flere udtalelser ved man, at professor Niels Bohr, der i så høj grad var den centrale skikkelse i denne udvikling inden for atomfysikken, var meget interesseret i at fremme arbejdet med indsamling af kildemateriale — og det er derfor ikke mærkeligt, at arbejdets hovedkvarter siden september 1962 har været henlagt til København. På professor Bohrs invitation har den amerikanske gruppe, sammen med professor Bohrs tidligere sekretariat, til huse i en ombygget hestestald nogle få skridt fra æresboligen. Der finder man i dag noget i retning af et moderne historisk laboratorium, udstyret med moderne teknik i form af mikrofilmapparater, båndoptagere etc. og med en lille stab af amerikanere, som arbejder under ledelse af professor i videnskabshistorie ved University of California, Berkely, dr. Thomas S. Kuhn. Hele projektet er underlagt en komité af kendte forskere, der er de ansvarlige for projektets gennemførelse.

— I 1961 henvendte American Physical Society og American Philosophical Society sig til den amerikanske National Science Foundation for at opnå økonomisk støtte til en treårige opgave, der skulle gå ud på at indsamle interviews med kendte forskere inden for kvantefysikken og desuden indsamle alt relevant videnskabeligt materiale til belysning af kvanteteorien og beslægtede forskningsgrene i tiden fra århundredets begyndelse til først i trediverne, siger professor Kuhn. Det er det arbejde, vi nu er i gang med, og siden september 1962 har vi — for at lette kontakterne til de europæiske forskere — haft hovedkvarter her på Carlsberg. Vi begyndte at tale med professor Bohr om hans tidlige arbejde kort efter vor ankomst, og optog adskillige bånd. Naturligvis kunne han have fortalt os langt mere. Nu har vi hans righoldige korrespondance, som omfatter såvel breve

1 Thomas S. Kuhn am Schreibtisch im Projektbüro in Kopenhagen (Artikel einer dänischen Tageszeitung, Juni 1963)

6000 af Niels Bohrs breve undersøges som led i international klarlæggelse af atom- og kvantefysikkens udvikling i vort århundrede

Af E. SCHELDE MØLLER

Dr. JOHN L. HEILBRON, der er professor Kuhn's højre hånd i arbejdet. Han er her ved at foretage en første gennemgang af materiale indsendt fra Wien

til som fra ham, og alene gennemgangen af dette materiale er et stort arbejde.

— Hvor mange breve har Niels Bohr efterladt sig?

— Hvis vi holder os til de breve, der vedrører videnskabelige emner, er der omkring 6000.

— Har der været mange overraskende breve?

— Det er næsten umuligt at svare på. Jeg vil hellere sige, at der er et meget stort antal breve af stor interesse, og vi har lært meget, som vi ikke tidligere har vidst noget om.

— Er der mange breve til og fra Einstein?

— Korrespondancen med Einstein er ikke særlig omfattende. Dette gælder også Max Planck, kvantefysikkens grundlægger, hvorimod korrespondancen med f.eks. Rutherford, opdageren af atomkernen, er særdeles omfangsrig. Men i øvrigt er

Professor NIELS BOHR's sidste ord på den tavle, der findes i sekretariatet. Det er muligt, at man vil lade tavlen med hans skrift bevare - det burde man faktisk gøre. Det første ord på tavlen er Planck - navnet på den forsker, hvorfra hele Niels Borhr's eget arbejde udgik

der breve fra alle kendte forskere, og desuden har vi her i bygningen alle professor Niels Bohrs særtryk, hele hans samling af artikler og afhandlinger, hvad der er os til meget stor hjælp. Hvis vi skulle lede det frem på bibliotekerne, ville det være et kolossalt arbejde. For resten vil jeg gerne understrege, at meget af vort arbejde foregår uden for København — vi har rejst omkring i Europa for at tale med de forskere, der har været med i kvanteteoriens udformning — for nylig har jeg besøgt forskere som Heisenberg, Max Born, Dirac, de Broglie og mange andre. Desuden har vi samlet materiale til omkring 125 korte biografier af kvantefysikkens forskere, deriblandt også de forskere, som vi har interviewet og foretaget båndoptagelser med.

— Hvordan tegner hovedlinjerne sig i kvantefysikkens udvikling?

— Fra århundredskiftet til 1913 er det den egentlige Planck-periode, derefter følger Niels Bohrs periode, indtil 1925, hvor den hidtidige kvanteteori afløses af en ny kvanteteori, præget især af professor Heisenberg og professor Schrödinger. Meget af dette arbejde stammer fra København, og professor Bohr tog til stadighed del heri og spillede en fremtrædende rolle ved løsningen af problemerne. I tiden fra 1922 til 1928 foregår der et meget intensivt arbejde, det er kvanteteoriens store klimaks, der strækker sig ind i trediverne, hvor vort arbejde slutter i denne omgang. En ting er jeg blevet fuldstændig klar over: det har ikke været et minut for tidligt, vi begyndte dette arbejde.

Studiearkiv i København

— Hvor skal alt dette indsamlede materiale opbevares, og hvad bliver det første resultat?

— Fra begyndelsen har det været meningen, at vi skal offentliggøre et katalog over det eksisterende materiale, og hvor det findes. I USA vil der blive oprettet to særlige arkiver i Philadelphia og i Berkeley, og her i København vil der på universitetets institut for teoretisk fysik — Bohrs institut — blive oprettet et studiearkiv, der vil være åbent for den internationale forskning, slutter professor Kuhn.

Om et års tid vil dette arbejde være afsluttet — og man kan vist uden overdrivelse hævde, at man dermed — i sidste øjeblik — har sikret sig størstedelen af det historiske dokumentarmateriale til en af de største og mest dybtgående omvæltninger i menneskehedens syn på og spekulationer over naturen.

E. Schelde Møller.

Sicher, die Fragen, wie und mit welchen Quellen die Geschichte der Wissenschaft gespeichert werden konnte, waren älter als das Kuhn'sche Projekt. Seit der Gründung der Forschungsuniversität zu Beginn des 19. Jahrhunderts, seit der Einrichtung der modernen Fachrichtungen und der Entstehung der Geisteswissenschaften wurden sie unterschiedlich beantwortet. Allen voran waren es die aufstrebenden, selbstbewussten Naturwissenschaftler in der Mitte des 19. Jahrhunderts, die sich als treibende Kraft einer heroischen Verbesserungsgeschichte der menschlichen Lebensbedingungen sahen. Indem sie in der Ausübung ihres Berufes täglich spürten, welch rasantem Wandel ihr Wissen und dessen technische Grundierung unterlagen, wuchs der Bedarf, an das Zurückliegende und Überwundene zu erinnern, sei es zum Zwecke der Erhöhung des gegenwärtig Erreichten, sei es zum Zwecke seiner Herleitung. Fortschrittserfahrung war eine mächtige Antriebsfeder für eine zu schreibende Geschichte, das Leben des großen Mannes ihr Genre. Wie Perlen auf einer Kette wurden die Biografien von Wissenschaftlern aneinandergereiht – Kepler, Galilei, Humboldt –, um den Ruhm von Astronomie, Physik und Biologie feierlich vor Augen zu führen. Wissenschaftsgeschichte – fast bis in das 21. Jahrhundert hinein vor allem als Geschichte der Naturwissenschaften verstanden – war ein fester Bestandteil von großen Reden zu den Jubiläen von Akademien, von feierlichen Eröffnungen internationaler Tagungen und den respektvollen Feierstunden für berühmte Kollegen.

Um 1900 begann man mit Überlegungen zur Professionalisierung dieses Erinnerungsdienstes. Welche Archive sollte man gründen, um etwa eine Geschichte der Physiologie zu ermöglichen? Man kaufte Briefe auf Auktionen, schrieb noch lebende Wissenschaftler an und bat sie um Autografe; man gründete erste dezidiert wissenschaftshistorische Zeitschriften. Diese durch Privatsammler und Institutionen gleichermaßen geförderte Entwicklung wurde vom Ersten Weltkrieg nur für kurze Zeit unterbrochen. Zwar brachte die anschließende Zwischenkriegszeit neue wissenschaftshistorische Ansätze hervor – in Wien, Lemberg, Moskau, Hamburg oder Paris –, die mit größerer oder geringerer zeitlicher Latenz der jungen Disziplin auch ihren Stempel aufprägten, doch zunächst einmal hatte das auf die erinnerungspraktische Großwetterlage wenig Einfluss. Erst der Zweite Weltkrieg und seine Folgen markierten einen wirklichen

Einschnitt. Die Naturwissenschaften und die Medizin hatten in erheblichem Maße zu einem doppelten Zivilisationsbruch beigetragen, und sowohl die Entwicklung der ersten Atombombe als auch die Menschenvernichtungsinstrumente der Nationalsozialisten hatten auf sehr unterschiedliche Weise die moderne Vorstellung vom gleichzeitig wissenschaftlichen und moralischen Fortschritt jäh und grundlegend infrage gestellt. Für Autoren wie Robert Jungk oder Günther Anders verkörperten die neuesten Erfindungen nun das Potenzial zur Selbstauslöschung der Menschheit. Mehr denn je wurde in der Nachkriegszeit und während des Kalten Krieges deutlich, dass Forschung nach wie vor in den militärisch-technologischen Komplex eingebunden und nicht allein der Gesundheitsfürsorge oder einem stetig wachsenden Wohlstand gewidmet war. Dabei galt vielen der 1950 ausgebrochene Koreakrieg als Auftakt für eine finale Entfesselung der in durch die Wissenschaft akkumulierten technischen Destruktivkräfte, von der sich die Menschheit nicht mehr erholen würde.

Infolge dieser neuen Situation grundlegender Verunsicherung musste auch das Bild von der zu erzählenden Geschichte ebendieser Naturwissenschaften auf ein neues Fundament gestellt werden. Die Frage nach den jüngsten und entscheidenden Entwicklungen der Physik, der Genetik oder der Human-Physiologie konnte nicht mehr allein in Feierstunden abgehandelt werden, ganz andere Fragen drängten nun auf Antwort: Wie war dieses Wissen entstanden und welchen Weg hatte es bis zu seiner grausamen Anwendung genommen? Wie konnte dieses Wissen von seiner politischen Kontamination bereinigt werden? War dies überhaupt noch möglich? In den 1950er und 1960er Jahren nahm die Wissenschaftsgeschichte – oder besser: die wenigen Personen an den Universitäten, die sich als Wissenschaftshistoriker verstanden – einen erneuten Anlauf, um nach den Quellen und der Art und Weise zu fragen, wie Wissenschaft erinnert und gedeutet werden sollte.

Struktur der wissenschaftsgeschichtlichen Revolutionen

Zum Zeitpunkt der Entstehung des Projekts Sources for History of Quantum Physics machte sich der Wissenschaftssoziologe Robert K. Merton daran, die Perlenkette der aufeinanderfolgenden großen

Geister zu zerschneiden. In seinem Buch *On the Shoulders of Giants* untersuchte er die Geschichte eines Aphorismus, der damals noch Isaac Newton zugeschrieben wurde und der das Verhältnis von Wissenschaft und Vergangenheit reflektierte: »Ein Zwerg, der auf den Schultern von Riesen steht, sieht weiter als der Riese selbst.« Ursprünglich hatte Merton diesen Satz zum Anlass nehmen wollen, um über die kollaborative Natur der Wissenschaftsarbeit nachzudenken.[1] Doch die ganze Fortschrittsvorstellung von Schulter und Ausguck erwies sich in jüngster Zeit als untauglich. Merton zitiert den Physiker und Wissenschaftshistoriker Gerald Holton, der 1961 das Bild erweitert hatte: Die Entwicklung der Physik, ja des wissenschaftlichen Fortschritts im Allgemeinen, sei im 20. Jahrhundert so schnell verlaufen, dass die sie prägenden Männer zwar Vorläufer seien, aber zugleich die unmittelbaren Lehrer und Nachbarn, wenn es um »Zeit und Geschmack geht [...]: Wir sind unendlich privilegiert, weil wir heute in den Naturwissenschaften Seite an Seite mit den Giganten sitzen, auf deren Schultern wir ruhen.«[2] Auch wenn die – und man muss hinzufügen: männlichen – Nachkommen immer noch *symbolisch* auf die Schultern der Vorhergehenden angewiesen waren, so konnten sie doch zum ersten Mal in der Geschichte auch *körperlich* neben ihnen Platz nehmen. Holton war für Merton der bis dahin letzte Kronzeuge einer langen Nutzungsgeschichte des Aphorismus und auch in wissenschaftshistorischer Hinsicht einer der entscheidenden.[3] Denn indem Holton auf die noch lebenden Giganten einer gerade vergangenen Wissenschaftsentwicklung verwies und nicht allein auf lang zurückliegende Ereignisse, trat eine subjektive Seite von Wissenschaft in den Vordergrund, nämlich die persönliche Erinnerung an den Verlauf der Forschung selbst. Während die Schultern der Riesen zuvor aus den schriftlich niedergelegten Entdeckungen und Gesetzen bestanden hatten, befand man es nun zum ersten Mal für wert, mündlich oder brieflich mitgeteilte Gefühle und Intuitionen, Memoriertes und nicht Erinnertes, Erzählungen und Tatsachen gleichermaßen wahrzunehmen. Die Riesen konnten erstmals von den Historikern befragt werden. Was, wie wir noch sehen werden, unerwartete Probleme mit sich brachte.

Die Synchronizität der wissenschaftlichen Erkenntnisse und die Zeitgenossenschaft ihrer Protagonisten bildete auch einen elementaren Bestandteil von Thomas S. Kuhns Buch *The Structure of*

Scientific Revolutions, dessen Manuskript er, bevor er 1961 mit seiner Arbeit an dem großen Projekt begann, in weiten Teilen abgeschlossen hatte. Ein Jahr später erschien das heute so bekannte Werk, das die perspektivischen Veränderungen in den Naturwissenschaften beschreibt, die er Paradigmenwechsel, »paradigm shift«, nannte. Dezidiert argumentiert Kuhn gegen die hergebrachte Vorstellung eines kontinuierlichen, die Erkenntnisse addierenden Fortschritts und für revolutionäre, plötzliche Wechsel. Kuhn plädierte für ein Verständnis von wissenschaftlicher Arbeit in gruppenähnlichen Organisationsformen, getragen von Traditionen und gemeinsamen Grundlagen.[4] »Der Übergang von der Newtonschen Mechanik zur Quantenmechanik rief viele Diskussionen über das Wesen und die Normen der Physik hervor, von denen einige noch immer nicht abgeschlossen sind. Es leben heute noch Menschen, die sich an ähnliche Auseinandersetzungen erinnern können, welche durch die Maxwellsche Theorie des Elektromagnetismus und durch die statistische Mechanik hervorgerufen wurden«.[5] Dabei ist nicht allein entscheidend, wer auf wessen Erkenntnissen aufbaut, sondern welche Erkenntnisse nebeneinander existieren oder vielleicht vorhergehende aufzulösen imstande sind.

Diese Neubetrachtungen verbanden sich mit einem dritten Buch aus dieser Zeit, das genannt werden muss, um das Neue der Sources for History of Quantum Physics zu verstehen, nämlich Marshall McLuhans *The Gutenberg Galaxy*. Darin entwarf dieser eine Medientheorie, nach der der Inhalt der Kommunikation nicht unabhängig von seiner Form respektive seinem Medium existieren kann. Mit Einsetzen des Buchdrucks war der Mensch aus einer mündlichen Kultur in eine visuelle übergegangen, von der Diktion der gesprochenen Rede in eine der zweidimensional und visuell strukturierten Schrift. Daraus war der »typografische Mensch« entstanden.[6] Doch die Gutenberg-Galaxis, immerhin seit dem 15. Jahrhundert entwickelt und gefestigt, komme nun mit der Einführung des Radios, des Tonbandes und schließlich des Fernsehens und Computers, kurz: der elektronischen Medien, selbst an ihr Ende: »Heute, im elektronischen Zeitalter, können wir verstehen, warum die besonderen Eigenschaften der Buchdruckkultur immer mehr an Wirksamkeit verlieren und warum es bei der sprachlichen Gestaltung zu einer Neubelebung der oralen und auditiven Werte kommt.«[7] McLuhan führte hier noch nicht aus, welcher Art das neue Verhältnis des Menschen zur Mündlichkeit sein könnte, aber ein wichtiges Indiz für die Richtigkeit seiner Diagnose bildete das vermehrte Aufkommen von Interviews. Heute allgegenwärtig, hatte das Interview in den 1950er und 1960er Jahren noch einen besonderen Stellenwert, der längst nicht nur auf seine neuartige Faszinationskraft in Funk und Fernsehen gegründet war, sondern sich beispielsweise in der sozialwissenschaftlichen Forschung aus seinem Status als innovativem Instrument ergab. Wenn das Mündliche zunehmend in den Vordergrund zu rücken schien, dann war vielleicht das Interview die einzige Art und Weise, wie die Riesen noch gewürdigt und ihre Gedanken für die Zukunft bewahrt werden könnten?

In dieser geistigen Gemengelage, in der die Riesen an einen Tisch gebeten und nach ihren Erfahrungen befragt werden konnten (»es leben heute noch Menschen, die sich [...] erinnern«), lässt sich Kuhns berühmtes Buch nicht nur als eine Geschichtstheorie für Wissenschaftsprozesse lesen, sondern auch als indirekte Aufforderung zur Sammlung von authentischen Schilderungen einer wissenschaftlichen Revolution, zu einer vergleichenden Befragung über zahllose Momente, in denen Wissenschaft betrieben und entscheidend verändert wurde. Anders gesagt: Das Interviewprojekt sollte eine empirische Fundierung seiner Theorie von der Dynamik wissenschaftlicher Erkenntnis liefern. Das – so meine These – war der wesentliche Grund, warum Kuhn, noch während sein Buch im Erscheinen begriffen war, seine Professur an der University of California in Berkeley aussetzte und sich der Dokumentation einer rezenten wissenschaftlichen Revolution widmete. Doch für diesen in der Wissenschaftsgeschichte völlig neuen Versuch galt es für Kuhn den Baukasten einer eigenen empirischen Historiografie zu entwickeln, denn Fragen und Antworten für ein besseres Verständnis von Wissenschaft hatte es bis dahin noch nicht gegeben.

Das Projekt

Vor diesem historiografischen und medienhistorischen Hintergrund entwickelte sich zu Beginn der 1960er Jahre das Projekt Sources for History of Quantum Physics. Es kann als das erste organisierte Unterfangen zur Sicherung und Sammlung von (mündlichen) Quellen zur Physikgeschichte, ja der Wissenschaftsgeschichte des

20. Jahrhunderts überhaupt gelten.[8] Seine Initiatoren waren ebenso wie diejenigen, die die Arbeit realisierten, in der Physik ausgebildet worden, arbeiteten als Physiker oder begannen sich gerade der Physikgeschichte zu widmen. Kuhn leitete das Projekt, führte den Großteil der Interviews durch und verstand sich als Wissenschaftsphilosoph und Historiker. John L. Heilbron, stellvertretender Leiter des Projekts, arbeitete noch an seiner Dissertation und bereitete die Interviews vor. Paul Forman schließlich entwickelte sein Promotionsthema, während er die Interviews edierte und die Dokumente für den Transfer auf Mikrofilm vorbereitete. Das Interesse aller drei Projektbearbeiter an der Geschichte der Quantenphysik war noch jung. Kuhn hatte zwar physikgeschichtliche Publikationen vorzuweisen, doch auf dem Gebiet der Quantenphysik war er nach eigener Aussage Novize.[9] Nun oblag es dem Trio und seinen Helfern, diese so bedeutsamen Jahre der Physik zu dokumentieren: Welche Physiker lebten noch und konnten befragt werden, welche Korrespondenzen gerettet und für die historische Forschung zugänglich gemacht werden? Niels Bohr, Werner Heisenberg, James Franck und viele andere sollten – so die Erwartung – Auskunft geben über die Genese *der* wissenschaftlichen Revolution des 20. Jahrhunderts. Kern des Interviewprojekts war es deshalb, die Entwicklungsprozesse der Quantenphysik greifbar zu machen, danach zu fragen, wie man Modelle konstruiert, aus welchen Überlegungen Berechnungen angestellt und gegen welche Hindernisse man gearbeitet hatte.

Dass mit einem solchen Projekt drei Männer beauftragt wurden, kam nicht von ungefähr. Physik, und auch die Physikgeschichte, wurde in den 1950er und 1960er Jahren vor allem von Männern betrieben, Frauen traten nur am Rande in Erscheinung. Neben Kuhn, Heilbron und Forman muss ergänzend aber Lini Allen genannt werden, die als Fremdsprachensekretärin das Projekt während der gesamten Laufzeit begleitete und die organisatorischen Fäden in der Hand hielt. Lini Allen wurde am Ende zur Mitautorin der abschließenden Projektpublikation, und es spricht für die Beteiligten, dass sie ihre geleistete Arbeit auch auf akademischer Ebene honorierten.

In der Dominanz der Männer schrieb sich das Verständnis heroischer Forschergestalten fort. So berichtete auch James Franck in einem Interview, wie man sich in den 1920er Jahren um die großen Männer der Physik scharte, um ihnen beim Rechnen zuzuschauen und zu ihren Kolloquien zu pilgern.[10] Dabei ergaben die Wege des Austauschs in der Physik und der gegenseitigen Besuche zu Beginn des 20. Jahrhunderts eine Landkarte, die von den Knotenpunkten, Netzwerken und vom kooperativen Charakter der Forscher kündete: Ernest Rutherford forschte in Manchester und Cambridge und Niels Bohr in Kopenhagen, Albert Einsteins Stationen zu dieser Zeit waren Bern, Zürich, Prag und Berlin. Man ging nach München, um Arnold Sommerfeld zu hören, man reiste nach Göttingen, weil dort gerade Bohr einen Vortrag hielt, und wenn möglich sollte ein Abstecher nach Berlin zu Max Planck im Reiseplan enthalten sein. Physik zu studieren war mit einer Grand Tour verbunden, einer Bildungsreise, die zu den Stätten der Forschung führte, den Novizen belehrte und den *spirit* physikalischer Arbeit vermittelte. Diese Landkarte zum Erwerb physikalischer Weltläufigkeit wurde von Kuhn und seinen Mitstreitern zugrunde gelegt und wie in einem *reenactment* nachvollzogen: Im Zentrum des Projekts stand ein Jahr in Kopenhagen, in dem man die Büros in direkter Nähe zu Bohr einrichtete, um von dort zu den noch lebenden Physikkoryphäen in Europa aufzubrechen – Osteuropa wurde wegen des Eisernen Vorhangs weitgehend ausgespart.

Es ging also darum, »into the field« (Kuhn) zu kommen, Interviews zu führen und Dokumente zu sammeln. Dabei musste die distanzierte forschende Position mit dem unmittelbaren Gespräch und dem Respekt gegenüber den Nobelpreisträgern vereint werden. Den Kontakt für die bekannteste Grand Tour der Physikgeschichte hatten in der Regel Gewährsmänner hergestellt, doch wie würden die ehemaligen Revolutionäre auf die jungen reisenden Physikhistoriker – Kuhn war 39, Heilbron 27 und Forman 24 Jahre alt – und ihren neuartigen Dokumentationsversuch reagieren?

Die beginnenden sechziger Jahre lassen sich als Periode betrachten, in der die Wissenschaftsgeschichte eine neue Form annahm: Das Bild vom Fortschritt wurde diffuser, man sprach von Paradigmenwechseln der Erkenntnis, und die Bedeutung des Mündlichen wuchs immens. In die Sources flossen diese zeitgleichen Anregungen mehr oder weniger explizit ein. Für das vorliegende Buch bilden die genannten Aspekte den Ausgangspunkt, um auf die drei Projektjahre von 1961 bis 1964 einzugehen und dabei einem doppelten Argumentationsstrang zu folgen. Neben der Schilderung der ungeschriebenen Geschichte eines für die *history of science* zentralen Vorhabens wird das historische Aufkommen des Interviews rekonstruiert, das mitsamt den aufwendigen Praktiken seiner Archivierung zur Grundlage einer neuen wissenschaftshistorischen Denkweise und Forschungspraxis führte. Worin lag der Reiz dieses Frage-Antwort-Komplexes? Wie wir noch sehen werden, wäre Kuhn der falsche Adressat für diese Frage gewesen. Aber sein Vorgehen führt uns nicht nur das übliche Auf und Ab eines Forschungsprojekts vor Augen, sondern zeigt, welche Hoffnungen sich auf das Mündliche gerichtet hatten. Es wird deutlich werden, wie viel mühselige Sammel- und Auswertungsarbeit damit verbunden war – zu sehen auf dem Schreibtisch Kuhns – und auf welchen Ebenen das Interviewprojekt als gelungen und als gescheitert angesehen wurde.

Zunächst aber steht die Physik selbst im Vordergrund. Worum ging es in der modernen Physik zu Anfang des 20. Jahrhunderts und warum wurde sie als Revolution erfahren? In welchem brodelnden politischen Raum entfaltete sie sich und wie reagierte das physikgeschichtliche Projekt darauf? Wie bereiteten sich die Interviewer vor, damit sie von den gestandenen Physikern als Gesprächspartner anerkannt wurden? Dabei werden Einblicke in eine bisher nur fragmentarisch geschriebene Geschichte des Forschungsinterviews gegeben, das sich um 1960 aus zahlreichen Arbeitszusammenhängen speist, zu denen der Journalismus genauso gehört wie die Psychologie oder die Politikgeschichte. Schließlich gilt es in die Gespräche selbst einzutauchen.[11] Was wurde als ein gutes Interview bewertet, und warum scheiterten einige Befragungen vollständig? Endlich stehen die Serien von Interviews mit Niels Bohr und Werner Heisenberg im Mittelpunkt, wobei die erste den tragischen, die zweite zumindest für Kuhn den geglückten Höhepunkt des gesamten Projekts darstellte. Die Geschichte endet in dem Moment, in dem das aufgebaute Archiv in Kisten verpackt und verschickt wurde.

Das also sind die Ingredienzen dieses Buches – die Vergangenheit, in die die Gegenwart einbrach, ein ehrgeiziger Mann, der am Beginn einer Weltkarriere stand und die im Interview festgehaltenen Erinnerungen, die im Zuge der Medienentwicklung für die historische Forschung ein einziges großes Versprechen darstellten – und die trotz des vermeintlichen Scheiterns des Projekts die jüngere Wissenschaftsgeschichte entscheidend prägten.

1 Eine Geschichte der Physik

1961 hatte die physikalische Forschung einen derart hohen Grad an Komplexität erreicht, dass sich ihre Geschichte wie auch ihre Gegenwart nahezu nur noch Spezialisten erschloss. Das große Interviewprojekt stand also vor einer nicht geringen Aufgabe: Es galt die vergangene Physik zu verstehen und überblickend zu begreifen, um überhaupt detaillierte Fragen an die Interviewpartner richten zu können. Hinzu kam die Frage, wie mit der spätestens seit den dreißiger Jahren vollzogenen politischen Steuerung der Forschung umzugehen sei. Auch nach dem Ende des Zweiten Weltkriegs lag der Schatten der Politik auf der Physik, ihre Dynamik stellte sich vielen weniger universell-kooperativ denn (system-)konkurrierend dar, was den Blick auf die Zeit der großen, noch unbelasteten Entdeckungen erheblich trübte. Diese Gemengelage – mitten im Kalten Krieg zur Geschichte der Quantenphysik zu forschen, die zugleich die Grundlage für die vernichtendste aller Waffen gelegt hatte und die eine dramatische Rolle in dem Kräftemessen zweier Supermächte spielte – bildete die Ausgangssituation für das Projektteam.

Von der klassischen zur modernen Physik

Auch zu diesem Zeitpunkt galt die Physik nach wie vor als die mächtige Königin der Wissenschaften. Keine andere Disziplin konnte das Funktionieren der Welt so gut erklären, keine andere die Natur, ihre Gesetze und Regelhaftigkeiten besser in ein Verhältnis setzen. Der großen wissenschaftlichen Revolution im 17. Jahrhundert kam ein immenser Anteil daran zu, in ihrem Zuge hatte sich die experimentelle Beobachtung etabliert, die dabei gewonnenen Ergebnisse wurden von nun an mit mathematischen Methoden untersucht. Im Lichte von Newtons Mechanik war die Natur als nach unwiderruflichen Gesetzen, nach Ursache und Wirkung geordnet verstehbar und voll universeller Naturkonstanten. In diesem vollendeten Gefüge der

Natur, das wie ein Uhrwerk funktionierte, stand der Mensch als berechnender Geist im Mittelpunkt. Naturgesetzlichkeit, also Kausalität, nicht Wahrscheinlichkeit – die erst später ins Spiel kam –, und die Unterscheidung von Subjekt und Objekt prägten die Vorstellung der klassischen Physik. Raum und Zeit wurden als absolute Gegebenheiten der Welt angenommen.

Mit dem Aufkommen der Relativitätstheorie zu Beginn des 20. Jahrhunderts setzte eine grundlegende Änderung ein. Der zuvor als absolut angesehene Raum, der unabhängig von Materie und Zeit, also dem physikalischen Geschehen war, schien nun selbst physikalische Eigenschaften zu besitzen. Raum und Zeit verschmolzen gewissermaßen und ließen sich nicht von einem Fixpunkt her erkennen, sondern konnten allein aus einem momentanen, relativen Standpunkt gemessen werden, der selbst Teil des zu beobachtenden Gefüges war. Nunmehr gab es nicht allein die eine Wirklichkeit, die immer und überall die selbe war, sondern die Wahrnehmung der Welt hing ab von verschiedenen Bezugssystemen, in denen sich die einzelnen Elemente der Wirklichkeit befanden. Es kam nun auf den Beobachterstandpunkt an. Der Philosoph Ernst Cassirer brachte dies auf den Punkt: »Die klassische Mechanik hatte hier zu früh geglaubt am Ziele zu sein. Sie klammerte sich an bestimmte Bezugskörper [etwa die Sonne oder die Fixsterne, AtH.], an denen sie auf irgendeine Weise endgültige und allgemeine, also schlechthin ›objektive‹ Maße zu besitzen glaubte. Für die neue Theorie liegt dagegen die wahre Objektivität nirgends mehr in empirischen Bestimmtheiten, sondern nur in der Art und Weise, in der Funktion der Bestimmung selbst. Die Raum- und Zeitmaße in jedem einzelnen System bleiben relativ«.[12]

Letztlich aber war die Relativitätstheorie Albert Einsteins immer noch vereinbar mit der naturgesetzlichen Mechanik Newton'scher Prägung, ließ sich immer noch berechnen und vorhersagen, auch wenn bereits erste Widersprüche zur klassischen Physik beobachtet worden waren.[13] »Die Relativitätstheorie«, so beschreibt es Max Planck, »welche anfänglich in den hergebrachten Vorstellungen von Raum und Zeit eine gewisse Verwirrung anrichten zu wollen schien, hat sich schließlich tatsächlich als eine Vollendung und Krönung des Gebäudes der klassischen Physik erwiesen.«[14]

Die Quantenphysik

Aber das Gebäude wurde erneut erschüttert. Dieses Mal dauerte es etwas länger, bis man sich wieder auf annähernd sicherem Grund wähnte und dieses neue Fundament in selbstverständlicher Weise als »Quantenphysik« bezeichnen konnte.[15] Noch 1928 beschrieb deshalb der britische Astrophysiker Arthur Stanley Eddington das Gebäude der Physik mit den Worten, »man müsse über der Eingangspforte zur neuen Physik eigentlich eine Tafel anbringen mit der Aufschrift: ›Bauliche Veränderungen im Gange – Unbefugten ist der Eintritt streng verboten!‹«[16] Denn während sich die Relativitätstheorie Raum und Zeit, ja dem Aufbau des Universums gewidmet hatte, wandte sich ungefähr zur gleichen Zeit Max Planck der Mikrophysik zu und damit kleinsten Einheiten, die er Quanten nannte. Er selbst beschreibt dies rückblickend sehr schön:

»In das bisher geschilderte harmonische Weltbild, das seiner Aufgabe in nahezu idealer Weise gerecht zu werden schien, ist nun unversehens mit einem neuen grellen Licht die Quantenhypothese hineingefahren. Wenn wir auch hier wieder versuchen, mit einem Wort den Kernpunkt der für diese Hypothese charakteristischen Idee zu bezeichnen, so können wir ihn finden in dem Auftreten einer neuen universellen Konstante: des elementaren Wirkungsquantums. Diese Konstante ist es, ein neuer geheimnisvoller Bote aus der realen Welt, welcher sich bei den verschiedenartigsten Messungen immer wieder aufdrängte und immer hartnäckiger einen eigenen Platz beanspruchte, andererseits aber doch so wenig in den Rahmen des bisherigen physikalischen Weltbildes hineinpaßte, daß er schließlich die Sprengung des zu eng befundenen Rahmens herbeigeführt hat.«[17]

Die Sprengung des Hauses nahm mit Plancks Arbeiten seinen Anfang. Denn bei der Behandlung der Frage nach der Natur des Lichts verstand er die »Quanten« als kleine Energiepakete, die später mal als Welle, mal als Teilchen gedacht wurden und nicht ohne weiteres empirisch erforschbar waren. Im Dezember 1900, in einem Vortrag in der Physikalischen Gesellschaft in Berlin, stellte Planck seine Überlegungen vor und ab da war das »Planck'sche Wirkungsquantum« als kleinste Einheit der Natur, als eine, wie er beschrieben hatte, »universelle Konstante« definiert. Mit einiger Verzögerung wurde ein paar

Jahre später heftig und andauernd über die konzeptuellen wie ontologischen Konsequenzen dieser Hypothese debattiert. Würde sich das Planck'sche Wirkungsquantum nicht doch in das klassische Weltbild eingliedern lassen? Oder erforderte es eine völlig neue Physik?[18]

Das Atom

Auch wenn die Antwort auf diese Fragen auf sich warten ließ, fand die Quantenhypothese Eingang in zahlreiche weitere Forschungsgebiete jenseits der Natur des Lichts. Zentral für den weiteren Verlauf der Ereignisse war dabei die Atomphysik. Einen grundlegenden Schritt unternahm zunächst Ernest Rutherford, der 1911 einen kleinen Atomkern für jedes Atom postulierte, ohne Genaueres über die ihn umgebenden Elektronen auszusagen. Rutherfords Schüler Niels Bohr schloss an dieses Modell an und verknüpfte es mit der Planck'schen Quantenhypothese. In Bohrs Konzeption, die die weitere Entwicklung der Quantenphysik maßgeblich bestimmen sollte, kreisten die Elektronen in festgelegten Bahnen um den Kern. Diese Bahnen entsprachen ganz bestimmten, durch das Wirkungsquantum festgelegten Energiestufen: Zwischen den Bahnen sollten die Elektronen hin- und herspringen und die dabei abgegebene oder aufgenommene Energie – im Sinne der Planck'schen Quantentheorie – als Strahlung einer bestimmten Frequenz aussenden beziehungsweise absorbieren.

Die in der Folge entstehende Quantenphysik des Atoms wurde zu dem bestimmenden Forschungsfeld der theoretischen Physik der 1910er und 1920er Jahre. Sie brachte eine relativ übersichtliche Gruppe meist junger Physiker in beständigen Austausch. Erwin Schrödinger sah diesen engen und intensiven Austausch rückblickend als die Folge eines »erleichterte[n] Weltverkehr[s]«, der es mit sich gebracht habe, dass die Physiker »nicht nur in vielverzweigtem Briefwechsel miteinander stehen, sondern sich zum großen Teil persönlich kennen. Sie lesen dieselben führenden Journale, besprechen miteinander alle neuauftauchenden Ideen, entscheiden gemeinsam darüber, was davon zu halten sei.«[19]

Einen Ort für solche kooperativen Arbeitsbeziehungen bot das 1921 neu gegründete Institut für theoretische Physik in Kopenhagen, dem Niels Bohr vorstand. Es wurde zu Beginn der zwanziger

Jahre – nicht zuletzt wegen Bohrs ausgesprochener Freundlichkeit, aber auch der politischen Neutralität Dänemarks und Bohrs Verbindungen zur Rockefeller Foundation – zu einem Zentrum der neuen Physik und zu einem Mekka für die Physiker der verschiedensten Länder. Das Institut beförderte ihre Zusammenarbeit und band sogar entgegen dem 1919 eingesetzten Wissenschaftsboykott die Kollegen aus Deutschland wieder in die internationale Forschung mit ein. Ich »bin kein Nationalist und freue mich, wenn Männer gleicher Gesinnung und gleichen Strebens über den Erdball verstreut am selben Ziele wirken«, schreibt der deutsche Physiker Max Born 1921 nicht ohne Erleichterung in einem Brief.[20]

Trotz aller Entdeckungen wurden die Widersprüche, die sich im Rahmen der Quantentheorie ergaben, aber nicht kleiner, sondern eher größer und vielfältiger. Erklärungen einzelner experimenteller Befunde erwiesen sich als irrig, größere Syntheseversuche scheiterten, was Physiker wie Einstein, Bohr, Heisenberg, Pauli oder Planck dahin führte, sogar an der Gültigkeit grundlegender Konzepte wie der Energieerhaltung oder der Möglichkeit eines räumlichen Modells der Elektronenbahnen zu zweifeln. Die Lösung der immer größer werdenden Schwierigkeiten erhoffte man sich von einer noch zu formulierenden Quantenmechanik.

Quantenmechanik

Doch diese neue, in den wenigen Monaten der Jahre 1925 und 1926 an unterschiedlichen Orten durch Max Born, Werner Heisenberg und Pascual Jordan in Göttingen und Erwin Schrödinger in Zürich formulierte Quantenmechanik vertiefte den Bruch mit der klassischen Physik sogar noch weiter. Anstelle der Elektronenbahnen des Bohr-Atoms, welche noch in Übertragung der Newton'schen Mechanik auf elektrisch geladene Körper berechnet werden konnten, traten neue mathematische Formalismen, deren Interpretation im Sinne der klassischen Physik nicht mehr gelingen wollte und so für lebhafte Debatten in der *community* sorgte. Max Planck führte dies 1929 anschaulich vor Augen, als er schrieb: »Während die klassische Physik eine räumliche Zerlegung des betrachteten physikalischen Gebildes in seine kleinsten Teile vornimmt und dadurch die Bewegungen beliebiger materieller Körper auf die Bewegungen ihrer einzelnen als unveränderlich vorausgesetzten materiellen Punkte, d. h. auf Korpuskularmechanik zurückführt, zerlegt die Quantenphysik jeden Bewegungsvorgang in die einzelnen periodischen Materiewellen, die den Eigenschwingungen und Eigenfunktionen des betreffenden Gebildes entsprechen, und führt dadurch zur Wellenmechanik.«[21]

Daraus resultierten heftige Auseinandersetzungen über eine Reihe von Fragen, in denen Ontologie, Epistemologie und normative Ansprüche an physikalische Theorien miteinander verkettet waren und die das Verhältnis der neuen Theorie zur klassischen Physik betrafen. Sollte die Quantenmechanik anschaulich interpretierbar sein oder lediglich Aussagen über messbare Größen gestatten? Liefen atomare Prozesse kontinuierlich in Raum und Zeit ab oder als diskontinuierliche Quantensprünge? Handelte es sich um eine deterministische oder eine probabilistische Theorie?

Die wohl wirkmächtigsten, wenngleich nicht unbedingt konsistenten Antworten auf diese Fragen entwarfen Bohr und Heisenberg mehr oder weniger gemeinsam in den Jahren 1926 und 1927. Ihre heute als »Kopenhagener Deutung« bekannte Interpretation war eine Art Kommuniqué des neuen Weltbildes, in dem das Beobachten und damit die Schnittstelle von Erkenntnismöglichkeit und physikalischer Begriffsbildung in den Mittelpunkt der Überlegungen rückte.

So formulierte Werner Heisenberg etwa ein Gedankenexperiment, in dem der Ort eines Teilchens bestimmt werden sollte, und argumentierte, dass eine genaue Ortsbestimmung zwar möglich sei, dass damit aber gleichzeitig die Geschwindigkeit des Teilchens in unkontrollierbarer Weise verändert würde –, sodass im Ergebnis kein genauer, nur »unscharfer« Wert bestimmt werden konnte. Mit der aus diesem Grundgedanken abgeleiteten »Unschärferelation« wollte er zeigen, dass bestimmte physikalische Größen nur mit einer »charakteristischen Ungenauigkeit bestimmt werden können«.[22] In ähnlicher Weise argumentierte Bohr, dass sich Quantensysteme zwar mit den Begriffen der klassischen Physik beschreiben ließen, diese Beschreibungen seien jedoch komplementär. Mit anderen Worten: Sie bildeten jede für sich nur einen Teil des möglichen Geschehens ab und schlossen sich gegenseitig aus. Damit waren grundsätzliche Zweifel an den Deutungsmustern der klassischen Physik aufgeworfen, mit denen man davon ausgegangen war, dass sich alle physikalischen

Werte wie Ort und Geschwindigkeit exakt bestimmen ließen und einem Objekt zugeschrieben werden könnten; dass es eine logisch konsistente Beschreibung geben müsste und Naturvorgänge deterministisch seien. Im Gegensatz dazu nahmen Heisenberg und Bohr an, dass das, was beobachtet wird, nicht mehr die Natur selbst sein muss, sondern eine Natur, die unter einer bestimmten Fragestellung zu betrachten sei.

Der Physiker sieht nur das, wonach er fragt? Dies war nicht die einzige Unsicherheit, die sich den jungen Männern bot: Konnten Teilchen überhaupt noch als Materie gedacht werden? Das Verständnis davon war, wie schon erwähnt, nur mit mathematischen Berechnungen zu beschreiben, mithin der Gegenstand eine mathematische Struktur, kurz: Das physikalische Weltbild hatte sich »immer weiter von der Sinnenwelt entfernt«.[23]

Das Weltbild

Diese neue Physik, oder besser: das neue Weltbild einer nur unvollständig festzulegenden, nicht vorhersagbaren Natur war so bedeutsam, dass es auch außerhalb naturwissenschaftlicher Kreise wahrgenommen wurde.[24] Zeitungen berichteten darüber, Schriftsteller nahmen die Gedanken auf und Philosophen traten an, sie in ihre Überlegungen zu integrieren. Die Physiker ihrerseits suchten nach Worten, um den Weg zu ihren »Entdeckungen« zu beschreiben. Dabei war vermehrt von »Intuition« die Rede, von einem »physikalische[n] Gefühl«; Wolfgang Pauli unterteilte seine Kollegen später sogar in »Denktypen« und »Fühltypen«.[25] Es gehörte zur Persona des Physikers, retrospektiv ganze Epiphanien stilisierend zu beschreiben, etwa wenn Schrödinger berichtete, dass er seine Gleichung zur Wellenmechanik im Urlaub im Bündner Kurort Arosa entdeckt hatte, oder wenn Werner Heisenberg seine Unschärferelation während eines nächtlichen verzweifelten Spaziergangs in einem Park hinter dem Bohr'schen Institut entdeckt haben will. Man könnte sagen, das Besondere der Quantenphysik war nicht nur ihre ungeheure Komplexität, sondern auch die Art und Weise, wie die Protagonisten von ihr sprachen.

Und all das geschah inmitten einer Welt, die ohnehin als unsicher erlebt wurde. Vier lange Jahre Kriegserfahrungen hatten die meisten der Physiker hinter sich gebracht. Viele von ihnen lebten nun in einem wenig stabilen politischen System, der Weimarer Republik, die von ihnen nur sehr eingeschränkt begrüßt wurde und deren Dauer ungewiss schien. Die Zeit wurde als großer Umbruch, ja sogar als Krise wahrgenommen – Schrödinger spricht in diesem Zusammenhang von einer allgemeinen »Neigung zum Sturz des Bestehenden«, die sich auf allen Gebieten der damaligen Kultur gezeigt habe.[26]

Anwendung der neuen Physik

Die alte Physik versagte im Mikrokosmos, die neue war noch nicht ausformuliert, aber mit großen Hoffnungen belegt. Eine dieser Hoffnungen bildete sich im Übergang von der Quantentheorie in eine Kernphysik: Hatte sich die Atomphysik vor allem mit den Vorgängen der Atomhülle beschäftigt, wandte man sich in den folgenden Jahren dem Atomkern zu. Dieser weist eine bestimmte Bindungsenergie auf, die bei einer Kernspaltung freigesetzt werden kann. Die damit verbundenen, vor allem in den 1930er Jahren vorangetriebenen Forschungen, an denen mit Lise Meitner auch eine der wenigen Frauen maßgeblich beteiligt war, erreichten ihren vorläufigen Höhepunkt, als 1938 die Chemiker Otto Hahn und Fritz Straßmann entdeckten, dass durch den Beschuss von Uran mit Neutronen der Urankern gespalten und dabei Unmengen an Energie freigesetzt werden konnten.

Diese für zivile wie militärische Zwecke folgenreiche Entdeckung resultierte aus der neuen Physik und gab den Weg für den Kernreaktor wie auch die Kernwaffe frei. Wen kann es wundern, dass die Quantenphysik deshalb auch als eine Quantenrevolution bezeichnet wurde? Sie verabschiedete nicht nur überkommene Annahmen, sondern führte zu den bedeutungs- und verhängnisvollsten Entdeckungen des 20. Jahrhunderts. Wie bei der klassischen Physik, die im 19. Jahrhundert ihre Anwendungsgebiete in der Telegrafie oder der Elektrizität fand, wurde auch die theoretische Physik, die lange Zeit als weit entfernt von jeglicher Anwendung galt, in den 1930er Jahren in einen Zweckzusammenhang gestellt, der uns bis heute beschäftigt.

Dieser Umschwung zu einer anwendungsbezogenen Forschung – damit wurden in den 1930er und 1940er Jahren vor allem die Rüstungsindustrie und die Suche nach der neuen »Wunderwaffe« bezeichnet, ja, das forschende Wettrennen zwischen dem nationalsozialistischen Regime und den USA – bildete den vorläufigen Endpunkt der neuen Physik. Dies galt auch für das Projekt der Sources for History of Quantum Physics. Es widmete sich dezidiert dem Entdeckungszeitraum der Quantenphysik bis in die 1930er Jahre und ließ die nachfolgenden, anwendungsbezogenen Ereignisse außen vor.

Physiker wollen Geschichte

Die als großes Abenteuer verstandene Zeit, die zur Revolution der Physik geführt hatte, sollte von der Geschichte auch als Abenteuer beschrieben werden können. Zunächst war es das Abenteuer einer Generation, die sich Anfang der sechziger Jahre als alt erlebte: »Die Physiker in diesem Land [d. i. in den USA, AtH.] haben sich mehr und mehr für die Geschichte der Atomstruktur und der Quantentheorie interessiert und wie diese sich seit den 1920er Jahren entwickelt hat. Ihnen wurde plötzlich bewusst, wie rapide die Originalquellen im Verschwinden begriffen waren. Der vorzeitige Tod Paulis war eine mahnende Erinnerung, dass man sehr bald beginnen muss, wenn man das ein oder andere an authentischer Information sichern will.« Dies schrieb der aus Holland stammende Samuel A. Goudsmit, der selbst Teil der großen Physikgeschichte gewesen war, in einem Brief an seinen Kollegen Paul Rosbaud, einen Physikochemiker und zukünftigen Berater des SHQP-Projekts.[27] Goudsmit hatte zur Erklärung des Verhaltens von Atomen in elektrischen Feldern das Konzept des Elektronenspins (eine Art Eigendrehimpuls des Elektrons) erfolgreich eingeführt und war schließlich im Zweiten Weltkrieg für die sogenannte Alsos-Mission tätig gewesen, eine US-amerikanische Operation, die feststellen sollte, wie weit die Deutschen mit dem Bau der Atombombe gelangt waren. Dass er nach Kriegsende unter anderem Werner Heisenberg gefangen nahm und nach England verbrachte, änderte nichts daran, dass er zwanzig Jahre später selbstverständlich davon ausging, den inzwischen hochgeehrten deutschen Physiker in das Befragungsprojekt einzubeziehen.

Der eben zitierte Brief an Rosbaud vom 7. Juni 1961 – Diagnose und Ankündigung eines großen historischen Bedarfs in einem – wurde an dem Tag verfasst, als der offizielle Antrag des Projekts bei der National Science Foundation (NSF) eingereicht worden war, um dann nur wenige Wochen später positiv beschieden zu werden. Goudsmit war auch Mitglied des Projektbeirats und in dieser Eigenschaft über den gesamten Zeitraum der dreijährigen Förderung ein aktiver Unterstützer und – wie die zahlreichen Briefe nahelegen – auch Vertrauter von Thomas S. Kuhn. Die Frage, die beide verband, hieß: Wie kann eine Physikgeschichte erst kürzlich vergangener Ereignisse geschrieben werden, wenn man die naheliegenden Quellen, die Hauptpersonen des Geschehens, nicht mehr um Auskunft bitten kann und die Gefahr besteht, dass unwissende Erben den außerordentlichen Wert der noch erhaltenen Manuskripte und Briefe verkennen? Schließlich war Max Planck schon 1947 gestorben, Arnold Sommerfeld 1951, Albert Einstein 1955 und Wolfgang Pauli 1958.

Große Männer, große Errungenschaften

Das Mantra der Physikgeschichte, wie sie deshalb in den USA propagiert wurde, lautete: »bedeutende Männer, bedeutende Kämpfe, bedeutende Ideen«.[28] Um es forschungspolitisch zu untermauern, wurde bereits im Antrag die unbarmherzige Schnelligkeit der Zeit konstatiert, wobei man auch hier zunächst mehr des Verfalls der Protagonisten als des technologischen Wandels gedachte: Es müsse dringend gehandelt werden, denn nicht nur seien viele bedeutende Physiker bereits gestorben, auch die noch übrig gebliebenen Männer seien im hohen Alter.[29] Der Wettlauf mit der Zeit wurde deshalb wiederholt als zentraler Topos bemüht: Es sei die »Dringlichkeit, die unseren Wunsch nach schnellem Handeln leitet. Viele der Protagonisten, die die neue Wissenschaft mit ins Leben gerufen haben, leben noch, wenn auch im fortgeschrittenen Alter. Andere, die gestern noch da waren [...], sind gestorben, so dass uns bewusst ist, wie Gevatter Tod an unsere Tür klopft.«[30] Wie im weiteren Verlauf noch zu beschreiben sein wird, ist das im Stadium seines Verfalls zu dokumentierende Leben der rote Faden, dem sich in der Tat zunächst Physiker und nicht Historiker zuwandten.[31] Ihr Interesse galt den entscheidenden Entwicklungen der neueren Physik, an denen sie selbst teilgehabt hatten: die Relativitätstheorie und Quantentheorie, wie sie von circa 1898 bis 1913 entstanden und in den folgenden 25 Jahren, von 1913 bis 1938, ausformuliert worden war.[32] In dieser Zeit habe sich nicht nur »eine in den letzten dreihundert Jahren unvergleichliche Revolution der wissenschaftlichen Theorie« ereignet,[33] diese habe auch in hohem Maße die Erkenntnisphilosophie und darüber hinaus ganze Lebensbereiche des Alltags beeinflusst: Die chemische Industrie, das Telefon, die Biochemie bis hin zur dramatischen Realität der Atombombe und schließlich der Nukleartechnik seien ohne Relativitäts- und Quantentheorie undenkbar. »All das macht die Revolution in der theoretischen Physik zu einer der größten Errungenschaften des menschlichen Verstandes.«[34] Deren historische Entwicklung zu kennen sei für den heutigen Physiker, aber auch für andere Wissenschaftler und sogar für politische Entscheidungsträger von großer Bedeutung, denn schließlich nehme die Physik inzwischen einen hohen ökonomischen Stellenwert ein.[35] »Man sollte annehmen, dass Entwicklungen, die so zentral für die moderne Zivilisation und für den Ruhm des menschlichen Geistes sind, bereits in Gänze dokumentiert und beschrieben wurden. Nur wenige Annahmen könnten weiter von den Tatsachen entfernt sein.«[36]

Teil der Revolution sein

John A. Wheeler, der den hier zitierten Antrag formuliert hatte, war selbst theoretischer Physiker, wie Goudsmit als junger Mann an den Entwicklungen noch beteiligt gewesen und nunmehr mit 56 Jahren Professor an der Princeton University. Er setzte das Projekt in Gang, ebnete dafür den (finanziellen) Weg und übernahm den Vorsitz des Beirats, der das Projekt in seiner Kernzeit von 1961 bis 1964 und in seinen Ergänzungen bis 1972 begleitete und prägte.[37] Physiker wie Wheeler und Goudsmit waren der Überzeugung, dass seit der sogenannten wissenschaftlichen Revolution im 16. und 17. Jahrhundert, seit den klingenden Namen von Kopernikus und Galilei, Kepler und Newton, Bacon und Boyle, nichts von so annähernd großer Bedeutung war wie die Relativitäts- und Quantentheorie. Das Verständnis der wissenschaftlichen Revolution war eng mit den fundamentalen intellektuellen Transformationen verbunden, die – wie bereits beschrieben – nicht nur das Wissen über die Natur und ihre Gesetze gewandelt, sondern auch die Auffassung von den

Erkenntnismöglichkeiten des Menschen entscheidend geprägt hatten. Während aber die Männer des 16. und 17. Jahrhunderts in den Schriften der frühen Wissenschaftshistoriker Alexandre Koyré oder Herbert Butterfield zum Dreh- und Angelpunkt der sich entwickelnden Wissenschaftsgeschichte der 1930er bis 1960er Jahren avanciert waren, steckte – von einer Ausnahmeerscheinung wie Ernst Cassirer vielleicht abgesehen – das Bewusstsein für diese weitere, aber weitaus jüngere Revolution noch in den Anfängen.[38]

Aber allein deshalb ein so großer Einsatz für eine historische Dokumentation von Ereignissen, die erst wenige Dekaden zurücklagen? Natürlich traf es zu, dass die zu befragenden Physiker sukzessive starben und ebenso, dass es sich bei der Relativitäts- und Quantenphysik um eine folgenschwere Entdeckung handelte, für die bisher nur eine unübersichtliche Quellenlage existierte: Zwar konnte man die ursprünglichen Veröffentlichungen in den Fachorganen aufsuchen, aber sie waren nirgends zusammengefasst. Schon gar nicht existierte eine Sammlung der Laborbücher, der Briefe oder Lebenserinnerungen. Die bisherigen Lehrbücher der Physik mochten in den physikalischen Erklärungen korrekt sein, aber ihre Schilderungen der genauen historischen Umstände konnte man nicht ernst nehmen.[39] Doch scheint es, als wiese der Wunsch nach Heldengeschichten in einer hochentzündlichen politischen Weltlage auf weitere Beweggründe, über die der offizielle Antrag keine Auskunft gibt.

Kriegswissenschaft

Dafür ist es wichtig, genau dort anzuknüpfen, wo das Projekt mit seiner Quellensammlung aussetzen würde, nämlich Ende der dreißiger Jahre und damit im Zweiten Weltkrieg. Dies war der Zeitpunkt, an dem die physikalische Forschung – in Europa wie in Amerika – in einen umfassenden militärisch-technologischen Komplex überführt worden war.[40] Während in Deutschland seit Ende der 1930er Jahre das »Uranprojekt«, also die Nutzbarmachung der Kernspaltung und damit auch der potenzielle Bau einer Kernwaffe, betrieben wurde,[41] begann man in den USA spätestens mit Kriegseintritt, die militärische Kernwaffenforschung zu forcieren. Im Manhattan-Projekt wurden ab 1942 die entsprechenden Forschungen zusammengeführt und zahlreiche Physiker für die Dauer des Krieges unter der Auflage strengster Geheimhaltung zur Arbeit in den verschiedenen dazugehörigen Laboren abgestellt. Im Rahmen militärischer, technologischer und administrativer Programme wurde die physikalische Forschung als Sache der nationalen Sicherheit gegen die von Nazideutschland propagierte Weltherrschaft vorangetrieben. Auch zahlreiche Immigranten aus Europa waren für die Bemühungen rekrutiert worden, und bald machte die Rede von einem »Krieg der Physiker« die Runde.[42] Der Forschungs- und Anwendungswettlauf konnte aufgrund enormer Investitionen und konzertierter Bildungsprogramme von den USA dominiert,[43] Deutschland im Mai 1945 gemeinsam mit den Alliierten zur Kapitulation gezwungen werden. Kurz danach stellten die USA mit den Atombombenabwürfen Anfang August 1945 auf die japanischen Städte Hiroshima und Nagasaki unter Beweis, zu welchen Verheerungen ihre Forschungsergebnisse führen konnten.

Es war für jedermann sichtbar, dass diese Siege einen hohen moralischen Preis forderten und höchst kontaminiert waren. Die USA hatten zwar als erste Macht gezeigt, in welches neue Zeitalter man eingetreten war, aber auch, welche bis dahin nie gesehenen, Menschen wie Umwelt in nicht gekanntem Ausmaß zerstörenden Auswirkungen die neuen Waffenentwicklungen haben würden. Zur gleichen Zeit wurde die Machtkonstellation in Europa komplett verschoben, aus dem ehemaligen Alliierten UdSSR war wieder ein geopolitischer Feind geworden. 1945 standen die USA also vor zwei Aufgaben: Es galt auf der einen Seite das Atomwaffenprogramm und die weitere zivile Nutzung der Atomkraft voranzutreiben und zu rechtfertigen. Auf der anderen Seite mussten sich die USA im bipolaren Kräftemessen mit der zur Weltmacht aufsteigenden Sowjetunion beweisen.

Zweifelhafte Anwendung

Noch vor dem ersten Einsatz der atomaren Waffe hatten Physiker wie James Franck vor ihrem Gebrauch gewarnt. Im Juni 1945 wurde der sogenannte Franck-Report, der darauf hinwies, dass mit Einsatz einer solchen Waffe ein weltweites Wettrüsten beginnen würde, an den US-Präsidenten Harry S. Truman übergeben. James Franck und die Mitunterzeichner hatten keinen Erfolg. Stattdessen verkündete die

Regierung wenige Tage nach dem Abwurf der Bomben mittels des Smyth-Reports, wie die Geschichte der Entwicklung und Produktion der im Rahmen des Manhattan-Projektes entwickelten Atomwaffen vonstattengegangen war. Henry De Wolf Smyth hatte selbst an verschiedenen Stellen als Physiker und Administrator an den Waffenprojekten mitgearbeitet und 1944 die offizielle Aufgabe erhalten, das Atombombenprojekt noch während der Entwicklung zu dokumentieren. Mit seinem umfassenden Bericht, der die einzelnen Forschungsetappen an ihren jeweiligen Entstehungsorten wie Los Alamos oder Chicago schilderte, sollte die amerikanische Öffentlichkeit über die erfolgreiche Forschung in Kenntnis gesetzt werden. Dass damit Potenziale von unermesslicher Zerstörungsgewalt geschaffen worden waren, verheimlichte die Dokumentation nicht. Dennoch war sie geschrieben worden, um die Akzeptanz dieser Anstrengung, deren zukünftiges ziviles und ökonomisches Potenzial längst diskutiert wurde, zu erhöhen: »Der Bericht ist populär-technisch abgefaßt in der Hoffnung, daß Männer der Wissenschaft in diesem Land ihn benützen können, ihren Mitbürgern zu helfen, weise Beschlüsse zu fassen. Die Bevölkerung dieses Landes muß unterrichtet sein, wenn sie sich ihrer Verantwortung weise entledigen [sic!] soll.«[44] Smyth, der unter anderem auch mit Wheeler zusammengearbeitet hatte, wurde schließlich Mitglied der U. S. Atomic Energy Commission, die nicht nur nach dem Krieg die Kontrolle über die Atomenergie aus den Händen der Militärs übernahm, sondern auch über weitere Waffenentwicklungen (wie der Wasserstoffbombe) beraten sollte.

Beide im Abstand von nur wenigen Wochen veröffentlichten Berichte zeigten bereits an, dass es neben aller physikalischen Entwicklung und neben technologischem Erfolg auch ein moralisches Dilemma gab: Die Forschungen der Physik hatten zu Massenvernichtungswaffen geführt, und schon standen weitere Atomtests an. Dieses Dilemmas waren sich die Physiker des Manhattan-Projekts mehr als bewusst, und im November des gleichen Jahres gründete eine Gruppe von ihnen die Federation of Atomic Scientists. Ihr Ziel war es, die Atomprogramme der Regierung offen zu diskutieren, Verantwortung für ihre Weiterentwicklung zu übernehmen und über die Sicherheit der Atomenergie zu wachen.[45]

Das moralische Dilemma war damit nicht aus der Welt, vielmehr stach auch in den kommenden Jahren ins Auge, wie sehr Wissenschaftler in die Belange der nationalen Sicherheit und der Planung weiterer politischer Möglichkeitshorizonte atomarer Energie eingebunden blieben, ja, dass die Grundlagenforschung kaum von einer Anwendung der Forschung getrennt werden konnte, sondern – wenn auch hart diskutiert – in ein Delta verschiedenster staatlicher und privater Institutionen mündete.[46] Denn eines war klar: Die beispiellose Finanzierung der Physik, die auch nach dem Krieg immense und immer weiter wachsende Summen verschlang, war nur ihren offensichtlichen militärischen Anwendungsmöglichkeiten zu verdanken.

Erzählende Physiker im Kalten Krieg

An einer Einstellung der Forschung trotz aller damit verbundenen Schrecken war nicht zu denken. Dafür gab es noch einen weiteren offensichtlichen Grund. Denn zur gleichen Zeit war die Sowjetunion nicht untätig geblieben. Die Zündung ihrer ersten Atombombe fand 1949 statt, und wenige Jahre später war es ein russischer Satellit, der als Erster das All erreichte und damit die Raumfahrt als einen zentralen Schauplatz des Kalten Krieges bestimmte. 1957 als »Sputnikschock« beschrieben, schürten diese Ereignisse einmal mehr die Ängste des Westens vor dem sozialistischen Imperium und führten zu einem Wettrennen, das Franck und seine Kollegen bereits vorausgesagt hatten.

Damit befand sich die US-Administration in einer widersprüchlichen Lage: Einerseits stand die Physik durch ihre politische Kontaminierung und die durch sie ermöglichte Zerstörungskraft unter moralischem Rechtfertigungsdruck, andererseits schien just eine forcierte Politisierung unabdingbar, damit man nicht hinter die Sowjetunion zurückfiel.

Daraus resultierte ein enormes Bildungsprogramm zur Förderung der Naturwissenschaften und insbesondere der Physik. 1958 wurde deshalb der »National Defense Education Act« ins Leben gerufen, der die Jugend für die Wissenschaft begeistern und so für ausreichend Nachwuchskräfte in Forschung und Industrie sorgen sollte.[47]

Um die Attraktivität der Physik zu steigern, brauchte es motivierender Geschichten und Narrative, wie J. Robert Oppenheimer, der ehemalige Leiter des Manhattan-Projekts, schon zuvor in einigen

Radiovorträgen betont hatte. Das Problem sei, dass nur noch die technische Seite der Quantenphysik dargestellt würde. »Sie wird nicht als Geschichte gelehrt, auch nicht als ein großes Abenteuer des menschlichen Geistes, sondern als Teil des Wissens, des Könnens, als eine wissenschaftliche Disziplin [...]. Sie ist kein Gegenstand der Neugier [...] mehr, sondern ein Instrument, das der Wissenschaftler als gegeben hinnimmt und benutzt, nachdem er seine Handhabung kennengelernt hat, wie unsere Kinder buchstabieren und rechnen lernen.« Die Lehrbücher der Quantenphysik vermittelten nur bloße Funktionalität, nichts von einer spannenden Geschichte.[48] Aber, so schließt Oppenheimer, wie man einem aus dem Feld zurückgekehrten Soldaten lausche oder einem Himalayaforscher und beide von ihren Leiden und Heldentaten berichteten, so müssten die Menschen auch erzählenden Wissenschaftlern zuhören können.[49]

Politik einer unpolitischen Wissenschaft

Vor diesem komplexen Hintergrund können wir zu der Beantwortung der Frage zurückkehren, worin die Bedeutung der Sources for History of Quantum Physics bestand. Wenn es einerseits um eine Grundierung der militärischen und zivilen Nutzung der Kernenergie ging, also der Entdeckung der Quantenphysik, und andererseits um den Kampf zweier Weltmächte, den es zu gewinnen galt, dann waren die Sources Teil einer nationalen Bildungs- und Politikanstrengung, für die eben nicht nur die Physik selbst, sondern auch ihre Geschichte unverzichtbar war.

An die Stelle des Bildes politisch involvierter, belasteter und moralisch beunruhigter Physiker sollte das Bild von Wissenschaftlern treten, die sich ganz auf ihre Entdeckung und den Fortschrittsverlauf ihrer Forschungsarbeit konzentrierten. An einem solchen Bild und einer Vorbildfunktion (für den Nachwuchs) konnte denjenigen, die beispielsweise die staatliche Atompolitik vorantrieben (und Nachwuchs benötigten), nur gelegen sein. Aber auch diejenigen, die wie Wheeler oder Goudsmit daran interessiert waren, den Gang wissenschaftlicher Forschung jenseits von Politik und Zeitungsberichterstattung in differenzierter Weise zu betrachten, musste die Quellensammlung willkommen sein.

Indem die Sources sich dem Entdeckungszeitraum und nicht dem Anwendungszusammenhang widmeten, konnte die Physik also auf der einen Seite wieder ein erhebliches Stück entpolitisiert werden – um auf der anderen Seite auf dem Höhepunkt des Kalten Krieges umso wirksamer für die Verkörperung politisch-liberaler Werte wie Freiheit, Fortschritt und Modernität einzustehen.[50]

Es musste also darum gehen, die heroische Zeit der neuen Erkenntnisse, der supranationalen Zusammenarbeit und der ungeheuren Dichte der Entdeckungen wieder in den Fokus zu rücken und so die naturwissenschaftliche Forschung in einer ihrer folgenreichsten Dekaden mit erstmals erhobenen Quellen zu archivieren.

Die Ambivalenz des Erzählens

Wie fragil das Konstrukt der freien, interesselosen Wissenschaft die ganze Zeit blieb, zeigt der Kontext, in dem die naturwissenschaftliche Bildungs- und Motivationsoffensive im Allgemeinen wie auch das Sources-Projekt im Besonderen agierten. Ihnen vorausgegangen war ein beispielloses antikommunistisches Verfolgungsprogramm, das bis heute unter dem Begriff des »McCarthyismus« firmiert und die innernationale Folie für eine aggressive Rüstungspolitik bot. Schon während des Zweiten Weltkriegs war das House Committee on Un-American Activities gegründet worden, das seit den dreißiger Jahren die befürchtete Infiltrierung amerikanischer Bürger durch faschistisches und kommunistisches Gedankengut untersuchen und verfolgen sollte. Dieses Komitee wurde nach dem Krieg in einen ständigen Ausschuss umgewandelt und nun vor allem zum Aufspüren von sogenannten kommunistischen Umtrieben funktionalisiert. Ermittlungen gegen Mitglieder der Kommunistischen Partei der USA und gegen Linksintellektuelle (und solche, die man dafür hielt) wurden eingeleitet und die Gefahr einer »kommunistischen Unterwanderung« der Regierungsbehörden und Forschungseinrichtungen beschworen. Im Rahmen öffentlicher Anhörungen wurden regelrechte Gesinnungsprüfungen durchgeführt, aus den stundenlangen tribunalähnlichen Befragungen gingen zahlreiche Schauspielerinnen und Schriftsteller, Regisseure und Journalistinnen, Regierungsbeamte und Physiker traumatisiert hervor. »Es wurde berichtet, dass ...«

(»It was reported that ...«) lautete der Beginn einer jeden einzelnen Anschuldigung, die etwa darin bestand, eine linksgerichtete Zeitung bezogen, eine Parteiversammlung der Kommunisten besucht oder zum Wohle der notleidenden chinesischen Bevölkerung gespendet zu haben.[51] Vor allem theoretische Physiker standen im Kreuzfeuer, weil sie als besondere nationale Geheimnisträger der Spionage für die Sowjets verdächtigt wurden und ihr Wissen sich in einzelnen Formeln abzubilden schien, die sich auf einfache Weise weiterreichen ließen.[52] Allen voran fand sich J. Robert Oppenheimer 1954 vor diesem Tribunal wieder. Er hatte sich im Rahmen seiner Nachkriegsarbeit für die U.S. Atomic Energy Commission gegen die Weiterentwicklung der Wasserstoffbombe ausgesprochen und sich damit mächtige Feinde gemacht. Nun stand er vor der gleichen Behörde, die ihm wie vielen anderen nach beendeter Anhörung zwar keine Vergehen nachweisen konnte, ihm aber dennoch die »Sicherheitsgarantie« und damit die Möglichkeit entzog, an geheimen staatlichen Projekten mitzuarbeiten.

Es entbehrt nicht einer gewissen Ironie, dass in den 1950er Jahren mit Oppenheimer der erzählende Physiker in doppelter Hinsicht auftauchte: Er stand im Kreuzverhör einer antikommunistischen Politik und musste Rede und Antwort stehen. Zugleich sollte er der Forschung ein menschliches Antlitz geben, hinter dem die rein funktionalen, monetären und machtpolitischen Ziele in den Hintergrund rückten. Oppenheimer selbst war ein gutes Beispiel für einen solchen doppelten, ja paradoxen Anspruch. Die Sources wiederum sollten Oppenheimers Forderung umsetzen und das, was der erzählende Physiker zu sagen hatte, nun auch in professioneller Weise speichern und damit zu einer noch jungen Wissenschaftsgeschichte beitragen. Für ein solches Unterfangen gab es kein Vorbild, aber man hatte immerhin eine Ahnung davon, wie es zu organisieren war.

2 Akteure

»Es mag dem Komitee ein wenig Zeit ersparen, wenn eines seiner Mitglieder ein paar Punkte auflistet, die sich ohnehin in den Diskussionen dieser Geschichte mit Kollegen ergeben. Weil sich bereits einige Historiker und Physiker für ein paar Stunden in meiner Gegenwart darüber ausgetauscht haben, fühle ich mich besonders verpflichtet, damit zu beginnen [...].« Ende der fünfziger Jahre waren erste Ideen diskutiert worden, eine Projektskizze entstand im August 1960 unter der Führung von John A. Wheeler.[53] An ihr waren Physiker und Wissenschaftshistoriker bereits gleichermaßen beteiligt.[54] Im Zuge der Konkretisierung der Ideen wurde deutlich, dass kein einzelner Wissenschaftler und keine einzelne Institution ein so umfangreiches Archivierungsprojekt würde stemmen können. Und so bat man Richard H. Shryock, Medizinhistoriker und Bibliotheksleiter der großen American Philosophical Society (APS), im November 1960 um Rat. Da deren Bibliothek zu diesem Zeitpunkt bereits für ihre Manuskriptsammlungen und den Bestand an wissenschaftshistorisch relevantem Material bekannt war, wurde man sich schnell einig und beschloss zudem, auch die American Physical Society um ihre Mitarbeit zu bitten.[55] Aus beiden angesehenen und einflussreichen Gesellschaften nominierte man Vertreter für den Beirat. Das erste offizielle Treffen der nunmehr etablierten Ad-hoc-Kommission (»Ad Hoc Committee«) fand am 17. Februar 1961 statt.[56] George W. Corner (Anatom und Präsident der American Philosophical Society), Karl K. Darrow (Physiker und Sekretär der American Physical Society), Richard H. Shryock, George E. Uhlenbeck (Physiker und ehemaliger Präsident der American Physical Society), John H. Van Vleck (Physiker an der Harvard University) und Wheeler selbst fanden sich in den Bibliotheksräumen in Philadelphia zusammen.[57] Einen Tag später berichtete der Sekretär der American Physical Society: »Ich hatte den Eindruck, dass man sich in der entscheidenden Frage, ob das Projekt von einem theoretischen Physiker oder von einem Historiker geleitet werden sollte, nie ganz einig war«.[58] Die Frage war auch nicht einfach zu beantworten. Ein Physiker hätte die notwendigen Kenntnisse für die zu erwartenden komplizierten, ein hohes Maß an physikalischem Wissen verlangenden Inhalte gehabt, doch nur ein Historiker brachte das historiografische Rüstzeug mit, um die Bedeutung geschichtlicher Quellen zu ermessen und sie nachfolgend zu organisieren. Wie sollte man vorgehen?

Wissenschaftsgeschichte

Und es kam noch eine weitere Frage hinzu: Wenn die Wahl auf einen Historiker fiel, welchen Hintergrund sollte er haben? Dass die Wissenschaftsgeschichte dafür prädestiniert war, schien klar. Aber sie wurde nur an wenigen Universitäten gelehrt. Viele Wissenschaftshistoriker waren als ehedem ausgebildete Naturwissenschaftler irgendwann in die Geschichtswissenschaft gewechselt.[59] Dass es mit dem Projekt deshalb auch um die Sichtbarkeit der zu diesem Zeitpunkt noch wenig institutionalisierten Wissenschaftsgeschichte ging, unterstreicht die Begründung Wheelers für die Anforderungen an das Profil des Projektdirektors: »Die Leitung des Projekts sollte integraler Bestandteil einer professionellen Karriere sein, nicht ein Nebenweg oder Teil eines Ruhestands. Wenn möglich, sollte der Leiter ein Mann sein, der die gesammelten Materialien des vorgeschlagenen Projekts selbst zu nutzen vermag und andere dazu ausbildet. Auch wenn das Projekt selbst keine Geschichte der Quantenphysik erstellt, sollte es die Chance erhöhen, dass solche Geschichten geschrieben werden.«[60] Und deshalb, so kann man Wheelers Faden weiterspinnen, musste der Leiter Kenntnisse auf beiden Gebieten besitzen. Die junge *history of science* war dafür der perfekte Kompromiss.

Liest man die Entstehungsgeschichte des Projekts also auch wissenschaftspolitisch, so wurde mit den Sources im Frühjahr 1961 eine Ankündigung für eine doppelte Grundierung einer historischen Disziplin gemacht: Zum einen war ein großes Projekt ins Leben gerufen worden, das zu den ersten umfassend von der National Science Foundation finanzierten wissenschaftshistorischen Projekten gehörte. Zum anderen stellte dieses Projekt Quellen für eine zukünftige Wissenschaftsgeschichte bereit und machte auf diese Weise deutlich, dass es die Disziplin als zentral ansah.

Im Vordergrund stand aber zunächst die Einigung auf einen kompetenten Kandidaten für die Projektleitung. Dafür boten sich laut Unterlagen eine ganze Reihe von Historikern an, unter ihnen auch einige junge Wissenschaftshistoriker: Charles Gillespie, Hunter Dupree, Clifford Truesdell, Harry Woolf, Gerald Holton, Martin J. Klein, Thomas S. Kuhn und I. Bernard Cohen. In der kommentierten Liste, die Wheeler in Vorbereitung auf das nächste Kommissionstreffen verschickt hatte, tauchen die Männer namentlich in unterschiedlicher Ausführlichkeit auf. Fast alle konnten wissenschaftshistorische Forschungen vorweisen. Den handschriftlichen Ergänzungen auf der Diskussionsvorlage nach zu urteilen ging man in der Sitzung die Kandidaten der Reihe nach durch, die ausführlichsten Notizen sind bei Kuhn verzeichnet. Es hat den Anschein, als sei er von Beginn an der bevorzugte Kandidat gewesen: Erwähnt werden seine Aktivitäten für die Studentenzeitschrift »Harv Crimson« (d. i. *The Harvard Crimson*, AtH.), dass er bei Van Vleck promoviert hatte, dass er sich besonders für Philosophie interessierte und nicht der Lehrergewerkschaft angehörte, also politisch wohl eher nicht links stand. Außerdem wurde er als ruhig und taktvoll beschrieben.[61] Bei dem anwesenden Kommissionsmitglied Van Vleck hatte Kuhn 1949 in theoretischer Festkörperphysik promoviert[62] und war anschließend durch physikgeschichtliche Veröffentlichungen hervorgetreten, darunter eine Monografie von 1957 über die Kopernikanische Revolution. Er vereinigte so beide Expertisen: die des physikalischen Verständnisses und die der – wenngleich zarten – Erfahrung als Historiker. Darüber hinaus wirkte er ehrgeizig genug, um das Projekt als Karriereschritt zu begreifen.[63]

Im März 1961 entschied sich Kuhn für die Übernahme des Direktorenpostens,[64] und mit ihm gemeinsam wurde der von Wheeler bereits vorbereitete Antrag im Juni 1961 bei der National Science Foundation eingereicht: »Antrag über 202 996 Dollar für den Zeitraum 1. Juli 1961–1. Juli 1964 zur Aufzeichnung von Interviews mit den Männern, die in der Quantenrevolution von 1913–1938 eine zentrale Rolle spielten, und zur Beschaffung von persönlichem Dokumentationsmaterial zur Quantentheorie und verwandten wissenschaftlichen Entwicklungen, 1898–1938.«[65] Eine vorläufige telefonische Finanzierungszusage lag beim dritten Treffen der Kommission am 7. Juni 1961 bereits vor.[66] Zwei Tage später wurde die Verwaltung des Geldes im Leitungsausschuss (»Executive Committee«) des American Institute of Physics (AIP) geplant.[67] Damit war es für grundlegende Verwaltungs- und Finanzierungsfragen verantwortlich. Die University of California, Berkeley, als Heimatinstitution Kuhns sollte die Räume stellen und entsprechend die Mitarbeiterverträge regeln, die American Philosophical Society das Material schließlich archivieren und beratend zur Seite stehen.

American Institute of Physics

Nun liegt die Frage nahe, warum ein Projekt, das von zwei führenden wissenschaftlichen Gesellschaften initiiert und von einem Universitätsangehörigen geleitet wurde, vom American Institute of Physics administrativ begleitet werden sollte.

Das Institut war 1931 gegründet und ursprünglich mit der Aufgabe betraut worden, für die Förderung und Verbreitung physikalischen Wissens zu sorgen. In den ersten Jahren betraf dies vor allem die Gründung und Distribution physikalischer und technischer Zeitschriften, aber auch die Verbreitung naturwissenschaftlicher Kenntnisse an Schulen und Universitäten.[68] Es handelte sich um eine wirkmächtige und einflussreiche Institution, die die Ausbildung von möglichst vielen Physikern und deren Verankerung in der amerikanischen Gesellschaft gleichermaßen unterstützte. Parallel zu den kriegsbedingten und staatlich finanzierten Atomforschungsprogrammen sind hier die Gründe zu suchen, warum nach dem Krieg so viele junge Menschen Physik studierten wie niemals zuvor.[69] Als Plattform zahlreicher Fachgesellschaften sollte das American Institute of Physics darüber hinaus neue Kontakte zur Wirtschaft knüpfen und ein allgemeines Bewusstsein für eine angewandte Physik wecken. Doch diese Politik, die im Kontext einer angewandten, respektive industriellen und militärischen Forschung verstanden werden muss, führte zu einer Konformität, die wenig Raum bot für individuelle Denkweisen und den schon von Oppenheimer beschriebenen Ethos der Forschung. Der Historiker David Kaiser hat diese Einstellung der damaligen Zeit zur angewandten Physik mit der Formel »Klappe halten und rechnen« auf den Punkt gebracht. Oder anders gesagt: Die

Königswissenschaft war in den USA auch zum Job geworden und hatte in vielen Fällen nicht mehr viel mit einer inneren Berufung im Sinne Max Webers zu tun.[70] Dieser fehlende Idealismus sollte durch eine im AIP verankerte Physikgeschichte wieder angeregt werden, ihre Archive das Selbstverständnis einer modernen Nation repräsentieren. Die archivierten Lebensläufe könnten als Vorbild für junge Menschen dienen, die sich zukünftig wieder für eine Arbeit in der Forschung und nicht bloß einem finanziell lukrativen Job im Rahmen militärisch-industrieller Komplexe zuwenden würden.

Deshalb hatte man am AIP ein Vorhaben begonnen, das in Struktur und Vorgehen, aber auch im Titel unserem Projekt auffallend ähnelte, die Source Materials for the History of Recent Physics.[71] Am 29. Januar 1959 war im AIP eine Kommission für die Philosophie und Geschichte der Physik (»Committee on Philosophy and History of Physics«) unter der Leitung von Gerald Holton einberufen worden,[72] die in den kommenden Monaten gemeinsam einen »Vorschlag für ein Projekt über die jüngste Geschichte der Physik in den Vereinigten Staaten« (»Proposal for a Project on the Recent History of Physics in the United States«) erarbeitete.[73] Wenig später berichtete der damalige Direktor des American Institute of Physics, Elmer Hutchisson, der Kommission, es habe ein Treffen mit dem »Wheeler-project« am AIP gegeben und man habe sich bereit erklärt, dessen administrative Abwicklung zu übernehmen.[74]

Anfang der 1960er Jahre wurden also zwei auf den ersten Blick sehr ähnliche Unternehmungen ins Leben gerufen: Das Project on the History of Recent Physics in the United States am AIP und das Projekt Sources for History of Quantum Physics der American Philosophical Society und der American Physical Society.[75] Während das erste Projekt vor allem »Dokumente« sammeln (Texte sowie Apparate und Instrumente), Interviews mit denen führen, die seit 1890 in den USA zentrale Entdeckungen gemacht hatten, und schließlich alle erreichbaren Daten zu Personen wie Entdeckungen bibliografieren, speichern und archivieren sollte, richtete das zweite Projekt seine Aufmerksamkeit allein auf die entscheidende Entwicklungsphase der theoretischen Physik in den Jahren um 1900 bis in die 1930er Jahre und damit auf mehrheitlich aus Europa stammende Physiker und deren Erkenntnismomente. Während das Recent Physics-Projekt unter der Leitung des ehemaligen Kurators des Museum of Science and Technology W. James King der öffentlichen Verbreitung des historischen Wissens um die Physik diente und auch didaktische Anteile enthielt (die Faszination für Interviews, um damit Interesse für den Gegenstand zu erreichen, *broadcasting* und *filming*),[76] legte das Kuhn'sche Projekt sein Augenmerk auf die systematische und minutiöse Dokumentation in Ton und Schrift einer zunächst als überschaubar angenommenen Anzahl an Physikern und deren Tätigkeit.

Das archivierte Zeitalter der Wissenschaft

Vor diesem Hintergrund waren zahlreiche weitere Programme für eine didaktische Vermittlung naturwissenschaftlicher Inhalte entwickelt worden.[77] Der Lehrfilm etwa erlaubte, diejenigen zu befragen, die qua ihrer Autorität und ihrer Berühmtheit auch kompetente Antworten geben konnten. So war 1960 James Franck über das »Franck-Hertz-Experiment« zu sehen. Nach einer Demonstration des ursprünglich 1914 von ihm mit Gustav Hertz entwickelten Versuchs tritt er selbst auf und berichtet in einer sechsminütigen Nachbemerkung über sein damaliges Vorgehen und die daraus resultierenden Veröffentlichungen. Der letzte Satz seines Monologs macht die Intention des Films deutlich: »Und Sie wissen, dass der Aufsatz von Bohr aus dem Jahr 1913 das Fundament für die gesamte Entwicklung der modernen Physik gelegt hat, ja für die gesamte Entwicklung der Versuche, die Struktur der Atome und Moleküle und sogar des Kerns im Detail zu verstehen.«[78] Wissenschaft sollte als ein klares, chronologisch geordnetes und transparentes Programm verstanden werden, das auf seinen Vorgängern aufbaute – in diesem Fall auf dem berühmten Aufsatz Bohrs, in dem dieser erstmals ein neues Atommodell beschrieb – und so den Weg zur beständigen Verbesserung der physikalischen Kenntnisse beschritt. Dafür mussten wie hier Sternstunden der Disziplin in Szene gesetzt werden.

Genau diese Dramaturgie der Popularisierung sollten die Sources for History of Quantum Physics nicht bedienen. Weder sollte hier die Physik durch ihre vermeintlich geradlinigen Entdeckungswege angepriesen noch ein Experiment als Show-Veranstaltung durchgeführt werden, vielmehr galt es, die einzelnen Entwicklungsschritte minutiös aufzuzeichnen. Und damit wären wir wieder am Ausgangspunkt

Gescheit und anregend

Peter Burke
Giganten der Gelehrsamkeit
Die Geschichte der Universalgenies

Aus dem Englischen von Matthias Wolf unter Mitarbeit von Ursula Wulfekamp
Schmuckausgabe. Gebunden mit Prägung. Leseband. 320 Seiten mit vielen Abbildungen
€ 29.– / € 29.90 [A]
ISBN 978 3 8031 3702 9

Wie passt das Wissen der ganzen Welt in den Kopf eines einzeln Menschen? Wie kann jemand Kenntnisse von 25 Sprachen und paral in mannigfachen Disziplinen und Künsten besitzen? Das neue gro Werk des bedeutenden Kulturhistorikers Peter Burke: Die Geschich einer gefährdeten Spezies – die der Universalgelehrten.

»Burke beherrscht die Kunst, instruktiv, unterhaltsam und völlig unprätentiös durch komplexe Materien und riesige Zeiträume zu führen.« Die Welt

Peter Burke, geboren 1937, lehrte seit 1978 Professor für Kulturgeschichte in Cambrid Er gilt als einer der bedeutendsten Kultur- u Medienhistoriker. Seine Bücher wurden in üb 30 Sprachen übersetzt.

angelangt: Wenn nicht didaktisch, wenn nicht auf die Erklärung der physikalischen Vorgänge fokussiert, wenn nicht einfach nur auf Fortschritt und Glorie ausgerichtet, wie dann sollte die Zeit der »bedeutenden Männer, bedeutenden Kämpfe und bedeutenden Ideen« im Wettlauf mit der Zeit gespeichert werden? Die heute so offensichtliche Antwort, dies mithilfe einer sorgfältigen, sich auf verschiedenste Quellen stützenden historischen Arbeit zu tun, die einen Blick auf das eigentliche Tun der Wissenschaftler selbst wirft, war zu diesem Zeitpunkt für eine Geschichte der Wissenschaften noch neu und musste erst entwickelt werden.

Dreimännerarbeit

Um die Innovationskraft der Sources, aber auch die auf sie einwirkenden Einflüsse besser abschätzen zu können, lohnt es sich, einen Eindruck davon zu gewinnen, welche wissenschaftshistorischen Ideen zum damaligen Zeitpunkt im Raum standen, auf welches Material zugegriffen werden konnte und welches Vorwissen die Beteiligten einbrachten. Gerald Holton war einer der wichtigsten Berater Kuhns, Thomas S. Kuhn selbst leitete das Projekt, und John A. Wheeler kann – wie beschrieben – als sein Initiator und Begleiter während der gesamten Projektlaufzeit angesehen werden. Ein genauerer Blick auf diese drei für das Projekt so zentralen Männer macht verständlich, warum und mit welchen Hoffnungen die Sources initiiert wurden. Was war vorhanden, worauf konnten sich die drei stützen?

Erinnerungen und Selbstauskünfte

Zunächst existierten die physikalischen Veröffentlichungen der Physikheroen selbst. Sie waren jedoch allesamt vor dem Zweiten Weltkrieg in den verschiedensten Fachzeitschriften publiziert worden. Etliche dieser zumeist europäischen Periodika waren jenseits des Atlantiks nicht zentral verfügbar.[79] Weiterhin gab es persönliche Auskünfte der Physiker, insbesondere der ältesten und berühmtesten Wissenschaftler, die zu diesem Zeitpunkt jedoch nur vereinzelt vorlagen. So hatte Max Planck 1945 eine »wissenschaftliche Selbstbiographie« verfasst.[80]

Und auch Einstein hatte das 1949 publizierte zweibändige Werk *Albert Einstein: Philosopher-Scientist* durch einen knapp hundertseitigen autobiografischen Text eingeleitet und eine ausführliche Bibliografie seiner Schriften hinzugefügt. Diese Ausgabe erschien innerhalb der von dem Philosophen Paul A. Schilpp herausgegebenen Reihe »Library of Living Philosophers«. Schilpp wählte für jeden Band einen berühmten und wichtigen Philosophen mit dem Ziel, einen »Zugang zu seinen Schriften und Gedanken« herzustellen, während dieser noch lebte.[81] Ihm schwebte eine kommentierte Interpretation des jeweiligen Denkers vor, zu der dieser wiederum abschließend Stellung bezog. Allen Beteiligten des SHQP-Projekts waren diese beiden Einstein-Bände vertraut.[82]

Ebenso bekannt war die Publikation zu Ehren von Wolfgang Pauli, die zunächst als Festschrift zu seinem 60. Geburtstag geplant war, dann aber nach seinem Tod mit dem Titel *Memorial Volume* erschien. Neben physikalischen Aufsätzen sind hier auch »Erinnerungen an die Zeit der Entwicklung der Quantenmechanik« enthalten, wie beispielsweise der Titel von Werner Heisenbergs Text lautete.[83]

Und schließlich hatte Niels Bohr 1958 vor der Physical Society in London einen Vortrag gehalten, der als »Rutherford Memorial Lecture« bekannt wurde.[84] In ihm schildert er die Entwicklung der Quantenphysik, beginnend mit dem Atommodell Rutherfords und den darauffolgenden Ereignissen. Der Vortrag besticht noch heute durch seine detaillierte Chronologie, zu der Bohr eigene Erinnerungen heranzog und die zu erkennen gab, dass er zur Vorbereitung in seinen Briefen nachgelesen und seine eigenen Veröffentlichungen von damals noch einmal konsultiert hatte.

Solche Erinnerungen alter Männer waren für junge Physikhistoriker wie Holton und Kuhn von Interesse, hofften sie doch, Auskunft über den eigentlichen Forschungsprozess zu bekommen. Denn so viel war um 1960 klar: Es ging nicht allein um publizierte wissenschaftliche Fakten, um Experimente, Berechnungen und Laborarbeit, sondern auch um Verzweiflung, Intuition und Gefühl – der subjektive Faktor spielte, wie bereits angedeutet, für die theoretische Physik eine große Rolle. Man könnte sogar noch einen Schritt weitergehen und behaupten, dass die neue Physik der 1910er und 1920er Jahre eine andere Wissenschaftsgeschichte erforderte, als sie bis dahin bekannt war, weg von der Heroengeschichte und hin zum Auf und Ab der Forschung. Genau dies hatten Holton und Kuhn – wenn auch in unterschiedlicher Weise – für sich zum Forschungsprogramm erhoben. Keiner von beiden hatte mit Oral History oder mit Interviews zunächst viel im Sinn. Was sie interessierte, waren die Entstehung des Neuen und die Frage danach, welche epistemologischen Voraussetzungen und Bedingungen ein Forschungsprozess hat. Die tätige Erinnerungsarbeit der Physiker zu Beginn der 1960er Jahre traf auf ein neues Erkenntnisinteresse der jungen Physikhistoriker.

Case Histories

Holton und Kuhn hatten beide bei dem Chemiker und Harvard-Präsidenten James B. Conant studiert und waren durch dessen *Harvard Case Histories* geprägt worden.[85] Diese Fallgeschichten folgten der Einsicht, dass die Vermittlung des Verständnisses naturwissenschaftlicher Vorgänge zur demokratischen Erziehung eines jeden Bürgers gehöre. Naturwissenschaftliche Phänomene und Konzepte seien – und hier teilt Conant Oppenheimers Intention – dann am besten zu begreifen, wenn man sie von ihren Ursprüngen her verfolge und die einzelnen Entdeckungsstadien erzählend vergegenwärtige. Wolle man einem Phänomen wie der Pneumatik auf die Spur kommen, so solle man im 17. Jahrhundert ansetzen und von Robert Boyle und der Luftpumpe sowie den nachfolgenden Experimenten ausgehen. Erzählt wurden auf diese Weise zur allgemeinen Bildung vorgesehene Fälle, die in einer Chronologie der Ereignisse – der Experimente, der Notizen, Briefe und Veröffentlichungen – die sukzessive Entstehung einer wissenschaftlichen Tatsache darstellten. Nach Conant sollten solche Fallgeschichten nicht zuletzt veranschaulichen, in welcher Bandbreite mentaler Prozesse die Wissenschaftspioniere ihre neuen Ideen entwickelt hatten. Und zur besseren Allgemeinverständlichkeit wurden die Wissenschaftler als *Dramatis Personae* vorgestellt, gewissermaßen wissenschaftliche Konzepte vermenschlicht und ihr Tun und Lassen bis an die Orte des Geschehens zurückverfolgt.[86]

Auch wenn Holton und Kuhn beide anderes im Sinn hatten als eine ausschließlich didaktische Aufbereitung komplexer historischer Vorgänge, so haben sie hier ihr methodisches Rüstzeug – die Berücksichtigung ursprünglicher Notizen und die möglichst exakte zeitliche

Bestimmung von Entdeckungsschritten – erworben. Beide hatten, bevor das Projekt begann, bereits in dieser Form publiziert, und ein Blick in ihre Arbeiten mag offenbaren, warum der Physikgeschichte um 1960 so viel Bedeutung beigemessen wurde.

Entdeckungsvorgänge sind nicht logisch: Gerald Holton

Der österreichische Emigrant Holton, der ursprünglich als Elektroingenieur ausgebildet worden war, hatte 1948 an der Harvard University bei dem Philosophen und Physiker Philipp Frank studiert und sein Interesse, ähnlich wie Kuhn, in den fünfziger Jahren auf die Wissenschaftsgeschichte ausgeweitet. Bereits in einem seiner frühen Aufsätze plädierte er dafür, den Prozess der wissenschaftlichen Entdeckung genauer zu betrachten und von einer gängigen Annahme zu befreien, nämlich, dass intellektueller beziehungsweise wissenschaftlicher Fortschritt seit Newton immer als eine Abfolge geregelter, nachvollziehbarer Schritte gedacht worden sei.

»Sieht man sich die Geschichte der Wissenschaften an, so wird man davon überwältigt, dass es allzu oft kein regelmäßiges Verfahren, kein logisches System der Entdeckung, keine einfache, kontinuierliche Entwicklung gibt.«[87] Vielmehr werde klar, dass es zu falschen Annahmen und Schlussfolgerungen, Fehlern und nicht erwarteten Funden gekommen sei, die alles andere als einen logischen Ablauf der immer gleichen Schritte implizierten. Auch gebe es, anders als Alfred N. Whitehead dies in seinem Buch *Science and the Modern World* von 1925 habe zeigen wollen, individuelle Motivationen der Wissenschaftler für ihre Forschung, die sie in der Arbeit vorantrieben. Die persönlichen Idiosynkrasien und nichtlogischen Elemente waren laut Holton aus den publizierten Texten getilgt worden und gehörten daher fälschlicherweise nicht zum öffentlichen Bild des wissenschaftlichen Fortschritts.

Auch in nachfolgenden Veröffentlichungen betonte er die zentrale Rolle des individuellen Wissenschaftlers, seiner Persönlichkeit und seiner Arbeitsweise für das Verständnis von Wissenschaft. Rückblickend fasste er seine Motivation für die Forschungen der letzten zwanzig Jahre 1973 wie folgt zusammen: »Es war das erklärte Ziel, anhand konkreter Fallbeispiele sowohl das Ideenwachstum der

Physiker von Kepler bis Einstein und Bohr zu zeigen als auch, in welcher Weise die traditionellen Ansichten über die Arbeitsweise des wissenschaftlichen Denkens verändert und ergänzt werden müssen.«[88] Als Beispiel für die traditionelle Sichtweise zitiert Holton den mit dem Wiener Kreis verbundenen Hans Reichenbach: »Der Wissenschaftsphilosoph interessiert sich nicht für den gedanklichen Prozess, der zu wissenschaftlichen Entdeckungen führt ..., das heißt, er schert sich nicht um den Entdeckungskontext, sondern schaut auf den Begründungskontext.«[89] Der Entdeckungszusammenhang bezeichnete die subjektiven, individuellen Beweggründe und Kontexte des einzelnen Wissenschaftlers und seiner Arbeit, während es beim Begründungszusammenhang darum ging, in welchen logischen Schritten der Wissenschaftler seine Arbeit respektive seine wissenschaftlichen Ergebnisse kommuniziert. Diese in den 1930er Jahren von Reichenbach getroffene Unterscheidung bildete die Grundlage, auf der die Entwicklung physikalischer Theorien gedacht wurde. Holton ging es um eine Revision dieses allzu verengenden Ansatzes.

Eine neue Wissenschaftsgeschichte sollte nun dort ansetzen, wo sich die Wissenschaftsphilosophie des Logischen Empirismus taub gestellt hatte. Holton fand dafür eine eigene Formel, die er 1961 in einem Plädoyer für die Hinwendung zur »jüngsten Vergangenheit der Physik« formulierte. Es sei die »Wissenschaft im Machen oder die private Seite der Wissenschaft«, die erforscht werden müsse, während die »Wissenschaft als Institution« in der Regel die bereits gereinigte, auf die Präsentation nach außen hin gerichtete Darstellung der Ergebnisse bezeichne.[90] Der neue Blick weg vom Kontext der Rechtfertigung hin zum Kontext der Entdeckung implizierte natürlich auch, unpublizierte Quellen genauso wichtig zu nehmen wie veröffentlichte. Dementsprechend forderte Holton die Berücksichtigung von Briefen, Notizen und »aufrichtigen autobiografischen Äußerungen«.[91] Wissenschaft war also nicht nur in den Veröffentlichungen und der Entdeckungschronologie zu finden; Wissenschaft war auch da, wo getastet und gesucht wurde, wo erste Notizen vorlagen und wo man verzweifelte Briefe an die Kollegen sandte. Anders als Kuhn hatte Holton Erfahrung mit der Durchsicht solcher Materialien: So war er nach dem Tode Einsteins 1955 einer der Ersten, die Zugang zu dessen Arbeitsräumen und Papieren in Princeton erhielten.[92]

Holton plädierte weiterhin für die Sammlung und Einbeziehung der Arbeitsmaterialien der Physiker. Damit ging eine nicht zu unterschätzende wissenschaftspolitische Verschiebung einher, welche die bisherige Deutungshoheit der Wissenschaftsphilosophie auf die Wissenschaftsgeschichte übertrug. Kein Wunder also, dass Holton um 1960 solche Projekte wie die Sources so vehement unterstützte.[93]

Paradigmenwechsel ereignen sich: Thomas S. Kuhn

Auch Kuhn war an einer solchen Perspektive jenseits von Veröffentlichungen gelegen. Wie bereits skizziert, fokussierte sein Ansatz jedoch weniger den einzelnen Wissenschaftler als vielmehr die Formation einer ganzen Gruppe, wenn nicht einer Generation und ihrer einzigartigen Zusammenarbeit. Als er im März 1961 dem Projektbeirat die Leitung des Projekts zusagte, hatte er sein Manuskript über *The Structure of Scientific Revolutions* annähernd fertiggestellt, in dem er die wissenschaftliche Revolution in den Plural überführte. Ihm zufolge handelte es sich nicht allein um die eine historische Phase gehäufter, das Weltbild wandelnder Ereignisse im 16. und 17. Jahrhundert. Er verstand die Rede von der wissenschaftlichen Revolution vielmehr als strukturellen, immer wiederkehrenden Ablauf. Die sich ereignenden Umwälzungen waren kein instantaner Vorgang und konnten auch nicht durch eine einzige Person ausgelöst werden. Es ging um ein Zusammenspiel mehrerer Faktoren, deren Definition und zeitliche Abfolge zu klären Kuhn sich zur Aufgabe gemacht hatte.

Ein zentraler Begriff war dabei das Paradigma, also eine von der Wissenschaftlergemeinschaft getragene wissenschaftliche Übereinkunft, ein Set an Problemlösungen, wie Kuhn es 1959 in einer frühen Aufsatzfassung nennt.[94] Es waren diese Problemlösungen und ihre anschließende Verstetigung (»Normalwissenschaft«), die zwei Eigenschaften besitzen mussten: Einerseits sollten sie neuartig genug sein, um eine Gruppe von Anhängern mobilisieren zu können. Andererseits musste das neue Paradigma offen genug sein, um eine möglichst große Bandbreite offener Fragen zur weiteren Bearbeitung zu ermöglichen.[95]

Ziel seines Buches war es, eine theoretische wie historische Neuorientierung zu bewirken. Dabei wendete er sich wie Holton von dem bis dahin zentralen Bild naturwissenschaftlichen Arbeitens und wissenschaftlichen Fortschritts ab, wie es vor allem der Wiener Kreis und Karl Popper vertraten: Nicht der Dreischritt von Annahme/Hypothese, Experimentieren und schließlich Interpretieren der gewonnenen Daten als aller (Natur-)Wissenschaft unterliegender planmäßiger Forschungsgang, nicht der bewusste rationale Akt eines Wissenschaftlers steht im Vordergrund, sondern vielmehr eine Gemengelage aus psychischen und sozialen Faktoren, aus Kontingenzen, Irrtümern und Sackgassen, deren historische wie zeitgenössische Betrachtung keinen Anlass mehr bot, allein von einer geradlinigen aufstrebenden Wissenschaft zu sprechen.

In dem Moment, da Naturwissenschaft (nicht nur in den USA) zu dem zentralen und unwidersprochenen Garanten für ökonomisches Wachstum und die Verteidigung der westlichen Welt geworden war, da Politiker wie Wissenschaftsmanager gleichermaßen auf eine Verwissenschaftlichung der Lebensbereiche setzten – kurz: als die Wissensgesellschaft, von der heute vielfach die Rede ist, entstand –, erweiterte Kuhn dieses Modell um einen wesentlichen Aspekt. Oder zumindest gab er ihm den Anstrich eines untersuchungswürdigen und nicht kalkulierbaren, nur schwer nachvollziehbaren Unterfangens. Dabei betrachtete er die Geschichte als Anwendungsbereich für die Wissenschaftstheorie oder -philosophie. Ähnlich wie Holton ging es auch Kuhn um eine neue Geschichte in dem Sinn, dass man sie nicht nur als Prüfstein für die entsprechende vorherrschende Erkenntnistheorie nutzen sollte, sondern dazu auch neue historiografische Wege einschlagen müsse. Von sich selbst schreibt er rückblickend, dass er viele Jahre an der »heute sehr einflußreiche[n] Unterscheidung zwischen ›Entdeckungszusammenhang‹ und ›Begründungszusammenhang‹« festgehalten habe. »Viele Jahre lang glaubte ich, sie beträfen die Natur der Erkenntnis«, doch seine Versuche, sie auf »tatsächliche[n] Situationen, in denen Kenntnisse erworben, anerkannt und assimiliert werden« anzuwenden, schlugen fehl.[96] Nicht von der »Logik der Forschung« sollte deshalb ausgegangen werden, sondern von der Forschung selbst. Kuhn drehte also den Spieß um, indem er versuchte, nicht die Geschichte der Wissenschaften nach den Maßstäben einer logischen Erkenntnistheorie und aus dem Wissensstand der Gegenwart zu bewerten, sondern die Theorie anhand der tatsächlich stattgefundenen Geschichte der Wissenschaften zu entwerfen.

Das war das Anliegen seiner Arbeit, und dies hatte er aus den zahlreichen Fallstudien entwickelt, die dem Buch vorangegangen waren und deren Format er in Harvard durch seinen Lehrer Conant zu schätzen gelernt hatte. Herausgekommen ist dabei eines der einflussreichsten Bücher der Wissenschaftsgeschichte: Zum ersten Mal suchte jemand die in den Blick genommene wissenschaftliche Praxis nach Gesetzmäßigkeiten zu befragen und in Stadien zu unterteilen, »Paradigma« wurde dabei zum Schlagwort.

Detailliert berichten: John A. Wheeler

Um 1960 waren in die neuen physikgeschichtlichen Projekte also zwei Männer eingebunden, die den Entdeckungskontext näher zu beleuchten versuchten. Während der eine sich vor allem dem individuellen Wissenschaftler widmete, interessierte sich der andere für die Umbruchsphänomene einer ganzen Gruppe. Beide hatten Physik studiert, und dies verband sie mit John A. Wheeler, dem Initiator des Unternehmens. Er war der Älteste der drei, und anders als seine jüngeren Kollegen war er in die zu behandelnden großen Ereignisse der Physikgeschichte direkt eingebunden gewesen: Als junger Atomphysiker hatte er bereits in den 1930er Jahren mit Niels Bohr zusammengearbeitet und war in den 1940er Jahren Mitarbeiter des Manhattan-Projekts gewesen. Zum Zeitpunkt der Projektplanung war er der Einzige aus dem Dreimännergespann, der bereits über Interviewerfahrung verfügte, allerdings auf der Seite der Befragten sitzend.

Wheeler hatte sich dem Historiker Richard G. Hewlett als Gesprächspartner zur Verfügung gestellt, den die U. S. Atomic Energy Commission 1957 damit beauftragt hatte, eine Geschichte des Manhattan-Projekts zu schreiben. Zu diesem Zweck wurden erstmals die noch vorhandenen und bis dahin als geheim klassifizierten Unterlagen freigegeben und der Versuch unternommen, die Geschichte der Entstehung der Atombombe und damit des amerikanischen Kernwaffenforschungsprogramms aufzuzeichnen. Der erste Band, der 1962 erschien, beruhte unter anderem auf den Erinnerungen der in Los Alamos tätigen Physiker. Nun waren solche Interviews, etwa mit J. Robert Oppenheimer und anderen, auch vor den Unternehmungen Hewletts geführt worden, doch in der Veröffentlichung wurden sie erstmals als historische Quelle rubriziert.[97] Am Ende des ersten Bandes fand sich nämlich ein ausführlicher Bericht, der neben der Aufzählung von »unpublizierten Quellen«, »privaten Manuskripten« oder »publizierten Quellen« auch »Interviews« erwähnt.[98]

Wheeler war also Teil der zu dokumentierenden Geschichte, selbst ein Zeuge dieser Zeit, die für ihn nicht eine abgeschlossene Episode der amerikanischen Vergangenheit als vielmehr lebendige Wissenschaftsgeschichte war. Zur gleichen Zeit, als Hewlett und sein Team ihn befragten, trat er in einer weiteren Veröffentlichung auf, die – da waren sich alle zeitgenössischen Kritiken einig – zwar die Ereignisse lebhaft schilderte, aber nicht im Entferntesten mit der vergangenen Wirklichkeit übereinstimmte.

1958 war die Übersetzung von Robert Jungks *Heller als tausend Sonnen* zur Geschichte der Atomforschung und der Entwicklung der Atombombe auf dem amerikanischen Buchmarkt unter dem Titel *Brighter than a Thousand Suns* erschienen und breit rezipiert worden. Selbst auf heutige Leser wirkt es noch wie ein Gegenentwurf zu Hewletts Unternehmung, geht es in diesem ursprünglich 1956 auf Deutsch veröffentlichten Buch doch um die Schrecken der Atombombe und nicht um die penible historische Aufarbeitung ihres Zustandekommens. Jungk wollte laut eigener Aussage zunächst einen Roman über die Entwicklung und den ersten Einsatz der Kernwaffe schreiben, im Mittelpunkt sollte das moralische Dilemma der Wissenschaftler stehen. »Um diesen Roman lebensecht zu gestalten, mußte ich beginnen, die wirklichen Hintergründe dieser Karriere zu studieren. Der erste bedeutende Kernphysiker, den ich nun traf, war der an der Universität Bern lehrende Professor Fritz Houtermans. Das war ein Glücksfall. Denn im Gegensatz zu vielen seiner Kollegen, die mehr in der Welt der Formeln als der Anekdoten leben, mehr in der Zukunft als in der Vergangenheit, wußte Houtermans auf lebendige und spannende Weise [...] zu erzählen«.[99] Aus der Begegnung mit Houtermans gewann Jungk die Erkenntnis, dass kein Roman »die tatsächliche, durch Aussagen und Dokumente belegbare Tragödie der Atomforscher an Bedeutsamkeit, Eindringlichkeit und Spannung übertreffen [könnte, AtH.]. Als ich Houtermans verließ, wußte ich, daß ich die Elemente meines Buches nicht in meiner Phantasie finden würde, sondern nur durch genaueste Befragung aller noch erreichbaren Menschen, die jenes für unsere Zeit so kennzeichnende

Drama gelebt hatten.«[100] Das ganze Buch hindurch werden diese Befragungen zitiert und in wörtlicher Rede in den Gang der Darstellung eingeflochten.[101] Zwar hielten die Kritiken Jungk in der Sache sein humanitäres Engagement zugute, doch stellten sie infrage, dass die Darstellung der eigentlichen Ereignisse korrekt sei: Man war sich einig, dass es sich um ein interessegeleitetes Buch handelte, »das so interessant geschrieben ist, dass es ganz sicher breit rezipiert werden wird und damit einen wesentlichen Beitrag zur weiteren Verwirrung und irrigen Ansichten über dieses Thema liefert«.[102] In Hewletts Publikation wird es gar als »hoffnungslos ungenau« bezeichnet.[103]

Was Jungk mit den Ergebnissen der Befragung getan hatte – sie für seine eigene, moralische Erzählung zu verwerten –, war nicht in Wheelers Sinn. Natürlich sollten Physiker erzählen, aber so umfassend wie möglich, um die »bedeutenden Männer, bedeutenden Kämpfe und bedeutenden Ideen« zunächst einmal zu dokumentieren. Mit den Sources sollte nicht ein einzelnes Buch geschrieben werden, die Absicht war vielmehr, ein ganzes Archiv zu errichten. In dieses sollten die Befragungen und die Sammlung von Materialien gleichermaßen eingehen und in ihm so viele Details, so viele autobiografische Erinnerungen, so viele Labornotizen und Briefe wie irgend möglich zusammengestellt werden.

Holton, Kuhn und Wheeler waren davon überzeugt, mit der Quantenrevolution eine der wichtigsten wissenschaftlichen Entdeckungen zu behandeln und mit der Darstellung ihrer Entstehung das Funktionieren von Naturwissenschaft überhaupt analysieren zu können. Auch an der Stärkung der Wissenschaftsgeschichte war allen dreien gelegen. Und sie waren sich auch darin einig, dass dafür neue historiografische Wege beschritten werden mussten. Sie setzten das Rüstzeug ein, das ihnen bekannt war, und bemühten sich, dabei so umfassend wie möglich vorzugehen; sie waren sensibilisiert für die strukturierte Wahrnehmung großer zurückliegender Forschungsereignisse. Während Holton und Kuhn versuchten, die Bedingungen wissenschaftlicher Erkenntnis zu erforschen, also eine epistemologische Fragestellung zu verfolgen, war Wheeler als Protagonist der zu untersuchenden Ereignisse um Korrektur falscher Vorstellungen bemüht. Aus dieser Melange – einer zu professionalisierenden Wissenschaftsgeschichte, einer epistemologischen Fragestellung und einer Selbsthistorisierung – entstanden die Sources for History of Quantum Physics.

3 Papierarbeit

Das ambitionierte Projekt nahm am 1. Juli 1961 seine Arbeit an der University of California in Berkeley auf, wo Kuhn bis dahin als Assistant Professor of the History of Science tätig gewesen war. Ein Beweggrund, diese recht komfortable Position für ein Archivprojekt aufzugeben, war sicher Enttäuschung. Denn anders als er erwartet hatte, war er in Berkeley nicht zum Full Professor in Philosophie, sondern in Geschichte befördert worden.[104] Dies entsprach nicht seinem Selbstverständnis, ja, er fühlte sich von den Philosophen harsch zurückgewiesen. Als wolle er nun den Schritt in die Geschichte radikal vollziehen, warf er sich das erste (und einzige) Mal in eine archivalische Kärrnerarbeit. Seine Bedingung für die Annahme der neuen Stelle lautete, dass er im ersten und dritten Jahr nicht seine gesamte Arbeitszeit für das Projekt verwenden, sondern weiterhin unterrichten würde. Nicht zuletzt war es ihm so möglich, die Einleitung zu *The Structure of Scientific Revolutions* zu schreiben und das Manuskript ein letztes Mal zu überarbeiten.

Kuhn war nach seiner Zusage im Frühjahr 1961 nicht untätig geblieben – »der Druck von den Mitgliedern der Kommission ist enorm«[105] –, hatte bereits mit anderen Historikern Kontakt aufgenommen und damit begonnen, sein Team zusammenzustellen. Nachdem er seinem damaligen Doktoranden John L. Heilbron das Projekt beschrieben hatte, erklärte sich dieser bereit, daran mitzuwirken. Heilbron war kurz zuvor mit einem Doktorandenstipendium von der theoretischen Physik in die Wissenschaftsgeschichte gewechselt und schrieb an seiner Dissertation über die Atomstruktur.[106] Ihm kam dieses Projekt mehr als gelegen, zumal es seinen Einstieg in die Wissenschaftsgeschichte auch institutionell absicherte. Paul Forman, der etwas jünger als Heilbron war und noch nicht mit seiner Dissertation begonnen hatte, stieß später ebenfalls dazu und begleitete die beiden vor allem während des einjährigen Aufenthalts in Kopenhagen vom Sommer 1962 bis zum Sommer 1963. Gemeinsam mit der Sekretärin Lini Allen bildeten diese vier Personen das Kernteam des Projekts.

Bibliografie

Der Herbst des Jahres 1961 stand im Zeichen der Lektüre. Keiner der Beteiligten war wirklich in die Geschichte der Quantenphysik eingearbeitet, daher musste erst einmal ein gemeinsamer Kenntnisstand erreicht werden: »Reiches *Quantentheorie* und der zweite Band von Whittakers *Theories of the Aether and Electricity* erwiesen sich als besonders hilfreich«.[107] Große Teile des gesamten ersten Jahres wurden vor allem dem Sammeln von Informationen gewidmet: Man war zuvor davon ausgegangen, dass die Konsultation von zehn der wichtigsten Physiker ausreichend wäre,[108] doch schnell wurde deutlich, dass weitaus mehr nötig sein würden. Auch wenn man sich entschlossen hatte, die Pioniere der Relativitätstheorie auszusparen, um sich von vornherein auf die Quantenphysik zu konzentrieren, wuchsen die nun entstehenden Listen von Personen und Dokumenten immer mehr an.[109] Man begann mit einer ersten groben Bibliografie. Zu diesem Zweck wurden Zeitschriften, Bücher, biografische Nachschlagewerke, Nachrufe, Lexika und Gelehrtenkalender nach thematischen Nennungen zur Quantenphysik und nach den entsprechenden Personen durchgesehen und in verschiedene Karteien sortiert.[110] Ziel dieses bibliografischen Unterfangens waren die Ermittlung der relevanten Primär- und Sekundärliteratur sowie der Biografien der Wissenschaftler.

Listen

Nun muss man nicht alle Arbeitsschritte minutiös zur Kenntnis nehmen, um den Aufbau des Projekts zu begreifen und sein Ziel zu verstehen. Doch geben sie – wie die folgenden kurzen Ausführungen belegen sollen – einen Eindruck von der überaus akribischen und sichernden Arbeit, die diese neuartige Wissenschaftsgeschichte kennzeichnete.[111] Dazu gehörte eine umfangreiche Listenarbeit: »Vorläufige Liste der wichtigsten gestorbenen Physiker«, »Vorläufige Liste der Quellen in den USA«, »Vorläufige Liste der Quellen außerhalb der USA«, »Ältere wichtige Personen, die in den USA leben«, »Ältere wichtige Personen, die außerhalb der USA leben«.[112] Schließlich erstellte man eine »Dringlichkeitsliste« (»Priority List«)

φ Hist

SOURCES FOR HISTORY OF QUANTUM PHYSICS

2490 Channing Way, Room 501, Berkeley 4, California

A project of the Joint Committee of the American Physical Society and the American Philosophical Society on the History of Theoretical Physics in the Twentieth Century

Supported by a grant from the National Science Foundation

Staff

Thomas S. Kuhn
DIRECTOR

John L. Heilbron
ASSISTANT DIRECTOR

Joint Committee

John A. Wheeler
CHAIRMAN
Palmer Physical Laboratory
Princeton University
Princeton, New Jersey

Richard H. Shryock
COCHAIRMAN AND SECRETARY
American Philosophical Society
Philadelphia, Pennsylvania

George W. Corner
Executive Officer
American Philosophical Society

Karl K. Darrow
Secretary
American Physical Society

S. A. Goudsmit
Brookhaven National Laboratory

Gerald J. Holton
Harvard University

Henry Allen Moe
President
American Philosophical Society

George E. Uhlenbeck
Rockefeller Institute

J. H. Van Vleck
Harvard University

~~John H. Williams~~
~~President~~
~~American Physical Society~~

Robert F.Bacher
President
American
Physical
Society

May 21, 1964

Professor John A. Wheeler
West House Hotel
Cambridge
England

Dear John:

I have just this moment received your long, encouraging, and immensely informative letter written from England in the aftermath of your talk with Hund. Having your letter will, I am sure, make my own trip to Europe in June far more productive. Within the next week, I shall get off a letter and some additional materials to Hund, but it will take some time to put these together. Some of the information he wants will in any case have to wait until our report is ready, but that should be well before his own major efforts start in the fall.

One matter raised in your letter cannot, however, wait even until next week. Though I can very well appreciate the reasons that lead you to suggest our exempting from the Convention much of the material gathered by the project for deposit in libraries, I think we must not consider doing so. Almost everyone with whom the project has had to do was introduced to us by the preliminary printed announcement that described the archives which the Joint Committee was planning to establish in Berkeley and Philadelphia. Many donors have pressed me for details about the conditions under which material was to be used, and I have generally satisfied them by giving a rough preliminary description of the procedures that have been established under the Convention. It is, I think, safe to say that most donors expect that the material they have made available to the project will be handled in approximately the way that the Convention describes.

Probably you are right in suspecting that the majority would not insist on those conditions, but there is now no way to find out which donors those would be without writing individual letters to each of them. Some of the librarians may later wish to do that, and I think the Joint Committee should have no objection if they do. But I am strenuously opposed to having the Joint Committee itself ask donors to relieve it of a responsibility which it had previously undertaken. I grant that it is I who have, perhaps inadvertently and without sufficient authority, saddled the Joint Committee with that responsibility. If that is the case, however, I must ask you and the other members of the Committee

2 Das Briefpapier des Projekts

mit der stattlichen Anzahl von 134 Namen. Sie wurde am 16. Oktober 1961 an die Mitglieder der »Gemeinsamen Kommission und weitere Unterstützer« (»Joint Committee and Other Friends«) mit der Bitte Kuhns um eine Priorisierung verschickt: Mithilfe der vom Team vorgenommenen Einteilung in »unmittelbare Beiträger« (»Direct Contributors«) und »unterrichtete Beobachter« (»Informed Observers«) sollte bestimmt werden, wer über die Zeit von 1900 bis circa 1935 berichten könne und wer nicht.[113] Zugleich machte Kuhns Anschreiben deutlich, dass es sich hier um einen hochdiplomatischen Akt handelte: Es dürfe niemand vergessen werden, Namen seien nachzutragen, sofern sie vom Team nicht berücksichtigt worden waren, und es gelte, zwischen guten Physikern und guten Informanten zu unterscheiden.[114] Diplomatie und Professionalität standen auch bei dem eigens für das Projekt entworfenen und der Korrespondenz dienenden Briefpapier im Vordergrund [Abb. 2]: Titel des Projekts, der beteiligten Organisationen und des Geldgebers bilden die horizontale obere Achse der Briefbögen, während die Projektbeteiligten die vertikale Achse auf der linken Seite füllen. So sind auf einer Seite im amerikanischen Standardformat die berühmtesten Physiker und die mit der Geschichte der Wissenschaften betrauten Organisationen versammelt. Beide Achsen werden von der stilisierten Zeichnung einer Atomstruktur vereint, die rot vor weißem Hintergrund den eigentlichen Blickfang des Papiers bildet und unmittelbar verdeutlicht, worum es sich handelte: ein der (Atom-)Physik gewidmetes Unterfangen.[115]

Aktenmappen

Die Papierarbeit kulminierte schließlich in den sorgfältig geführten Aktenmappen. Für jede als relevant angesehene Person wurde eine Mappe angelegt, die den Interviews zur Vorbereitung diente und im späteren Archiv die Grundlage der zu vereinigenden Sammlung aller Daten und Texte bildete. Eine wissenschaftshistorische Quellensammlung in derart umfangreicher und individueller Form war an keiner anderen Institution zu finden, nicht einmal bei den jeweiligen Physikern selbst (mit Ausnahme von Niels Bohr, wie wir noch sehen werden). In einer Aktenmappe befanden sich jeweils (1) Manuskripte und veröffentlichte Texte (Kopien oder Mikrofilme). Es handelte sich in der Regel um Zeitschriften- oder Buchaufsätze, was diese Abteilung besonders umfangreich werden ließ. (2) Hinzu kam eine möglichst vollständige Bibliografie aller Schriften. Bei den noch lebenden Wissenschaftlern wurde sie von diesen selbst erbeten, in anderen Fällen durch die Projektmitarbeiter erstellt. (3) Ferner fügte man die Biografie des zukünftigen Interviewpartners auf mehreren einzelnen Seiten hinzu, die in Zeitabschnitte gegliedert waren und auf denen nach und nach ergänzende Einträge vorgenommen werden konnten. Die Bearbeiter trugen ihr Kürzel am oberen Rand dieser Seiten ein. (4) Die während der Projektzeit mit dem Physiker geführte Korrespondenz wurde ebenfalls in der jeweiligen Mappe abgelegt. (5) Am Schluss sollte das Originaltranskript des geführten Interviews abgelegt werden.[116]

Sobald eine solche Aktenmappe angelegt worden war und erste relevante Informationen enthielt, wurde dies auf der entsprechenden Personenkarte in der Kartei vermerkt. Weiße Karten für die Physiker, blaue Karten für die bloßen Auskunftsgeber (Ehefrauen oder Freunde etc.).[117] Schließlich sollte von jeder erstellten Biografie ein Exzerpt zu den folgenden Aspekten auf einer halben Seite erstellt werden: 1. Mit wem hatte die Person Kontakt gehabt? 2. An welchen Universitäten hat die Person studiert oder gearbeitet? Diese Daten wurden zusätzlich in eine separate Akte mit den 14 wichtigsten Universitäten übertragen. Die aufwendige Prozedur war erst dann abgeschlossen, wenn entweder Kuhn oder Heilbron die kompletten Unterlagen gesichtet und deren Richtigkeit bekundet hatten. Für die minutiösen und in ihren Querverbindungen mühsam herzustellenden Schriftstücke waren Regeln der Informationszusammenstellung festgehalten worden, um diese den wechselnden Helfern auszuhändigen.[118]

In dieser überaus sorgfältigen Arbeit zeigt sich das Bestreben einer »weichen Wissenschaft« – hier die empirisch grundierte Geschichte –, durch Quellennachweis eine möglichst große Neutralität abzusichern. Die Sozialwissenschaften, wozu die Geschichte gezählt wurde, mussten gegen das epistemologische Misstrauen ankämpfen, das ihnen von den Naturwissenschaften als den Gesetzeswissenschaften entgegengebracht wurde, und sich als verlässliche Wissenschaft erweisen.[119] Dies konnte allein mit einem aufwendigen Nachweis- und Dokumentationssystem geschehen. So entstand in Berkeley seit dem

SOURCES FOR HISTORY OF QUANTUM PHYSICS

An Appeal for Letters, Manuscripts, and Recollections

In June 1961 the American Physical Society and the American Philosophical Society applied through a joint committee to the U. S. National Science Foundation for a three-year grant "to record interviews with men central in the 1913–1938 quantum revolution and to retrieve documentary material on quantum theory and related scientific developments, 1898–1938." The letter of application emphasized that, though quantum physics is the center of a revolution in scientific theory without parallel in modern times, the details of its development are largely unknown. Little of the battle of minds in the decisive period has been described, and even the records from which such a description might be drawn are fragmentary. Only those involved know who influenced whom and how and why in the formulation of quantum physics.

Records that can provide answers to questions like these are today recognized as vital for understanding what quantum physics has become, for analyzing the scientific method in action, and for providing the source materials essential to books on physics and its history. Recognizing the urgent need for such records the National Science Foundation made — through the American Institute of Physics—a grant to support their collection. Intensive exploratory research has been in progress since July 1961 under the direction of Thomas S. Kuhn (Ph.D. in physics, Harvard 1949, now Professor of the History of Science at the University of California, Berkeley). That work is being guided by the original sponsoring committee under the chairmanship of J. A. Wheeler of Princeton University. The other members are: K. K. Darrow, G. Holton, F. Seitz, G. E. Uhlenbeck, and J. H. Van Vleck for the Physical Society; and H. A. Moe, G. W. Corner, and R. H. Shryock for the Philosophical Society. Professors Bohr, Born, Goudsmit, Rosenfeld, Segrè, and Wigner have already promised their active cooperation. This notice is to solicit assistance from a wider circle.

The project particularly desires information about:

(1) letters bearing on the history of quantum physics
(2) manuscript materials
(3) records of meetings
(4) photographs and films
(5) recollections of seminars where critical steps were discussed; of moments at which an important concept emerged; and of occasions when the outlook of one investigator was dramatically changed by another.

Copies of such documents or accounts of such recollections will be gratefully received, but what is particularly requested at this time is *word of their existence and whereabouts.*

The project aims to insure the preservation of all such materials, the originals at suitable local archives and copies at a few major research centers. Even more urgently it intends to record recollections and commentary of the surviving participants in the development of quantum physics and of their close associates. As its final goal the project will publish a catalogue of the materials it has located or collected. The libraries of the American Philosophical Society in Philadelphia and of the University of California, Berkeley, have volunteered their excellent facilities for the deposit and circulation to scholars of the project's tape, microfilms, and, where suitable, original manuscripts. Close liaison, including exchange of relevant materials, is being maintained with the American Institute of Physics' project on the History of Recent Physics in the United States.

Since late last summer a close study of the existing published record—technical, biographical, and historical—has been in progress at Berkeley. One aspect of the work has been the preparation of schematic biographies and bibliographies of more than one hundred participants in the development of quantum physics. Tape-recorded interviews with a few of those individuals will begin experimentally during the spring of 1962 and continue intensively during the summer. In September the project will move to headquarters in Copenhagen to facilitate work with European scientists.

It is already nearly too late to undertake a project with these aims. Its success will depend upon the active cooperation of the physics profession. Readers are therefore urged to respond and to bring this notice to the attention of others who may be helpful. Until September 1962 suggestions and information about source materials should be sent to Professor Thomas S. Kuhn at 224 Stephens Memorial Hall, University of California, Berkeley 4, California. During the year following, the project's address will be: Universitetets Institut for Teoretisk Fysik, Blegdamsvej 17, Copenhagen, Denmark.

BERKELEY, CALIFORNIA, FEBRUARY 1962

3 Der »Aufruf« vom Februar 1962

Frühjahr 1962 ein Informationsmonument, das keine historischen, einmaligen Archivalien und Zeugnisse, sondern Materialkopien und Transkripte zusammenführte. Die verschiedenen miteinander verbundenen Findsysteme bildeten eine genau durchdachte und akribisch vorbereitete Zentralstelle für die Geschichte der Quantenphysik. Das Signum der verwaltenden Moderne – sammeln, ordnen, bereitstellen – galt auch für die SHQP.[120]

Der Aufruf

Die intensive Arbeit in der Zentralstelle wurde durch einen Sammelaufruf komplettiert. Acht Monate nach Projektbeginn, die Vorbereitungen waren nahezu abgeschlossen, traten Kuhn und Heilbron mit den SHQP an eine größere Öffentlichkeit: Im Februar 1962 veröffentlichten sie einen sorgfältig formulierten Aufruf, der in zahlreichen Fachzeitschriften (darunter *ISIS*, *Physics Today* und *Physikalische Blätter*) das physikgeschichtliche Unternehmen erstmals annoncierte:[121] »Dringende Bitte um Briefe, Manuskripte und Erinnerungen« (»Appeal for Letters, Manuscripts, and Recollections«). [Abb. 3]

Um die Arbeit des Projekts und dessen Ziele besser zu verstehen, lohnt ein Blick auf die zentralen Punkte des Aufrufs, mit denen die Physiker für eine Mitarbeit gewonnen werden sollten. Hier taucht erneut der schon bekannte Hinweis auf, die Sammlung von Quellenmaterial stehe unter einem besonderen Zeitdruck: »Es ist fast schon zu spät, ein Projekt mit diesen Zielen in Angriff zu nehmen. Sein Erfolg wird von der aktiven Mitarbeit der Disziplin abhängen.«[122] Nur durch eine solche Kooperation sei es möglich, die Grundlagen für eine historische Analyse der »Wissenschaft im Machen« (»scientific method in action«) zu schaffen. Durch die Quellen soll der »Kampf der Geister« (»battle of minds«) ebenso sichtbar werden wie »wer wen beeinflusst hat« (»who influenced whom«). Weiter heißt es:

»Das Projekt wünscht sich insbesondere Informationen über:
(1) Briefe, die die Geschichte der Quantenphysik betreffen
(2) Manuskripte
(3) Aufzeichnungen von Tagungen
(4) Fotografien und Filme

(5) Erinnerungen an Seminare, in denen entscheidende Schritte diskutiert wurden; an Momente, in denen ein wichtiges Konzept auftauchte; an Anlässe, bei denen die Sichtweise eines Forschers durch einen anderen dramatisch verändert wurde.«[123]

Die Hoffnung, an die bedeutenden Momente einer wissenschaftlichen Entwicklung heranzukommen, richtet sich also an die Erinnerung der beteiligten berühmten Männer, das Gedächtnis war dabei noch eine unproblematisierte Instanz. Ganz im Gegenteil, für die Physik galt es, diese überhaupt erst zu entdecken und anzuerkennen: Erinnerungen eröffneten aufregende Perspektiven. »Kopien von Dokumenten oder Berichten solcher Erinnerungen werden dankbar entgegengenommen, was aber zu diesem Zeitpunkt besonders erbeten wird, ist *eine Benachrichtigung über deren Existenz und Verbleib*.«[124] Man konzipierte das Projekt als möglichst umfassende Lokalisation, Sammlung und Speicherung der schriftlichen wie auch mündlichen Quellen.

Den Aufruf hatte man an circa 180 Physiker im In- und Ausland verschickt, meist gemeinsam mit der sogenannten Checkliste. Diese Abfrage stellte in vielen Fällen auch den ersten direkten Kontakt zu den Protagonisten dar [Abb. 4a+b], die in der Regel zunächst durch ihnen bekannte Physiker, die dem Unterstützerkreis des Projekts angehörten, angesprochen worden waren. Daraufhin wurde ihnen die offizielle Bitte um Mitarbeit und damit um ein Interview zugeleitet: Im Falle Werner Heisenbergs hatte etwa Samuel A. Goudsmit einen solchen Kontakt hergestellt, und der erste Brief Kuhns an Heisenberg, dem sowohl die Checkliste wie der Aufruf beilagen, wurde am 15. Februar 1962 in die Post gegeben.[125]

Der Aufruf bildet einen wichtigen Ausgangspunkt, um auf die grundsätzliche Bedeutung der verschiedenen im Projekt angewandten Arbeitsweisen oder Methoden zu verweisen. Bisher war die Rede davon, dass es vor allem um eine Papierarbeit, um eine Quellensicherung ging. Das Projekt verstand sich als Dokumentation und war bemüht, dafür eine nachvollziehbare, transparente Struktur aufzubauen. Mit den zu führenden Interviews verließ man nun dieses halbwegs gesicherte Terrain und begab sich endgültig in einen Bereich, in dem man noch keine Erfahrung besaß und in dem die ordnende Distanz aufgehoben war. In der Tat wurden nun die Riesen der Geschichte an den Tisch gebeten.

CHECKLIST FOR RETURN TO:

Professor T. S. Kuhn
Sources for History of Quantum Physics
224 Stephens Memorial Hall, University of California
Berkeley 4, California

Dear Sir:

If you know the whereabouts of records relevant to the history of Quantum Physics, please indicate in the appropriate space below:

(1) their NATURE; (2) their LOCATION; (3) their approximate QUANTITY; and (4), if they are in your possession, how the project may obtain COPIES if desirable.

Letters bearing on the history of Quantum Physics

Other manuscript material, e. g., unpublished papers, records of meetings, etc...

Photographs and films

4a »Checklist«, Februar 1962

We also hope to capture recollections of important episodes in the growth of Quantum Physics. Please indicate below any developments about which you have especially pertinent memories.

How can you best make this information available to the Project?

- [ ] Through reprints of published articles
- [ ] Through manuscripts written for our archives
- [ ] Through tape recordings if the Project provides some assistance

---

NAME: ____________________

ADDRESS: ____________________

____

____

2-62

4b

National Science Foundation

Sowohl die akribische Dokumentation als auch das Interview verweisen auf die Sozialwissenschaften, an deren folgenreicher Neuausrichtung auch die SHQP teilhatte. Dies wird deutlich anhand der Umstände der Projektfinanzierung: Geldgeber war die noch junge, 1950 gegründete National Science Foundation. Sie war ein Kind des Krieges, ihre Prämissen Fortschritt und nationale Sicherheit. In seiner Gründungsschrift für ein solches Programm hatte Vannevar Bush 1945 die Wissenschaft als »unendliches Neuland« (»endless frontier«) bezeichnet, in das beständig vorzustoßen das Ziel aller Unternehmungen sein sollte.[126] Nationaler Wohlstand war nur durch gebündelte Forschungsanstrengungen möglich, nur so konnte eine Nation in der modernen Welt bestehen und prosperieren. Dazu bedurfte es des finanziellen Engagements der Regierung.

Einmal mehr dienten die wissenschaftsbasierten Technologien hierfür als leuchtendes Beispiel. Dazu gehörten nicht nur, wie wir gesehen haben, die atomaren Waffen, sondern auch die in Entwicklung befindlichen Radare oder Computer. Die physikalischen Wissenschaften standen wie zuvor im Mittelpunkt und die atomare Konkurrenz mit der Sowjetunion trug dazu bei, dass dies auch so blieb. Doch auch die Sozialwissenschaften waren während des Zweiten Weltkriegs und im Ost-West-Kräftemessen zu einem wichtigen Faktor geworden.[127] Psychologen und Anthropologen vermochten in ausführlichen Studien den Feind zu analysieren, Soziologen untersuchten die Strukturen der modernen Gesellschaft und Ökonomen halfen dabei, die Finanzierung kriegerischer Auseinandersetzungen zu sichern und planbar zu halten.[128] Dennoch war es keine ausgemachte Sache, dass die Sozialwissenschaften – der Social Science Research Council zählte dazu Anthropologie, Ökonomie, Geschichte, Politikwissenschaft, Psychologie, Soziologie und Statistik – auch in der NSF Berücksichtigung finden würden.[129] Handelte es sich überhaupt um »richtige« Wissenschaften? Die Herausforderung, sich gegen den Goldstandard der Naturwissenschaften als Gesetzeswissenschaften behaupten zu müssen, ist uns schon begegnet; also das Betreiben wertneutraler Forschung, quantitative Analysen und Experimente sowie der Anspruch einer sauberen Scheidung von Wissenschaft und Ideologie. Die Sozialwissenschaften versuchten sich an diesen Normen zu orientieren und vom Ruch einer »angewandten Wissenschaft« der Sozialreformer und der staatlichen Wohlfahrtspolitik zu befreien, wie man sie in den 1930er Jahren mit dem New Deal kennengelernt hatte. Nicht zuletzt machten sie deutlich, dass sie gleichermaßen dringliche, national relevante Themen zu behandeln wussten: Jugendkriminalität und Rassenkonflikte, Armut und Arbeitslosigkeit. In den Augen ihrer Befürworter war eine *social science* entstanden, die nichts mehr mit der ehemaligen vermeintlich marxistisch inspirierten Stimmungsmache (*social opinionating*) gemein hatte.[130]

Und so wurde 1960 in der NSF eine eigene Abteilung für sie eingerichtet und dabei die Absicht verkündet, die finanziellen Mittel für die Grundlagenforschung in den Sozialwissenschaften aufzustocken: Statt der bisherigen jährlichen Summe von 850 000 Dollar sollten nunmehr 3,4 Millionen Dollar zur Verfügung stehen. Dabei legte man den Schwerpunkt auf solche Projekte, die sich den basalen Problemen der Gesellschaft widmeten und eigene Forschungstechniken entwickelten. Klassifiziert war die Finanzierungsvergabe in vier Programmen: Anthropologie, Wirtschaftswissenschaften, Soziologie sowie Geschichte und Philosophie der Wissenschaften.[131] Somit wurde die junge Wissenschaftsgeschichte, die nicht zuletzt die Naturwissenschaften und ihr Funktionieren erklären helfen sollte, nicht zu den Geisteswissenschaften gerechnet, den *humanities*, sondern zu den *social sciences*; und sie erhielt sogar einen eigenen Programmzweig. Wissenschaftsgeschichte stand ab jetzt nicht nur unter Zeit-, sondern auch unter wissenschaftspolitischem Erfolgsdruck.

History of Science und *Social Science*

Es bleibt festzuhalten, dass die Sources auf historische und auf sozialwissenschaftlich grundierte Arbeitsweisen zurückgriffen: Man unternahm eine Erhebung mit entsprechenden Fragebögen, um sich eine Übersicht über die Gruppe der Physiker zu verschaffen; man plante Befragungen, die als klassisches Instrument der Erhebung von Marktforschung bis politischer Umfrage bekannt waren.[132] Es muss an dieser Stelle nicht auf die großen, auch in der Öffentlichkeit präsenten Erhebungen wie die Middletown-Studien von Robert und Helen Lynd (1929/1937), die skandalisierende sogenannte Kinsey-Studie zu *Sexual Behavior in the Human Male* (1948) oder *The Lonely Crowd* (1950) von David Riesman zurückgegriffen werden, um zu verdeutlichen, wie das Team der Sources seine Tätigkeit verstand: Im Mai 1961 bezeichnete Kuhn es selbst als seine Aufgabe für die kommenden Monate, »mit dem Tonband ins Feld zu kommen«.[133] Ethnologen sprechen vom Feld, Anthropologinnen bewegen sich dort und Sprachwissenschaftler kartieren es; der Gang in das Außen ist zuvörderst der Materialgewinnung gewidmet. Kuhn sprach von seinen »Informanten«, von »erstklassigen Informanten« und seinen »Quellen«.[134] Gemeinsam war allen Bestrebungen, dass seine akademischen Protagonisten es wie in allen Sozialwissenschaften als Menschen mit anderen Menschen zu tun hatten und deshalb die Gefahr der subjektiven Eintrübung bestand. Doch wenn die subjektive Seite des Entdeckungsvorgangs in der Physik, die Intuition und das Gefühl, studiert werden sollten, dann konnten gerade die zwar diffizilen, aber sich genau auf solche Gefühlsermittlungen konzentrierenden Instrumente wie das Interview von Nutzen sein. Nicht nur Kuhn, auch die Wissenschaftsgeschichte begab sich deshalb das erste Mal »ins Feld«. Eine derartige Geschichte war erst im Entstehen begriffen, und dafür – wie das NSF-Programm forderte – mussten eigene Forschungstechniken entwickelt werden. Es war nur noch nicht klar, wie diese genau aussehen würden.

Man muss sich den Schritt vor Augen führen: Noch steckte die für uns heute gut etablierte Oral History in den Anfängen, und der Wissenschaftsgeschichte mit empirisch-sozialwissenschaftlichen Methoden auf den Leib zu rücken war fast präzedenzlos, das Ergebnis mehr als ungewiss. Worum handelte es sich, wenn man um 1960 von einem »Interview« sprach? Worin bestand diese das Projekt grundierende Forschungstechnik?

4 Methode

Die Interviews und ihre Bearbeitung nahmen den Großteil der Projektlaufzeit in Anspruch. Insofern muss man genauer auf die minutiöse Befragungsarbeit und ihre Geschichte schauen. Interviews waren (und sind) nämlich enorm aufwendig. Darüber hinaus schienen sie, bedingt durch die gleichzeitige Abwesenheit schriftlicher historischer Quellen, die einzige Möglichkeit zu sein, etwas über den Forschungsverlauf und die subjektive Seite der Physik zu erfahren.

Der Begriff des Interviews kennzeichnet einen heute scheinbar geläufigen Befragungsprozess. Seine Wortgeschichte macht deutlich, dass es dabei einerseits um eine Inspektion, eine Prüfung geht, andererseits um eine wechselseitige Blickbeziehung. Ein *interview* bezeichnet eine Begegnung mindestens zweier Personen zum Zwecke der Informationsgewinnung.[135] Frage und Antwort bildeten ein subtiles Geflecht, das der Ermittlung von Daten, der Gewissenserforschung oder einer Zustandsbeschreibung diente.[136] Es war in vielen Fällen nicht als eigenständige Technik eingesetzt worden, sondern Teil eines breiteren methodischen Konzepts wie der erwähnten Erhebung, aber auch der Fallstudie oder der Biografie.[137] Um 1960 steht also ein Forschungsinstrument zur Diskussion, wie es komplexer nicht hätte sein können. Auch im SHQP-Projekt laufen die verschiedensten Sinnebenen zusammen. Im Folgenden werde ich drei Bereiche herausschälen, die den Bedeutungshof, wenn nicht die Voraussetzung der Kuhn'schen Interviews bildeten und für das Quanten-Projekt relevant wurden: Journalismus, Psychologie und Oral History.

Journalismus

Nichts – so die ersten Verlautbarungen – sollte den Projektbeteiligten fernerliegen als das journalistische Interview. So zumindest hatten es sich diejenigen gedacht, die das Projekt initiierten. Als Gerald Holton die zu planenden notwendigen Vorbereitungen in einem Brief beschrieb, bemerkte er lapidar, dass es vor allem darum gehe, das übliche, schnell veröffentlichte Interview zu vermeiden, das in einigen Fällen keine Fakten bringe, sondern eher der Selbstbeweihräucherung des Interviewenden diene.[138] John A. Wheeler wurde einige Monate später noch deutlicher: »Ein Bohr, der einem *Life*-Reporter die Geschichte der Physik erzählt, oder ein Bohr, der einem Physikstudenten, auch einem sehr guten Physikstudenten, von der Physik berichtet, ist etwas völlig anderes als ein Bohr, der George Uhlenbeck die Geschichte erzählt«.[139] Zuvorkommend und freundlich, wie Bohr von seinen Zeitgenossen wahrgenommen wurde, konnte er einem *Life*-Reporter und einem Studenten wohl auch geduldig Fragen beantworten, aber es waren zweifellos viel vollständigere Antworten zu erwarten, wenn er von einem Fachkollegen interviewt würde, der seinen Gedankengängen folgen konnte.

Das journalistische Interview diente als Kontrastfolie. Zum damaligen Zeitpunkt waren Interviews vor allem durch die öffentlichen Medien bekannt. Fernsehsender hatten dieses Format übernommen, der Rundfunk arbeitete damit, und die Printmedien bedienten sich seit der Entstehung der Massenpresse im 19. Jahrhundert dieses Formats.[140] Vor allem in den USA galten solche frühen Interviews Politikern und Zeugen bei aufsehenerregenden Gerichtsprozessen.[141] Sensationsheischerei und Neuigkeitswert standen dabei im Vordergrund – daher die Sorge Holtons um das schnell veröffentlichte Interview. Zudem galten interviewende Journalisten als wenig bewandert in der befragten Materie, weshalb sie als Vorbild dafür ausfielen, wie man eine Befragung mit den wichtigsten noch lebenden Physikern durchzuführen hatte.

Reportage

Doch neben dem schnellen, von Holton abgelehnten Interview existierten noch andere, weitaus sorgfältigere Varianten, an denen sich das Projekt indirekt orientierte und die ihren Ausgang in der Entwicklung des Reportagewesens um 1900 genommen hatten: Dazu gehörte insbesondere der New Journalism, der sich zunächst in den USA, dann auch in Europa entwickelt hatte. Journalisten sahen sich in der Rolle von Tatsachenbeschaffern, deren Fundstücke in ihren

Texten anschaulich beschrieben werden sollten. Man wartete nicht auf offizielle Verlautbarungen und Kommuniqués, sondern besorgte sich die Informationen investigativ, auf eigene Faust. Dass man dabei nicht nur als »fliegender Reporter« in den Straßen umhereilte, sondern sich zu zeitintensiven Recherchen an die entsprechenden Orte wie Slums und psychiatrische Anstalten, Fabriken und Krankenhäuser begab, machte das Selbstverständnis des Reporters aus.[142] Er (und auch hier waren es vor allem Männer) schilderte die Ereignisse, beschrieb seine Umwelt und tat dies aus einer subjektiven Sicht. Die Neuigkeit und die Beobachtung wurden mit der persönlichen Involviertheit, einer im Text sichtbar situativen Kenntlichkeit verbunden. Der Kulturwissenschaftler Rolf Lindner hat gezeigt, dass dieser Reporter und seine Beschreibungen einer Stadtkultur am Beginn der soziologischen Analysen in Amerika steht, hier der Chicago School of Sociology, vertreten durch seinen Begründer Robert Ezra Park: Die soziologische Großstadtforschung ging aus von der urbanen Reportage, ihr Instrument war das Interview.[143]

Wodurch zeichneten sich die ausführlichen Interviews aus? Zunächst dadurch, dass die Antworten im veröffentlichten Text nicht im Wortlaut wiedergegeben wurden, sondern als ausgewähltes Material für anschauliche Schilderungen dienten. Nicht das Gefüge von Frage und Antwort, sondern die situative Beschreibung mit stark narrativen Teilen war Gegenstand der Veröffentlichung. Zumindest ein bekanntes Interview in dieser Tradition gab es bereits in der Wissenschaftsgeschichte und war allen Projektbeteiligten bekannt: I. Bernard Cohen, der auch auf der Liste der möglichen Anwärter für die Leitung des Projekts gestanden hatte, hatte es mit Einstein kurz vor dessen Tod 1955 in Princeton geführt. Die im *Scientific American* erschienene Darstellung glich einem *written-up interview* oder einer *interview story*, die mindestens genauso viel über die Umgebung und Wohnung Einsteins, über seinen Habitus und seine Kleidung berichtete wie über seine Arbeit als Physiker.[144] Zwar waren mündliche Sentenzen wiedergegeben worden, doch Cohen hatte in der Tat eine zusammenhängende Schilderung seines Aufenthalts im Hause Einsteins daraus gemacht. Ein solches Interview ist kein direkter Ableger der Reportage, doch sein »durchgeschriebenes Format« (»written-up interview«) wird zur gleichen Zeit wie die Entstehung der Reportage – also um die Jahrhundertwende – in den Interviewlehrbüchern verhandelt. Deutlich wird in diesen Handbüchern, dass es darum geht, den Interviewenden in den Hintergrund zu rücken, während vor allem die Beschreibung der Atmosphäre und der Persönlichkeit des Interviewten den Text dominieren sollte: »Das kann ins Extrem getrieben werden, indem es nicht mehr auf die Bedeutung des Gesagten ankommt, sondern das Interview eher einer Persönlichkeitsbeschreibung gleicht.«[145] Aus solchen Interviews ließen sich regelrechte Charakterstudien formen.

Vorbild *Paris Review*

Dass Wheeler Interviews dieser Tradition nicht ganz abgeneigt war, oder sie doch zumindest seine Aufmerksamkeit erregten, zeigt ein kleines Notizkärtchen in seinem Projektnachlass. [Abb. 5] Er hatte offensichtlich verschiedene Hinweise auf weiterführende Literatur erhalten, darunter auch auf die Zeitschrift *Paris Review*, in der Schriftsteller zu ihren »schöpferischen Arbeitsweisen« (»creative process«) befragt worden waren.[146] Das Magazin war 1953 gegründet worden; eines seiner Markenzeichen, das es an die Spitze intellektueller Diskussion katapultierte, bestand im Schriftstellerinterview. Dabei wurden die Schreibenden von engagierten jungen Kritikern befragt, die ihre Werke gründlich gelesen hatten und keinen Zweifel daran aufkommen ließen, welchen Zweck das Gespräch haben sollte: Es ging um ein persönliches, sorgsam redigiertes Porträt, das weder den Autor noch seine Schriften kritisiert oder gar denunziert, sondern in kultivierter Weise die Entstehungsgeschichte der Bücher aufdecken sollte. Die Interviews, die schon bald begeistert rezipiert wurden, verschafften Einblicke in die schriftstellerische Arbeitsweise, die bisher nicht Gegenstand der öffentlichen Darstellung von Autoren gewesen war. Ein Rezensent des Interviews mit William Faulkner berichtete von seiner Lektüre, dass bisher niemals eine Berühmtheit wie Faulkner »die dunklen Anfänge« (»the dark beginnings«) des Schreibens dargelegt habe.[147] Aus den gesammelten Porträts entstand so etwas wie ein »Typus des Erzählers«.[148] Auffallend ist an diesen geradezu aus der stilisierten Einsamkeit des Literaten geborenen Porträts, dass sie eine sehr konzentrierte (weil bestens redigierte) Form des Interviews darstellen, die – und das ist das Neue – den Autor

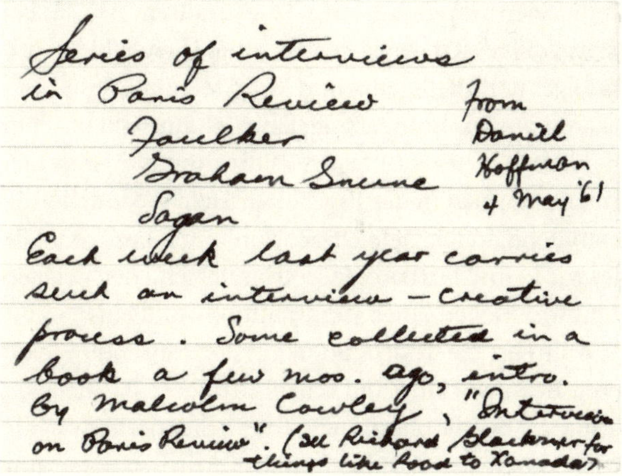
Series of interviews in Paris Review from Daniel Hoffman 4 May '61
Faulkner
Graham Greene
Sagan
Each week last year carries such an interview – creative process. Some collected in a book a few mos. ago, intro. by Malcolm Cowley, "Interviews on Paris Review". (see Richard Blackmur for things like Road to Xanadu)

5 Notizen John A. Wheelers

weder auf der politischen Landkarte einordneten noch die Themen seines Schreibens bewerteten. Sie gaben vielmehr zu verstehen, dass man so hinter die Fassade der Berühmtheit und direkt auf den arbeitenden Menschen schauen könne.

Wheeler, Holton und Kuhn lehnten zwar das an der Aktualität der Tagespresse orientierte Interview ab, erkannten aber in den »durchgeschriebenen Interviews« wie dem von Cohen zumindest die Darstellung der Persönlichkeit an.[149] Noch wichtiger aber war, dass diese neuartigen Interviews bereits etwas vorgeführt hatten, was das Projekt zu erreichen suchte: einen Blick hinter die Kulissen der offiziellen Lehrbücher, auf die Arbeitsweise der Befragten. Das journalistische Interview war also Kontrastfolie und Anregung zugleich.

Psychologie

Die Interviews mit den Schriftstellerinnen und Schriftstellern knüpften an ein Teilgebiet innerhalb der Psychologie an, für das sich Kuhn besonders interessierte und das deshalb seiner Feldarbeit – direkt oder indirekt – zum Vorbild diente: die Berufspsychologie.[150] Entwickelt um die Jahrhundertwende, untersuchte sie die mentalen Voraussetzungen des Individuums für die verschiedenen Berufe sowie die allgemeinen psychologischen Bedingungen einer Berufslaufbahn selbst. Damit verbunden waren zunächst Testverfahren, wie sie bei Berufseignungstests eingesetzt wurden. Bei ihnen handelte es sich um direkte Nachfolger der Intelligenz- und Militäreignungstests, und sie waren so bekannt wie in ihrer Aussagefähigkeit umstritten. Eher an einer ganzheitlichen Betrachtung des Individuums und seiner Entwicklung orientierten sich in der Psychologie solche Modelle, die die lebensgeschichtliche und soziale Dimension miteinbezogen. Die Psychologen Eleanor E. und Nathan Maccoby unterschieden deshalb in den 1950er Jahren zwischen einer »test tradition« und einer »clinical tradition«.[151] Während die Testtradition auf der Anwendung von Fragereihen, deren Beantwortung und schließlich ihrer statistischen Auswertung bis hin zu psychophysischen Tests rekurrierte, war die klinische Tradition durch das Führen von ausführlichen sogenannten Tiefeninterviews und deren anschließende Auswertung gekennzeichnet. Die Frage danach, welcher dieser »Traditionen« sich ein psychologisches Projekt zuwenden sollte, spielte auch eine Rolle für das neu aufkommende Interesse an den besonderen Bedingungen von kreativen Berufen und Persönlichkeiten.

Kreativität

Denn Kreativität war im Kalten Krieg zu einem der zentralen Stichworte geworden. Wie der Historiker Jamie Cohen-Cole schreibt, spielte die Angst vor totalitären Gesellschaftsstrukturen, aber auch vor den Folgen einer Massengesellschaft mit ihrer überbordenden Bürokratie, der sozialen Vereinzelung und einer seelenlosen Konsumorientierung in der amerikanischen Nachkriegsgesellschaft eine große Rolle. Auf diese Probleme sollten vor allem die Sozialwissenschaften eine mögliche Antwort geben, am besten sollte gleich ein passendes Handlungskonzept geliefert werden. Die Psychologie avancierte zum Werkzeug der sozialen Analyse, das immer häufiger auch als ideologisches Instrument gegen die vermeintlichen Schattenseiten der Moderne zum Einsatz kam.[152] Kreativität, also die Fähigkeit, schöpferisch zu denken und Neues zu schaffen, wurde dabei als eine zentrale Kompetenz des Menschen propagiert, die nicht zuletzt der Entwicklung der Wissenschaft zugutekommen würde. Und es waren wiederum Wissenschaftler und Künstler, die sehr bald in der psychologischen Forschung als Modellpersonen herangezogen wurden, um – so die Hoffnung – als Blaupause für einen erfolgreichen Weg zu mehr Innovationen in Wissenschaft wie Industrie zu dienen. Kurz: Man war auf der Suche nach einer Möglichkeit zur Optimierung des Staatsbürgers.[153] Vor Augen stand den Psychologen wie ihren forschungsunterstützenden Geldgebern eine ideale demokratische Persönlichkeit: Sie galt, wie Cohen-Cole es beschreibt, als »open-minded«, also flexibel, kreativ, tolerant und realistisch; ihren Gegenpart bildete die »close-minded« Person, die Neues ablehnte, voller Vorurteile und ohne eigene Gedanken war. Dieser neue, wünschenswerte Nationalcharakter glänzte durch Neugier und Entdeckerlust, setzte sich ab von ideologisch und politisch verhärteten Positionen und bildete das beste Antidot gegen totalitäre Strukturen.[154]

Untersuchungen über Schöpfungsdrang und Genialität hatte es seit der Jahrhundertwende gegeben, doch wurden sie nach dem Zweiten Weltkrieg, ganz ähnlich wie in der Physik, durch Fragen der nationalen Sicherheit enorm befeuert. Deshalb erhielt die Psychologie finanzielle Unterstützung durch zahlreiche militärische und private Stiftungen bis hin zur National Science Foundation. Ganze Forschungskomplexe wie das Institute of Personality Assessment and Research an der University of California in Berkeley – Kuhns Heimatuniversität – wurden gegründet, »um Standards für die Bewertung von Kreativität und ›Effizienz der Person‹ zu entwickeln.«[155] In den Augen der dort Forschenden war Kreativität durchaus messbar am Output in Form von Patenten oder Gedichten. Ihre Untersuchungstechniken – das uns schon bekannte Arsenal von Umfragen, Interviews und Tests – wurden an exemplarischen Individuen kalibriert (der Maler Jackson Pollock war einer von ihnen) und die Funktionsweise von Wissenschaft (Innovation und Zusammenarbeit) als Modell für eine zukünftige Gesellschaft etabliert.[156] Damit verknüpft waren Fragen, warum beispielsweise Wissenschaftler oder Künstler ihren Beruf mit Leidenschaft und Hingabe ausübten, warum sie Entdeckungen machten und welche psychische Disposition sie für ihre Arbeit prädestinierte. Konnte man die Dynamik des »produktiven Denkens« als eine besondere Befähigung zur Problemlösung näher bestimmen?[157]

Kuhn interessierte sich sehr dafür, und in seinem Buchmanuskript verwies er in dem Kapitel »Normale Wissenschaft als das Lösen von

Rätseln« auf Lawrence S. Kubie, einen Psychiater und Psychoanalytiker, der sich intensiv mit dem Zusammenhang von kreativen Prozessen und Genialität beschäftigt hatte.[158] Als besonders gelungenes Beispiel einer solchen die ganze Persönlichkeit einbeziehenden Studie wurde Kuhn dort auf die Arbeit der klinischen Psychologin Anne Roe verwiesen.[159]

The Making of a Scientist

Ihr Buch *The Making of a Scientist* war 1953 erschienen und wurde mit folgenden Worten eingeleitet: »Diese Arbeit über Wissenschaftler leitet sich direkt aus einer früheren Studie her, die sich mit Künstlern befasste. Bis zu diesem Zeitpunkt hatte es zwar viele Untersuchungen über berufliche Eignung oder besondere Fähigkeiten in Bezug auf bestimmte Berufe gegeben, aber keine klinischen Studien, die die Berufswahl oder berufliche Leistung in Hinsicht auf die Lebensgeschichte oder die Persönlichkeitsstruktur analysierten.«[160] Mit der finanziellen Unterstützung des United States Public Health Service begann Roe in den 1940er Jahren, die Beziehung zwischen Persönlichkeit und Berufswahl zu erforschen. Dazu führte sie insgesamt 64 lebensgeschichtlich strukturierte Interviews mit ausgewählten Wissenschaftlern, die sie durch einzelne psychologische Tests, wie etwa den Rorschach-Test, ergänzte. Sie entschied sich für drei Untersuchungsgruppen: berühmte Biologen, Physiker und Sozialwissenschaftler.[161] Für die Auswahl der Personen der jeweiligen Disziplinen wurde Roe von Fachkollegen beraten. Zu Beginn ihrer Untersuchungen konnte sie den theoretischen Physiker Paul S. Epstein gewinnen (John L. Heilbron wird ihn im Rahmen des Projekts im Frühsommer 1962 ebenfalls interviewen), der ihr mit Kontakten in die *community* behilflich war und gemeinsam mit ihr eine Gruppe von »Bewertern« (»raters«) zusammenstellte: sieben Physiker aus den verschiedensten Gebieten, die gemeinsam mit Roe die wichtigsten Männer auswählen sollten.[162] Von den dreißig ausgewählten Personen konnten schließlich 22 kontaktiert und in die Studie integriert werden.

Roe bereitete sich sorgfältig auf die Gespräche vor, las die Publikationen ihrer Probanden, begann die Interviews in der Regel mit Fragen nach der Kindheit und arbeitete sich anhand eines chronologischen Musters durch das Gespräch. Zu den Interviewten zählten neben John H. Van Vleck auch Robert Sander Mulliken und der Chemiker Linus Pauling.[163] Das Kapitel »Wie die Studie entstand« (»How the Study Got under Way«) liest sich wie eine Parallelbeschreibung der Bemühungen der ersten Monate der Sources.[164] Beratung durch kompetente Mittelspersonen mit entsprechenden »Bewertungsverfahren« (»rating procedures«), vorbereitende Lektüren – all diese Praktiken galten als valide Werkzeuge zur Generierung von Untersuchungsobjekten, soll heißen: Gruppen von zu befragenden Wissenschaftlern. Mit *The Making of a Scientist* machte Roe sich in Fachkreisen nicht zuletzt deshalb einen Namen, weil sie ein weiteres Beispiel dafür geliefert hatte, was mit lebensgeschichtlichen Interviews erreicht werden konnte.

Qualitativ, kontrollierbar, lebensgeschichtlich

Die Interviews, die Kuhn vorschwebten, waren ebenfalls qualitativ ausgerichtet. Während quantitative Befragungen sich an einem zuvor festgelegten Frageschema orientierten, große Mengen an Teilnehmern voraussetzten und zu statistischen Ergebnissen führten, orientierten sich qualitative Interviews an der individuellen Person und mündeten in der Beschreibung und exemplarischen Analyse eines Einzelfalls – so wie Roe und andere es vorgeführt hatten.[165] Sie zeichneten sich dadurch aus, dass sie nicht selten von zusätzlichen Dokumenten unterstützt wurden und einem strengen Aufzeichnungsregime folgten: Die Vorarbeiten, die Wahl der Gesprächspartner, der Interviewleitfaden, der die Gesprächsthemen vorstrukturierte – all das musste akribisch aufgezeichnet werden, um ein Mindestmaß an Nachvollziehbarkeit und Kontrolle der gewählten Methode und des Inhalts zu gewähren.[166] Die Richtschnur dafür war immer die gleiche: die Lebensgeschichte.

Das galt nicht nur für die Psychologie, auch für die Soziologie spielte sie eine wichtige Rolle. Seit der frühen soziologischen Untersuchung *The Polish Peasant in Europe and America* von William I. Thomas und Florian Znaniecki aus den Jahren 1918 bis 1920, in der polnische Einwanderer und deren Lebensweise untersucht wurden, nahm die Lebensgeschichte in den sozialwissenschaftlichen

Überlegungen einen besonderen Platz ein. Sie leistete zweierlei: »Sie gibt Einblick in die innere Welt des handelnden Subjekts, und sie gibt Auskunft über die Entwicklung der sozialen Persönlichkeit, die nur als dynamische, d. h. sich wandelnde und Wandlungen unterworfene vorstellbar ist. Keine andere Erhebungsmethode trägt dem Prozesscharakter sozialer und individueller Phänomene mehr Rechnung als der Lebensbericht.«[167] Die beiden Forscher der Chicago School komplettierten ihre Studie durch verschiedenste Materialien, darunter persönliche Briefe und Zeitungsausschnitte. *The Polish Peasant* war als ein Quellenbuch gedacht, eine Zusammenstellung von Dokumenten, deren Ergebnis, wie die Wissenschaftshistorikerin Rebecca Lemov betont, »eine nicht-sterile Wissenschaft« ergeben sollte.[168] Diese sozialwissenschaftlichen Lebensgeschichten dienten als eine »Methode der Datensammlung« und als ein »unmittelbarer Zugang zum inneren Erleben«.[169] Auch für die frühe Oral History stand die aufzuzeichnende Lebensgeschichte im Mittelpunkt, Kuhn und Heilbron knüpften direkt daran an.[170]

Oral History

Nach einem frühen Beiratstreffen der Sources im Februar 1961 berichtete einer der Beteiligten: »entweder Shryock oder Corner sprachen von einer Interviewtechnik, die von Allan Nevins, ehemals Columbia, entwickelt wurde, und es wurde vorgeschlagen, dass derjenige, der das Projekt leiten soll, sich mit dieser Technik vertraut macht«.[171]

Damit war die frühe Oral History gemeint, deren Arbeitsweise darin bestand, »beteiligte Augenzeugen eines vergangenen Ereignisses zum Zwecke der historischen Rekonstruktion zu befragen«.[172] An diese allgemeine Definition lässt sich auch mit dem heutigen Verständnis mühelos anknüpfen. Gemeint ist die Befragung sogenannter Zeitzeugen, deren Erinnerungen als wichtige historische Quelle aufgezeichnet werden sollen.[173] Damit sind in erster Linie jene Zeugen gemeint, deren Wissen sich an keiner Stelle schriftlich niedergeschlagen hatte und deren mündliche Zeugnisse für die auf entsprechende Dokumente angewiesene Historikerin unrettbar verloren wären, wenn man sie nicht zuvor – so eine Redewendung – dem Mund der Betroffenen abgelauscht hätte. Durch die sich etablierende

Alltags- und NS-Geschichte der 1970er Jahre sind wir heute gewohnt, nach den Stimmen solcher Menschen zu fragen, die zu den weniger privilegierten Mitgliedern einer Gesellschaft zählen, die am Rand stehen, die Opfer eines zurückliegenden Ereignisses gewesen sind, das es besser zu erforschen und zu verstehen gilt.

Die Oral History war um 1960 aber noch ein gutes Stück davon entfernt, als *social movement* und Korrektur gängiger, von den Privilegierten geprägter Geschichtsbilder zu gelten. Vielmehr ging es um das ergänzende Einpflegen der mündlichen Zeugnisse in den bestehenden schriftlichen Quellenkorpus der amerikanischen Geschichte, was einer der Gründe war, warum zunächst so viele Archivare und Bibliothekare daran beteiligt waren.[174] Ein Quellenpositivismus, ausgerichtet auf Belegbarkeit und Validität, bestimmte die Wahrnehmung des neuen Feldes in den 1950er Jahren.

Allan Nevins

Es hatte schon einige Versuche einer mündlichen Geschichte gegeben, doch mit der Einrichtung des Oral History Project an der Columbia University im Jahr 1948 wurde ein wichtiger institutioneller Schritt vollzogen.[175] Es war von dem als Journalisten ausgebildeten Allan Nevins ins Leben gerufen worden und widmete sich dem Programm einer »mündlichen Geschichte«. Eine Institution, »die einen systematischen Versuch unternahm, aus dem Mund und den Papieren lebender und bedeutungsvoller Amerikaner eine umfassendere Aufzeichnung ihrer Teilnahme am politischen, wirtschaftlichen und kulturellen Leben der letzten sechzig Jahre zu erhalten«.[176] Sein Bestreben galt der Dokumentation von Erfahrungen einflussreicher Persönlichkeiten.

Geschichte müsse – und das ist die Grundlage der historischen Erkenntnis, wie Nevins sie sich vorstellte – das Menschliche zum Gegenstand haben, müsse den Leser berühren, und das gelinge ihr vor allem durch die von Historikern aufgezeichneten persönlichen Schilderungen von Leuten, die am öffentlichen Leben maßgeblich beteiligt gewesen waren. »People's History« machte den Kern dieser Nevins'schen Vorstellung aus: »Denn Geschichte, also unser Verständnis der Vergangenheit, ist mehr als Fakten und Ideen, es ist auch eine Sache der Stimmung. Unser Verständnis für den Geist vergangener Zeiten wird uns nicht allein durch physische Überreste, Inschriften, Manuskripte und Bücher vermittelt, sondern zu großen Teilen durch die Überlieferung von Persönlichkeiten.«[177] Diese Persönlichkeiten standen im Zentrum des Interesses, und Nevins gab für ihre Befragung zahlreiche Hinweise: Man müsse mehrere Zeugen befragen, und wie bei Gericht solle man in der Art eines Kreuzverhörs vorgehen;[178] es gelte zu bedenken, dass es gute, schlechte und indifferente Zeugen gebe, so wie frische Erinnerungen besser seien als lang zurückliegende.[179] Was er 1938 mit seiner journalistischen Erfahrung in seinem Buch *The Gateway to History* beschrieb, benötigte nur noch das passende Medium: Zehn Jahre später stand es mit dem bequem zu bedienenden Tonband zur Verfügung.

Verlustgeschichte

Blickt man auf die Einsatzgeschichte des Tonbandes und die der Oral History, so wird schnell deutlich, dass es hier um mehr als nur ein verfügbares Werkzeug ging.[180] Oral History war als »neue Methode« überhaupt erst durch dieses Gerät (und den späteren Kassettenrekorder) entstanden. Zwar war auch schon zuvor die mündliche Befragung in großem Maßstab mithilfe der Kurzschrift durchgeführt worden, doch die Veränderung durch die »modernen Techniken der Tonaufnahme« bestand in der gänzlich neuen Dimension der Vorhaben.[181] Durch die elektronische Aufzeichnung der Stimmen konnte nun als gängige Praxis eine wahrhaftige Transkription »Buchstabe für Buchstabe« stattfinden, das Gesagte auf Papier transferiert werden.[182]

Und doch ist es ein der Oral History zugrundeliegendes Paradox, dass sie einerseits durch die im 20. Jahrhundert rapide voranschreitende Anwendung der Technik ermöglicht wurde und andererseits die durch sie selbst hervorgerufenen Erosionen an Wissensbeständen und Erfahrungen zum Gegenstand hatte. Denn das Alpha und Omega der mündlichen Geschichte lautete »Verlust durch Technisierung«: »Trotz der Flut von Zeitungen, Büromitteilungen, Durchschlägen in dreifacher Ausführung und veröffentlichten Memoiren [...] bleibt das Funktionieren sozialer Institutionen, bleiben wichtige Ereignisse und bleibt der Mensch des 20. Jahrhunderts oft undokumentiert.

Telefon und Flugzeug haben umfangreiche Korrespondenzen zu einem unnötigen Luxus gemacht.«[183] Während Technisierung und Bürokratisierung als solche in einem Strom von Kopien münden würden, verschwinde der eigentliche Mensch und seine Spuren. Gewiss, dies galt auch für andere Wissenschaftsbereiche wie die Ethnologie und ihre Verlustanzeige von gelebten Traditionen, sie waren von diesem Dokumentationsparadox ebenso betroffen. Doch während sich die Ethnologie auf ganze Zivilisationen und deren Entwicklungsstadien bezog, konzentrierte sich die Oral History zunächst auf den einzelnen Menschen.

In gewisser Weise ging es wie in der Kreativitätsforschung um eine Rettung der Persönlichkeit, des Individuellen, aber nicht als einem Optimierungsmoment einer zukünftigen demokratischen Gesellschaft, sondern als deren notwendiges Gedächtnis bei gleichzeitig sich rasant entwickelnder Technisierung. Dabei konnte das Oral-History-Interview Abhilfe schaffen. Denn es sei etwas ganz anderes als die »Meinungsumfrage; es ist verdichtet und persönlich [...]. Im besten Fall offenbart das Interview, wie die katastrophalen Ereignisse und Entwicklungen unserer Zeit das individuelle Leben beeinflusst haben und wie dieses Leben wiederum Einfluss auf die Ereignisse nahm.«[184] Das Interview der Oral History war als Werkzeug zur Selbstverständigung des modernen Menschen gedacht; ein Werkzeug für die Bewältigung erschütternder Ereignisse; ein Ausgleich für Verlusterfahrungen in einer sich rapide verändernden Welt.[185]

elite Interviews

Mit der zunehmenden Durchsetzung der Oral History als neuer Form der Dokumentation in den 1960er Jahren war jedoch keine einheitliche Praxis oder gemeinsame Definition verbunden. Vielmehr pflegten unterschiedliche Professionen Interviews mit verschiedenen Inhalten: Die Archivare der Firmenarchive interviewten alle Menschen im Umfeld einer Führungspersönlichkeit sowie diese selbst. Die volkskundlichen Wissenschaftler versuchten Feldsammlung (»field collecting«) zu betreiben, um die Sprache einer Region oder deren Legendenbildungen zu ergründen und Gewohnheiten und Bräuche herauszuarbeiten.[186] Die Psychiater führten schließlich im Rahmen eines Projekts der American Psychiatric Association Interviews mit »old-time psychiatrists« (»älteren Psychiatern«) durch.[187] Die diversen Unternehmungen überblickend, erkennt man, dass Oral History in ihren Anfangsjahren vor allem dem *elite interview* gewidmet war: »Sie besteht aus bisher nicht aufgezeichneten Informationen darüber, was in erster Linie einige der bedeutenderen Anführer unserer Zeit untereinander diskutiert haben [...], aber für *uns* wäre dies nicht erhalten, ja würde es nicht existieren.«[188]

Was Louis M. Starr, zum Zeitpunkt der Diskussion Direktor des Oral History Research Office der Columbia University in New York, beschrieb, hängt eng mit der Etablierung der sogenannten Presidential Libraries zusammen. Dabei handelt es sich um Archive, die der Zerstreuung der zahlreichen und verschiedenen Dokumente einer Präsidentschaft entgegenwirken sollten. War es zuvor so, dass Präsidenten nach ihrer Zeit im Weißen Haus ihre Unterlagen als privates Eigentum begriffen und an verschiedene Organisationen übergaben sowie einen Teil ihren Erben überließen, so wurde mit dem »Presidential Libraries Act« von 1955 festgelegt, dass die Papiere einer Regierungsperiode einer eigens errichteten Bibliothek zu übergeben seien und diese durch staatliche Mittel als öffentliches Archiv betrieben werden sollte. Dazu gehörten Memorabilien und Dokumente der Amtszeit, aber auch persönliche Erinnerungen, Tagebücher, später auch Video- und Tonbandaufzeichnungen. Kurz vor der Verabschiedung des Gesetzes durch den amerikanischen Kongress entschied Harry S. Truman über den Bau einer solchen Bibliothek. Seitdem mussten, ergänzt durch den »Presidential Record Act« von 1978, die Dokumente einer Präsidentschaft an einem zentralen Ort aufbewahrt werden. Die skizzierten Entwicklungen und Diskussionen vor Augen, wird offenbar, woher das Sources-Projekt eine seiner entscheidenden Anregungen bezogen hat: von einem frühen Oral-History-Programm, das noch nicht mehrheitlich die Stimmen unterrepräsentierter Menschen aufzeichnete, der Opfer und der Minoritäten, sondern einmal mehr jene der führenden und als Vorbild erachteten Männer Amerikas. Während sich die Oral History zum Ende der 1960er Jahre als eine dem »einfachen Menschen« zugewandte historische Methode verstand und schlagartig ausbreitete, ja die Anzahl der mit ihrer Hilfe durchgeführten Projekte nahezu explodierte,[189] wurde das *elite interview* später als »das schwarze Schaf unter den Quellen des Zeithistorikers« bezeichnet.[190] Zu sehr auf weiße Männer, auf Berühmtheit und ungebrochener Erzählung beruhend, entsprach es nicht mehr dem zeitgenössischen Bild der mündlichen Geschichte. Die schwarzen Schafe der späteren Geschichtsschreibung waren bei Kuhn aber noch die Garanten einer neuen Wissenschaftsgeschichte. Die von ihm konsultierten Physiker – unter ihnen nicht eben wenige Nobelpreisträger – zählten genau zu jener Elite, deren Gedanken und Taten an anderer Stelle schon in umfangreichen Erinnerungsprogrammen der 1950er und 1960er Jahre gespeichert worden waren. Zur gleichen Zeit konnte Kuhn an seine psychologischen Interessen anknüpfen und seine historische Arbeit möglicherweise empirisch fundieren. Kuhns Gesprächspartner boten sich geradezu an, die kreative Persönlichkeit *in nuce* zu ergründen, denn sie hatten unter Beweis gestellt, dass ihnen gemeinsam eine wissenschaftliche Revolution gelungen war. Das subjektives Empfinden dokumentierende Interview war dabei das perfekte Werkzeug. Schließlich würde man den erzählenden Physiker als Modell einer nach vorn gewandten modernen Person veranschaulichen können. Seine Fortschrittserfahrung war zwar nicht ungebrochen, aber umso mehr schien es an der Zeit, den Fortschritt und seine Bedeutung auf eine neue Grundlage zu stellen und dies mithilfe eines quasi performativen, eigens zugeschnittenen Forschungsdesigns umzusetzen. Keine Frage, damit würden zwei Fliegen mit einer Klappe geschlagen.

5 Befragungsarbeit

Mit der Oral History wurde zunächst also an eine Komplettierung schriftlicher Quellen gedacht, die bestimmte historische Ereignisse und Begebenheiten nicht mehr allein zu dokumentieren in der Lage waren. Wenn aber der Historiker Quellen an geeigneten Orten (Archiv) nicht mehr nur auffinden, sondern sie auch selbst gestalten musste, wie sollte dann eine möglichst objektive und den Gesetzen der Wissenschaftlichkeit gehorchende Forschung entstehen?[191] Dieses Dilemma macht die SHQP vor allem auch als ein zeitgeschichtliches Projekt kenntlich, seine Bearbeiter gehörten der »Epoche der Mitlebenden« an, und was in ihm behandelt wurde, besaß eine direkte Verbindung zu ihrer eigenen Lebenswirklichkeit.[192]

Sie mussten persönlich mit ihren »living sources« in Kontakt treten und sie befragen, das heißt, ihre Quellen lebten im wahrsten Sinne des Wortes und gingen mit ihnen eine Interaktion ein. Sie repräsentierten eine bestimmte Form der Zeugenschaft, die einerseits qua ihres Dabeigewesenseins die Erfahrungen einer vergangenen Zeit verkörperte. Andererseits knüpften die Interviews an eine Tradition der Protokollierung an, die aus der frühneuzeitlichen Wissenschaft selbst resultierte, in der den Zeugen des neuen empirischen Wissens, dem Experiment, besondere Bedeutung zugemessen wurde.[193] Die interviewten Physiker waren also Zeitzeugen und Augenzeugen einer vergangenen und – trotz aller subjektiven Momente – physikalischen Wahrheit.

Die Schwierigkeit des (wissenschaftshistorischen) Zeithistorikers bestand nun darin, dem nicht zu vermeidenden Involviertsein mit der gebotenen wissenschaftlichen Distanznahme zum behandelten Gegenstand zu begegnen. Darin war er dem Sozialwissenschaftler ähnlich, der, indem er dem Flüchtigen und Kontingenten des Menschen nachspürte, seine erhobenen Materialien so detailliert und nachvollziehbar wie möglich zu speichern hatte. Dies war der Moment, wo die Quellenkonstruktion selbst offengelegt und nachvollziehbar gemacht werden musste.[194] Kuhn war sich bewusst, dass es sich bei den Interviews um eine präsentische Quelle handelte, deren Entstehung er nicht vollkommen im Griff haben konnte. Wie gedachte er also diesen zahlreichen Kontaminationsmöglichkeiten zu begegnen? Die einfache Antwort lautete: indem das Erfragte mit klaren Regeln sukzessive in die Schriftlichkeit überführt wurde. Deshalb sollen im Folgenden die einzelnen Bearbeitungsschritte jenseits der schon geschilderten Papierarbeit beschrieben werden.

Fragen

Kuhn hatte sich ausführlich durch einen der führenden Oral Historians und ehemaligen Mitarbeiter von Allan Nevins, Saul Benison, beraten lassen. Er war deshalb gleich zu Beginn des Projekts im Juli 1961 nach New York gereist und protokollierte das Gespräch mit einigen straffen Notizen. [Abb. 6] Benison beriet ihn über Dauer und Anzahl der Gespräche, wie man Vertrauen gewinnen könne und dass man neben allen Interviews auch immer Ausschau nach persönlichen Dokumenten und Manuskripten halten solle.[195] Er plädierte für den langsamen Aufbau einer empathischen Basis, gerade zu Beginn solle man sich nach den Bedürfnissen der zu befragenden Person richten. Stieß man bei älteren Personen auf Zeichen beginnender Senilität, so helfe es überhaupt nichts, diese zu korrigieren. Man solle es einfach geschehen lassen und im Zweifelsfall Wiederholungen im Transkript streichen. Diese Tipps grundierte Benison nicht mit Lektürehinweisen, sondern zog sie allein aus seiner eigenen Interviewerfahrung. Allerdings nannte er ein einzelnes Buch, das Kuhn hilfreich sein könnte.[196]

Dabei handelte es sich um die Arbeit des Psychiaters Harry Stack Sullivans, dessen Band *The Psychiatric Interview* 1954 posthum erschienen war. Zeitgenössische Rezensionen beschrieben das Buch als nützlichen und praktischen Ratgeber, der klar und in einfacher Sprache die interpersonale Theorie der Psychiatrie erläuterte.[197] »Interpersonal« deshalb, weil Sullivan davon ausging, dass der Therapeut sich in einem Interview nie aus dem »Feld« lösen könne. Jedes Gespräch mit einem Patienten bilde eine zwischenmenschliche Situation, die weder vom Patienten noch vom Therapeuten allein beeinflusst werden könne und die durch selektive Unaufmerksamkeit geprägt sei, die es zu überwinden gelte.

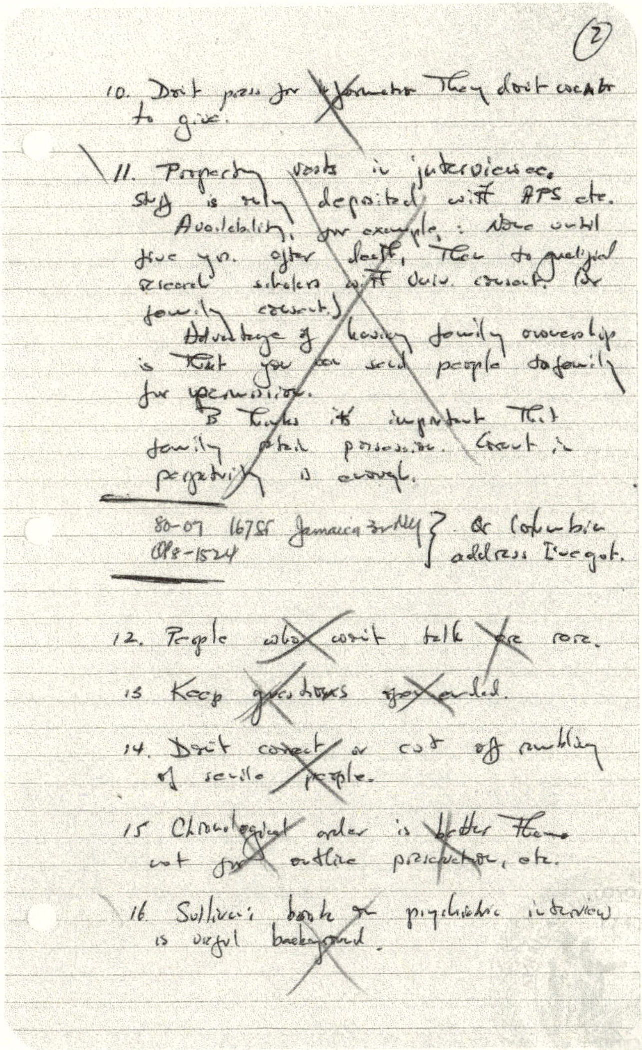
(2)

10. Don't press for information. They don't want to give.

11. Property rights in interviews. Stuff is rarely deposited with APS etc.
Availability, for example: None until five yrs. after death, then to qualified research scholars with univ. consent. (or family consent.)
Advantage of having family ownership is that you can send people to family for permission.
B thinks it's important that family retain possession. Grant in perpetuity is wrong.

80-07 167 St Jamaica 32 NY } Or Columbia
OL 8-1524 } address I've got.

12. People who won't talk are rare.

13 Keep questions open ended.

14. Don't correct or cut off rambling of senile people.

15 Chronological order is better than cut and outline procedure, etc.

16. Sullivan's book on psychiatric interview is useful background.

6 Kuhns Notizen während des Gesprächs mit Benison

SOME AREAS FOR DISCUSSION WITH A. LANDÉ

I. Early Scientific Life, 1908-1919.

1. Scientific education at Munich and Göttingen, 1908-14.

   Subjects taught, main textbooks, problems of special concern, leading figures.

   Attitudes toward quantum hypothesis and towards light quanta before 1913.

   Reception of X-ray diffraction, Bohr atom, Franck-Hertz experiments.

   Special influences in his own education.

2. Wartime research and return to full-time science.

   German science during the war.

   Origin of collaboration with Born.

   Recollections of Berlin (?)

   Move to Frankfurt (with Born?)

II. Spatial Atom and Unravelling of Spectroscopic Data, 1919-1925.

1. Status of atomic models around 1919.
   Development of spatial atom.

2. Birth of interest in spectroscopy.
   Origin of Habilitationsschrift at Frankfurt.

3. General rise in interest in anomalous Zeeman effect.
   His own increasing concern with detailed spectroscopic data.

4. Problem of choosing and identifying quantum numbers, especially Sommerfeld's n_1.

5. Extensions of the notion of space quantization.

6. The role of new spectroscopic data.

7. Development of g-factor.
   Interaction of models and of data.

8. Recognition of existence of multiplets.
   Why so late?
   Impact on models.

7a Der Interviewleitfaden für den Physiker Alfred Landé

III. Breakdown of Classical Atom Mechanics.

1. Special problems.

Term levels: Zeeman effect, helium atom, others.

Intensity and polarization of spectral lines.

X-ray spectra.

Dispersion.

Compton effect.

Ramsauer effect.

2. Signs of awareness of breakdown:

Relative importance of the various problems among different groups.

How general is awareness at various dates?

3. Guesses about nature and source of difficulty.

4. Proposals for alternate approaches.

IV. Reception and Interpretation of the New Mechanics, 1925-1930.

1. Electron spin without and with the new mechanics.

Why so long coming?

Reception?

2. Early reactions to matrix and wave mechanics.

3. Disputes over interpretation.

3-5-62

7b

SAMPLE QUESTIONS OF DETAIL FOR A. LANDÉ

The preceding were intended to block out most of the main areas for discussion. What follows illustrates the types of specific questions which our work to date has suggested:

1. When, how, and from whom did physicists learn Hamilton-Jacobi techniques:

   action-angle variables, perturbation techniques for action-angle variables, separability of H-J equation, degeneracy of solutions?

   Was Schwarzschild's role as astronomer <u>and</u> physicist critically important?

2. Use of Space Quantization:

   i) Origin of ideas of space quantization without external field? Had anyone used it between Sommerfeld in 1916 and Landé in March 1919?

   ii) Difficulty in justifying choice of preferred direction.

   iii) Origin of the "Nachtrag" in March 1919? Role of Munich seminar in changing derivation of quantization conditions?

   iv) Did such discussions play a role in the origin of the Stern-Gerlach experiments? Why were such experiments not tried sooner? What was the role of Theoreticians' scepticism about their chances of success?

3. Route to the identification of Sommerfeld's inner quantum number (n_i) with total angular momentum?

   i) Did your identification of ortho- and para-helium terms as $k = n$ and $k = n+1$, respectively, seem to conflict with Sommerfeld's insistence that n was the total angular momentum? Did such a conflict influence the direction of your subsequent work? In particular, was it this problem that directed your attention to the anomalous Zeeman effect?

   ii) Role in origin and interpretation of n_i played by selection rules, particularly by conflict between Rubinowicz's and Bohr's formulations.

   iii) Difficulties in identifying n_i as total angular momentum due to apparent conflicts with role of k in 1919 helium model.

4. Anomalous Zeeman effect and g-factor:

   i) Why do term level formulations of Runge's law come so late?

   ii) At what point did the non-successive values of q_i in Sommerfeld's Zerlegungssatz for the anomalous Zeeman effect bother you? What it the identification of n_i as total angular momentum that put

7c

iii) Where did your data for the analysis of the anomalous Zeeman effect come from? Did you have more than was contained in Sommerfeld's remarks on Back's thesis?

iv) When did you start interpreting g + 1 as an anomalous value of the magneto-mechanical ratio? Was Larmor's theorem usually stated in terms of the gyromagnetic ratio? What does your own discussion in 1921 of an anomalous e/m mean? Did anyone, to your knowledge, connect the anomalous Zeeman ratio with Abraham's 1902 discussion of spinning electrons?

5. Role and status of atomic models:

i) Polyhedral electron configurations: What was their origin and how real did you take them to be? What made models like these so popular? Were these models ever used to compute term levels?

ii) How did your decision to attack the helium atom relate to your abandonment of polyhedral atoms? Why did these more "astronomical" models come so late?

iii) To what extent did models (and particularly your own helium model) help you to your early g-factor results? Why did you give no model in presenting these results?

iv) Did Heisenberg's paper on the "Rumpf" in 1921 affect your attitude toward models? How much use did you then make of this model?

v) Can you trace your increasing distrust of models?

3-5-62

7d

Sullivan begleitete seine Interviewbeschreibungen mit technischen Anweisungen, die das Gespräch erleichtern sollten und – das ist für den Projektzusammenhang entscheidend – in allen von Kuhn geführten Interviews auch so zu finden sind: Demnach ist es wichtig, sich zurückzuhalten und die Antworten nicht zu bewerten, nur an manchen Punkten sei es angebracht, zu intervenieren. Der Interviewer solle nicht seine eigene Person thematisieren, es gebe milde Formen der Rückführung auf ein ausgeblendetes oder aktiv vermiedenes Thema, und überhaupt sei es hilfreich, ein »outline« (gemeint ist ein Interviewleitfaden) zu erstellen, auch wenn dies oft nicht gänzlich durchgehalten werden könne; eine Chronologie des Lebens solle in jedem Fall erstellt werden.[198]

Der Psychiater Sullivan war davon überzeugt, dass diese Art der Gesprächsführung – Teil der schon erwähnten klinischen Tradition – für jeden Beruf nützlich sein konnte, der mit Befragung oder Beratung im weitesten Sinne zu tun hatte.[199] Aus einer ähnlichen Erwägung heraus hatte schon Sigmund Freud die Techniken und Grundannahmen der Psychoanalyse Juristen zur Anwendung empfohlen.[200] Warum nicht auch Historikern? Kuhn stand dem jedenfalls pragmatisch gegenüber.[201] Der ausgearbeitete Fragenkatalog für den Physiker Alfred Landé verdeutlicht das Vorgehen [Abb. 7a–d]: Die vier Fragebezirke sind am Lebenslauf sowie an den wesentlichen Entwicklungsstadien der Landé'schen Forschung und der Quantenphysik orientiert. Die Beispielfragen behandeln Momente des Gewahrwerdens, des plötzlichen Verständnisses: »Können Sie ihr zunehmendes Misstrauen gegenüber Modellen näher erläutern?« (»Can you trace your increasing distrust of models?«) Der Fragenkatalog lag zu Beginn eines jeden Interviews vor, und zu Landé bemerkte Kuhn während des ersten Interviews im März 1962 vorausschickend: »Ich möchte sie keineswegs an dieses Programm, das wir hier entworfen haben, binden. Wir hielten es für sinnvoll, einigermaßen chronologisch zu bleiben. Vielleicht ist es für den ersten Morgen eine gute Idee, über ihre eigenen frühen Jahre im Fachgebiet zu sprechen, die Jahre ihrer Ausbildung.«[202]

Aufnehmen

Sigmund Freud hatte die Tonaufnahme einer Sitzung von Arzt und Patient noch rigoros abgelehnt und sich selbst ein »phonographisches Gedächtnis« bescheinigt (die darin gespeicherten Erinnerungen überführte er noch am Abend in sein Notizbuch).[203] Doch seit den 1930er Jahren wurde der Einsatz des Tonbandes als Teil des psychiatrischen und psychoanalytischen *settings* verstärkt diskutiert. Es diente der Entlastung des Therapeuten, und außerdem konnten die »Rohdaten« einer aufgenommenen Sitzung auch Kollegen zur Verfügung gestellt werden, um das Gespräch retrospektiv erneut zu analysieren.[204] In der Oral History war das Aufnahmemedium Garant für Authentizität, Nachvollziehbarkeit und Exaktheit. Das galt auch für die Mitarbeiter der SHQP, die vornehmlich mit einem Koffertonbandgerät und entsprechendem Zubehör arbeiteten. [Abb. 8 und 9][205]

Dass dies nicht nur ein einziges technisches Versprechen darstellte, sondern der Apparat in der sensiblen Gesprächssituation auch als Störfaktor, ja durch das Geräusch des abspulenden Bandes als »stiller Teilhaber« wahrgenommen wurde (Kuhn spricht von seinem »beständigen Begleiter«),[206] zeigen einige Reaktionen der befragten Physiker. Von Gregor Wentzel berichtete Kuhn: »Vor dem ersten Interview zeigte sich Professor Wentzel gegenüber einer aufgezeichneten Diskussion sehr zurückhaltend. Einige Dinge, die er im Kopf habe, so beharrte er, müssten zurückgehalten werden, wenn das Aufnahmegerät zum Einsatz käme.«[207] Andere Gesprächspartner äußerten sich überhaupt erst, nachdem der Rekorder ausgeschaltet war. Deutlich tritt in den Aufzeichnungen zutage, wie groß die Zurückhaltung gegenüber dem Apparat war, ja, dass die Benutzung des Tonbandes als ein journalistisch-schnüffelnder, die Gesprächspartner decouvrierender Akt wahrgenommen wurde. Dies verweist darauf, dass die interviewten Personen durch den vergangenen Krieg und geheim zu haltende Waffenprogramme, durch die Emigrationsprozeduren und politischen Unbedenklichkeitszeugnisse während der McCarthy-Ära für Befragungsszenarien aller Art auf das Höchste sensibilisiert waren.[208] Anne Roe beschreibt in ihrem Buch, dass sie bei ihren Anfragen für Interviews vor allem von Physikern Ablehnungen erfahren habe: »Es wurde auch darauf hingewiesen, dass Physiker durch die zahlreichen inquisitorischen Befragungen, denen viele von ihnen

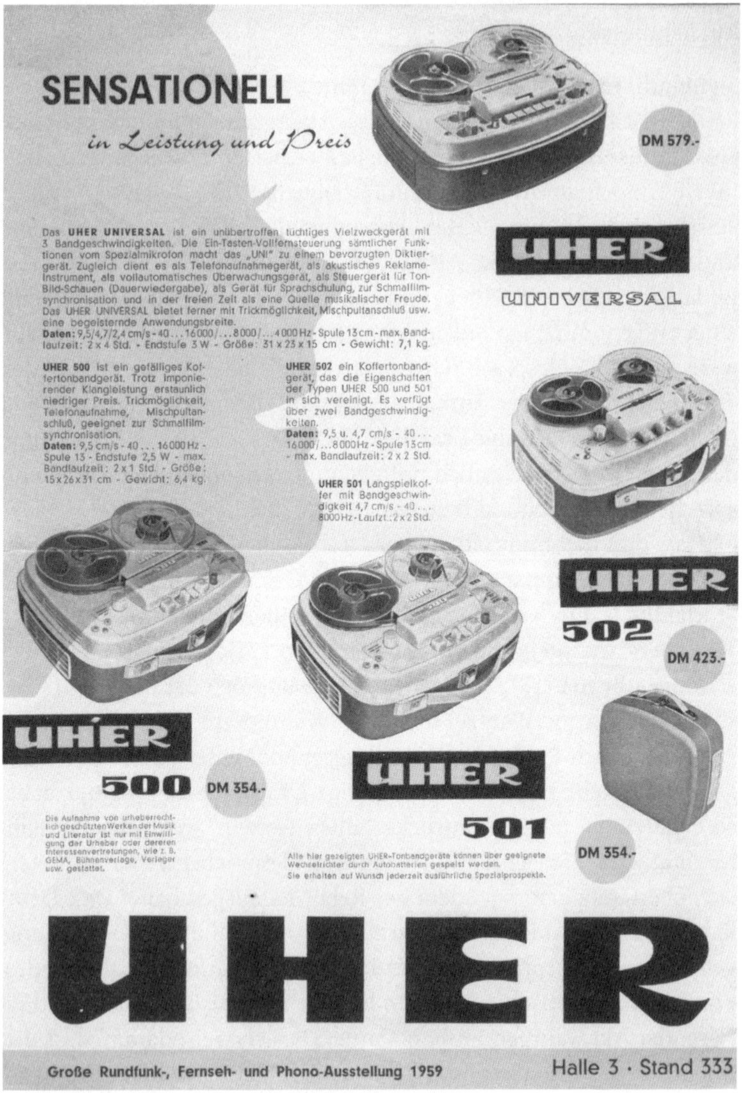

8 Das UHER Universal (Werbebroschüre, 1959)

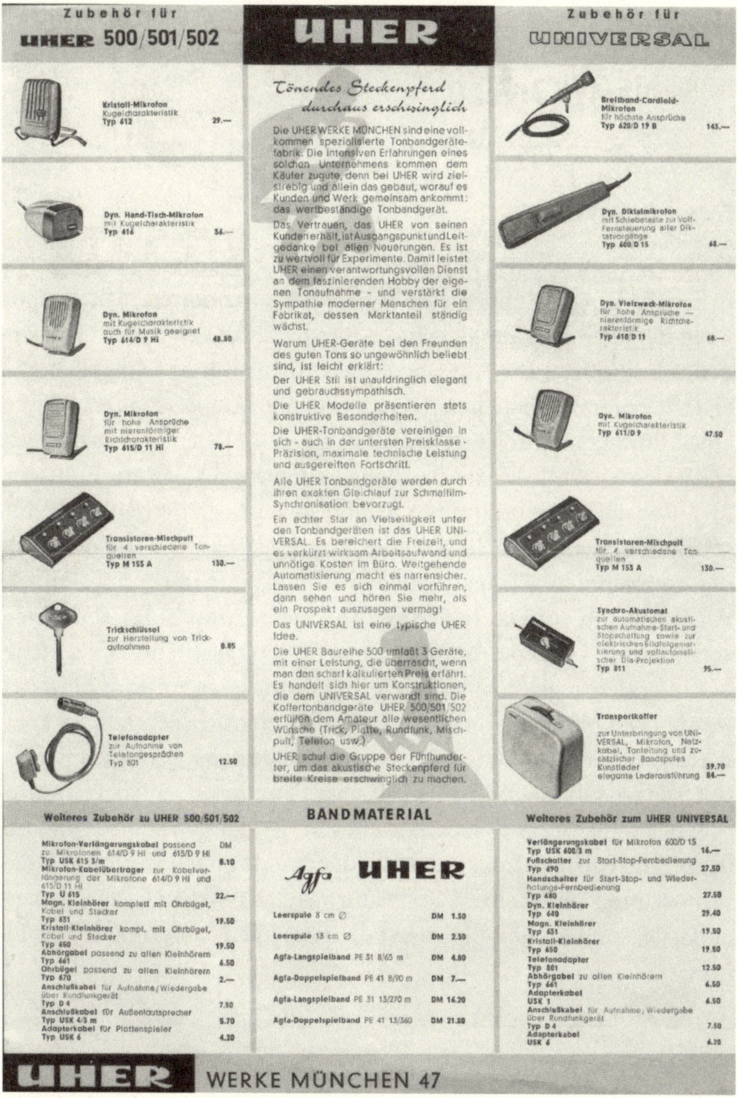

9 Zubehör zum UHER Universal (Werbebroschüre, 1959)

ausgesetzt waren, überempfindlich geworden sind«.[209] Ein einfaches Aufzeichnen war nicht möglich, weil selbst die Geräte politisch kontaminiert waren.

Transkribieren

Doch die Mehrzahl der Physiker, die Kuhn und Heilbron ansprachen, ließ sich in Anwesenheit des Tonbandes interviewen. Mit Beendigung der Befragungen gingen die Bänder an die »typists« und wurden transkribiert. Die Aufgabe Paul Formans war es schließlich, die erste Version des erstellten Typoskripts mit dem geschulten Wissen eines Physikers durchzugehen und unklare Stellen zu korrigieren. Nach den ersten Interviewversuchen einigte man sich im Frühsommer 1962 auf eine bestimmte Symbolsprache, die jenseits der Aufzeichnung des gesprochenen Wortes eine konkrete Anleitung gab, die sogenannten »Transkriptionsrichtlinien« (»Transcript Editing Policy«). [Abb. 10] Das Interessante an dieser Anweisung ist der sich verändernde Umgang mit der Transkription. Während zunächst jedes Interview regelrecht redigiert und damit seine Aussage bewertet wurde (Dopplungen wurden gestrichen, offensichtlich falsche Erinnerungen gekürzt), hatte man ab August 1962 viel weniger ausgelassen, »das redaktionelle Ziel wurde eher das einer genauen Transkription des Interviews«.[210] Es setzte ein Prozess der Sensibilisierung für das eigene Format »Interview« ein, der das Mündliche und damit die Erinnerung nicht allein als Korrekturmöglichkeit des Geschriebenen auffasste, sondern den Eigenwert der jeweiligen Äußerungen hervorhob.

Zusammenstellen

Am Ende der Kette von »Fragen«, »Aufnehmen« und »Transkribieren« stand das Zusammenstellen aller Dokumente in den uns bereits bekannten Mappen. Die sogenannten »Memoirs« bildeten die Einheit, nach der das gesamte spätere Mikrofilmarchiv der SHQP geordnet war. Die Bedeutung des »Memoirs« oszillierte zwischen offizieller Akte und privatem Lebensarchiv.[211] Im Zusammenhang mit der Oral

Transcript Editing Policy

This transcript is intended to give a general idea of the content of the interview, to record any new information revealed, and to preserve relevant personal reminiscences. The editorial aim has been to produce a readable record while retaining the structure and order of the actual interview. To this purpose, in editing interviews before circa August 1962, the discussion has often been condensed, omitting intervening questions or exchanges when they are implicitly contained in the reply or when they evoke no fruitful response. Moreover, material which is either repetitive, irrelevant, or obviously misremembered has been omitted, except where its spontaneity made it seem particularly revealing. All the above omissions have been indicated in the text of the transcript. Much greater liberties have, however, generally been taken in cutting and altering the interviewer's questions, and these changes are often not indicated in the text of the transcript. In editing interviews after circa August 1962, much of the material that might previously have been omitted was retained, and the editorial aim became more nearly that of an accurate transcription of the interview.

In order to obtain continuity, numerous minor changes, not indicated in the text, have also been made. These include the modification or omission of half-enunciated sentences immediately reformulated, and the addition of the correct articles, punctuation, and verb forms whenever necessary. Throughout, an attempt has been made to retain the idiom of the speaker. However, the reader must be warned that errors are quite probable during the entire process of transcription. Unfamiliar words and phrases recorded in a variety of accents under diverse conditions may easily be misinterpreted and the editorial decisions are inevitably to some extent arbitrary.

The various omissions and insertions are indicated as follows:

. . .	Three periods plus punctuation indicate that something between a full clause and several sentences has been omitted.
* * *	Three asterisks indicate a substantial amount of material has been omitted--a half page or more. Seldom used after Oct. 1962.
[ ]	Square brackets indicate material inserted during editing, either to sketch the substance of a considerable omission or as editorial interpolation.
|| || // //	Pairs of vertical or sloping lines enclose a passage which is paraphrased or condensed. Used very infrequently.
( )	Parentheses are reserved exclusively to enclose conjectural names, words, expressions or phrases which are not fully intelligible on the tape or are not known to the editor.
(???)	Three question marks enclosed in parentheses indicate an expression on the tape which is too far obscured to be intelligible.
084	Numbers in the left hand margin of the form 084 indicate the distance along the tape expressed in the arbitrary and non-linear units of the reel revolution counter of either: 1) The Uher Universal Models tape recorder, which registers approximately 1000 units for 1200 feet of tape. or, 2) The Taudberg Model 8 tape recorder, which registers approximately 1300 units for 1200 feet of tape.

6 Jun 62,
revised 20 Jul 64

10 »Editing Policy« des Projekts, Juni 1962

History betraf es eine einzelne Person, das »mündliche Memoir« (»oral memoir«), das Interview. Aus den zusammengestellten Interviews und den sie »stützenden Dokumenten« entstand »eine neue Art von historischem Beleg«, wie Saul Benison es nannte.[212]

Im Januar 1962 gab er Kuhn diesbezüglich weitere Ratschläge. »Das Dokument, das als Ergebnis des Oral-History-Prozesses entsteht, ist ein neues Dokument, es ist das Produkt zweier Köpfe, der interviewten und der interviewenden Person. Seine Bedeutung hängt nicht nur von der Erinnerung ab, sondern auch von der harten Arbeit und der Vorstellungskraft eines Historikers, der zum ersten Mal in der Geschichte versucht, die lebendige Erinnerung in eine historische Perspektive zu setzen. Es ist sogar eine erste Interpretation, die aus einer gegebenen Reihe von Ereignissen erfolgt, und Interpretation ohne Nachdenken und Recherche ist nichts wert – es sei denn, man ist am Journalismus interessiert.«[213] Während Benison bis dahin das Interview als eine neue Quelle für die Geschichte betrachtet hatte, ging es nun um die Etablierung einer neuen Art von historischem Dokument. Es beruhte nicht auf dem Vorgefundenen – was man mit den Protagonisten als »traditionelle historische Methode« bezeichnen könnte[214] –, sondern musste als ein Vorgang der Dokumentenherstellung verstanden werden, an dem auch der zeitgeschichtliche Historiker beteiligt war.[215] Für Benison bedeutete dies die Publikation einer (Wissenschaftler-)Biografie, für Kuhn, Heilbron und Forman war damit – wie beschrieben – die Zusammenstellung einer möglichst vollständigen Akte für die zukünftige historische Forschung gemeint.

Neue Geschichte, neue Wissenschaftsgeschichte

Es sollte deutlich geworden sein, dass das Projekt mit immensem Aufwand und einer bis heute vorbildlichen Akribie betrieben wurde.[216] Es ging um die Aussicht auf neue (Interview-)Quellen zu einem bis dahin verschütteten Prozess der Entstehung wissenschaftlicher Tatsachen. Zur Erinnerung: Der Aufruf hatte als zentrales Ziel das Auffinden einer »Wissenschaft im Machen« (»scientific method in action«) benannt.

Damit befand man sich auf einem Forschungsgebiet, das, von der National Science Foundation gefördert, mit der Hoffnung auf mögliche Daten zu einer Modellpersönlichkeit belegt war. So wie Anne Roe versucht hatte, den schöpferischen Wissenschaftler zu charakterisieren, so war auch Kuhn darauf bedacht, dem innovativen Physiker und seinen Entdeckungen auf die Spur zu kommen. Auch die Suche nach dem *open-mind* der Nachkriegsgesellschaft hatte den Weg für das Zustandekommen der Sources geebnet.

Zudem hatte das Projekt die Nobilitierung des Mündlichen übernommen, die durch die Oral History vorangetrieben worden war. So wie für Saul Benison die Kommunikationsrevolution zu einer Oral History geführt hatte – »Ihr Kennzeichen ist das Gespräch!«[217] –, so galt dies auch für die Wissenschaft, in der immer weniger Ideen über Briefe ausgetauscht, dafür immer mehr Konferenzen veranstaltet wurden. Aus diesem Grund standen zukünftigen Historikern Quellen nur durch die Speicherung und vor allem die Transkription des Mündlichen zur Verfügung.[218] Dort, wo die Oral History schließlich die Lebensgeschichte als zentrale Einheit der zu speichernden vergegenwärtigten Vergangenheit sah, stand bei Kuhn die Lebensgeschichte als Forschungsgeschichte im Mittelpunkt. Damit war nicht bloß ein Zeitzeuge eines Ereignisses aufgerufen, sondern der Wissenschaftszeuge entstanden. In dem Moment, wo Zeugenschaft nicht nur als ein alter Topos der Geschichtsschreibung galt, sondern man dessen politische Brisanz etwa im gleichzeitig stattfindenden Eichmann-Prozess in Jerusalem vor Augen geführt bekam, wurde der Zeuge auch in der Geschichte der (Natur-)Wissenschaft etabliert.[219] Diese Figur stach nicht allein durch das hervor, was sie beobachtet und erlebt hatte (dazu komme ich im folgenden Kapitel), sondern sie erhielt zunächst ihre besondere Rolle schlicht durch die Nahbarkeit der Person. In »den Naturwissenschaften sind wir nun einzigartig privilegiert, weil wir Seite an Seite mit den Giganten sitzen können, auf deren Schultern wir stehen«,[220] hatte Gerald Holton bemerkt, und Kuhn hatte hinzugefügt, es »leben heute noch Menschen, die sich [...] erinnern können«.[221] Die neue Technik des Interviews musste – so die kurze Zeit währende Überzeugung – zu einer, auch gesellschaftlich relevanten, neuen Geschichte der Wissenschaften führen.

6 Ins Feld gehen

Im Februar 1962 hatte das Projekt seinen Zuschnitt erhalten. Wichtige Schneisen waren in die endlosen Namenslisten geschlagen, und die Unternehmung wurde im In- und Ausland öffentlich bekannt gemacht. Für den Sommer 1962 waren die Übersiedlung nach Kopenhagen sowie die Auflösung der Büros in Berkeley geplant. In einem ersten Arbeitsbericht (»Progress Report«) vom April 1962 schilderte Kuhn diese konsolidierende Phase und die dabei gemachten praktischen Erfahrungen: Man hatte Biografien und Bibliografien von 150 Physikern fertiggestellt, circa dreißig mussten noch ermittelt werden. Entscheidende Rückmeldungen zur »Checkliste« zeigten an, dass ein wertvoller Kreis an Unterstützern gewonnen worden war. Zahlreiche Artikel und sogar Briefkonvolute waren ans Tageslicht befördert worden. Für die verbleibende Zeit bis zur Abfahrt nach Kopenhagen sollten die »bedeutendsten der älteren Persönlichkeiten« (»most important of the older figures«) in den USA interviewt werden; Kuhn zählte einige auf: Otto M. Stern, Peter Debye, Fritz Reiche, Paul P. Ewald, Léon Brillouin, James Franck und Paul S. Epstein. »Unsere allerersten Interviews begannen im Februar letzten Jahres zufällig aufgrund der [räumlichen, AtH.] Nähe, und wir haben seitdem immer schneller und systematischer Bänder angehäuft«, schreibt Kuhn.[222]

»Die Vorgespräche fanden mit den Professoren Michael Polanyi (über Berlin in den frühen 1920er Jahren) und Maria Mayer [sic!] (Erinnerungen an Göttingen und an Professor Born) statt. Unsere ersten terminierten und geplanten Interviews führten wir mit Professor Alfred Landé, der zu diesem Zweck Anfang März nach Berkeley kam.«[223] Während die ersten beiden Interviews sich eher zufällig ergaben, weshalb weder das Interview mit Polanyi noch das mit Goeppert-Mayer besonders lang sind, dazu später mehr, handelte es sich bei dem dritten Interview um das erste im Sinne der Papierarbeit und des Fragenkatalogs sorgsam vorbereitete Gespräch. Dieses Interview mit Landé hielt Kuhn für äußerst gelungen, denn es entsprach ungefähr dem, was die Gruppe für die weiteren Begegnungen im Sinn hatte.[224]

Alfred Landé

Der Physiker stammte aus einer bildungsbürgerlichen Familie und gehörte schon früh den zentralen Fachkreisen in Göttingen und München an. Als Schüler von Arnold Sommerfeld in München und späterer Assistent von David Hilbert in Göttingen war er in den 1920er Jahren zu einem der führenden theoretischen Physiker aufgestiegen und ging mit dem sogenannten Landé-Faktor beziehungsweise der Born-Landé-Gleichung in die Physikgeschichte ein. In dem Gespräch spielten seine Zusammenarbeit mit Kollegen und Kolleginnen und die Entwicklung seiner physikalischen Konzepte eine große Rolle, vor allem ging es um seine Wahrnehmung der Quantentheorie und ihrer Begründung. Die vier im März 1962 von Thomas S. Kuhn und John L. Heilbron geführten Interviews ergeben circa vierzig maschinengeschriebene transkribierte Seiten. Das sich über vier Tage erstreckende Gespräch ist detailreich und führt von der Ausbildung Landés bis zu seiner Übersiedlung in die Vereinigten Staaten 1930/1931. Um zunächst einen Eindruck von dem Frage-Antwort-Ablauf zu geben, soll eine längere Passage aus dem ersten Interview angeführt werden. Dabei muss vorweggeschickt werden, dass es weniger auf die physikalischen Details ankommt – die hier notwendigerweise aus dem Zusammenhang gerissen werden und sich deshalb nur bedingt erklären – als vielmehr auf den Sprachrhythmus der Gesprächspartner, auf die Art und Weise des Formulierens und darauf, welchen Spezialisierungsgrad man zuweilen im Gespräch erreichte, mithin wie detailliert sich Kuhn und Heilbron vorbereitet hatten.

Fragen und Antworten

Man hatte zuvor über Göttingen als einen Ort gesprochen, an dem Mathematiker und Physiker enge Kontakte miteinander pflegten und eine Gruppe junger Wissenschaftler im Mittelpunkt stand. Dabei berichtete Landé von »einem jungen dänischen Physiker, Niels Bohr, der kam und seinen ersten Bericht über die Frequenzbedingung im Atommodell gab. Das muss 1912 gewesen sein.«[225] [Abb. 11]

A. Landé, 3-5-62 6.

L: (cont.) came, and gave his first report on the frequency condition in the atomic model. This must have been in 1912.

TSK: Before it was published?

L: At the same time as it was published.

TSK: Do you think you heard it from him before you saw the paper?

L: Yes. You see, it was published in the Philosophical Magazine in English. The Germans at that time -- I exagerate a little -- didn't believe anything before it was published in a reputable German journal. In fact, only a few people read English journals because in the gymnasium, English was not taught --
410 only Greek, Latin, and French. Many people simply didn't understand English.

TSK: Did people in Germany by and large read French journals, or did they restrict themselves to a great extent to German?

L: Not too much besides German.

Anyway, I remember this first meeting of Bohr, which must have been after publication in English. He spoke rather poor German with his usual very soft voice, and in the front row were all the big wigs. They shook their heads and said, "If it's not nonsense, at least it doesn't make sense." I spoke with Max Born after the lecture, and he said to me, "All this is absolutely queer and incredible, but this Danish physicist looks so like an original genius that I cannot decline that there must be something to it. This was the attitude.

****

433 TSK: How had people felt about the Rutherford atom before the Bohr paper?

L: It was known, but only a short time after it was known, Bohr came already.

H: The Rutherford model wasn't given any particular priority?

....

455 L: No, no. I remember that at that time there was a little book on the structure of the atom completely in J. J. Thomson's line. There were pictures of corks with iron pieces in them floating on water. In the middle was a magnet. It showed how they arrange in fours and fives and sixes and so on, and even in various "shells". This was the main idea at that time. The only regret was that you could have these models only in two dimensions instead of attractions and repulsions in space.

****

[Recorder turned off]

TSK: You were just starting to say you were giving a seminar.

478 L: Yes. I had to give a seminar talk about my long calculations, fruitless calculations, on finding a gap in statistical mechanics which would allow selected energy levels. I gave this talk and wrote the whole blackboard full of formulas, and during that time it came to me, "This is all nonsense. I must believe Sommerfeld, who told me there is no solution this way."

TSK: Was this when you were back in Munich?

11 Transkriptseite des Interviews mit A. Landé, März 1962

»TSK: Bevor es veröffentlicht wurde?
L: Zur gleichen Zeit, als es veröffentlicht wurde.
TSK: Denken Sie, dass Sie es von ihm gehört hatten, bevor Sie den Aufsatz sahen?
L: Ja. Sehen Sie, es wurde im *Philosophical Magazine* auf Englisch publiziert. Der damalige Deutsche – und ich übertreibe ein bisschen – glaubte nichts, bevor es nicht in einer angesehenen deutschen Zeitschrift veröffentlicht war. Tatsächlich lasen nur ein paar wenige Leute englische Zeitschriften, weil im Gymnasium kein Englisch unterrichtet wurde – nur Griechisch, Latein und Französisch. Viele Leute verstanden schlicht kein Englisch.
TSK: Hat man in Deutschland im Großen und Ganzen französische Zeitschriften gelesen, oder beschränkten Sie sich weitgehend auf deutsche?
L: Nicht allzu viel außer Deutsch.
Jedenfalls erinnere ich mich an das erste Treffen mit Bohr, das nach der englischen Veröffentlichung stattgefunden haben muss. Er sprach ziemlich schlechtes Deutsch mit seiner üblichen sehr sanften Stimme. In der ersten Reihe saßen all die hohen Tiere. Sie schüttelten ihre Köpfe und sagten: ›Wenn das kein Unsinn ist, dann ergibt es zumindest keinen Sinn.‹ Nach dem Vortrag sprach ich mit Max Born, und er sagte zu mir: ›Das ist alles absolut seltsam und unglaublich, aber dieser dänische Physiker sieht so sehr aus wie ein Genie, dass mir nichts anderes übrigbleibt, als zuzugeben, dass irgendwas dran sein muss.‹ So war das eben.

****

TSK: Was haben die Leute vor der Bohr-Veröffentlichung über das Rutherford-Atom gedacht?[226]
L: Es war bekannt, aber nur kurze Zeit danach kam schon Bohr.
H: Dem Alfred-Rutherford-Modell wurde keine besondere Priorität eingeräumt?
L: Nein, nein. Ich erinnere mich, dass es damals ein kleines Buch über die Struktur des Atoms gab, ganz auf der Linie von J. J. Thomson. Da gab es Bilder von Korken, die, gespickt mit Eisenstückchen, auf Wasser schwammen. In der Mitte war ein Magnet. Es zeigte, wie sie sich in Vierer-, Fünfer-, Sechsergruppen und so weiter anordneten,

sogar in verschiedenen ›Schalen‹. Das war die Hauptidee zu dieser Zeit. Das einzige Bedauern bestand darin, dass man diese Modelle nur in zwei Dimensionen haben konnte, anstatt mit Anziehung und Abstoßung im Raum.

****

[Tonband ausgeschaltet]

TSK: Sie wollten gerade erzählen, dass Sie ein Seminar gegeben haben.
L: Ja. Ich musste einen Seminarvortrag über meine langen Berechnungen halten – fruchtlose Berechnungen, um eine Lücke in der statistischen Mechanik ausfindig zu machen, die ausgewählte Energieniveaus erlauben würde. Ich hielt also diesen Vortrag und schrieb die ganze Tafel voller Formeln, und dabei dämmerte mir: Das ist alles Unsinn. Sommerfeld hatte Recht, als er mir sagte, dass es auf diesem Weg keine Lösung geben wird.
TSK: War das, als Sie wieder in München waren?
L: Ja, bevor ich Assistent von Hilbert wurde. Ich ging bereits als überzeugter Quantentheoretiker nach Göttingen ...
Übrigens, das habe ich vergessen: In meiner ersten Göttinger Zeit, noch bevor ich zu Sommerfeld kam, wollte ich schon mit den Vorbereitungen meiner Doktorarbeit beginnen. Ich ging in das Labor von Professor Riecke, der zu diesem Zeitpunkt der führende Experimentalphysiker in Göttingen war. Wie jedem anderen dort auch wurde mir eine Aufgabe über Kathodenstrahlen gestellt. Die erste Aufgabe bestand darin, einen kleinen Draht in den evakuierten Raum der Kathodenröhre zu führen. Ich habe so etwas wie eine Elektrode eingeführt. Ich pumpte die Röhre aus, und jedes Mal am nächsten Morgen war wieder Luft darin. Das habe ich zwei oder drei Wochen lang gemacht, und immer wieder drang Dreck oder Luft oder sonst etwas ein. Ich war so frustriert von der Experimentalphysik, dass ich mich entschied, theoretischer Physiker zu werden.
TSK: Wann, glauben sie, hat sich das Bohr-Atom durchgesetzt, oder hat es sich jemals durchgesetzt?
L: Es wurde nie allgemein akzeptiert.

****

Wie immer konnten die Älteren einfach nicht mit der Zeit gehen. Es wurde zu kompliziert und zu verstörend. Mit der Kernphysik ist es das Gleiche. Ich selbst konnte der ganzen, sehr schwierigen Mathematik, die zur Kernphysik gehört, nicht mehr folgen. Von Max Born weiß ich, dass er einfach aufhörte, als die Kernphysik begann. Er hat mehrfach gesagt, dass er davon nichts versteht. Wohingegen die jüngeren Leute sich in ihrem Element befanden. Quantentheorie der Strahlung und all diese Dinge waren für die nächste Generation das, was die semi-klassische Theorie der Quantenmechanik vorher war.
TSK: Ich habe diese Frage [nach dem Bohr-Atom, AtH.] vor allem deshalb gestellt, weil hier 1913 eine neue Idee verkündet wird, und zehn Jahre später schreiben Leute, darunter auch Sie, dass es so nicht geht.
L: Es gab Leute, die von Anfang an sagten: ›Das ist alles Unsinn, eine billige Ausrede dafür, dass man nicht weiß, was vor sich geht.‹ Andere sagten, dass da etwas dran sein muss, und wieder andere hielten es nach ziemlich kurzer Zeit einfach für die einzige Wahrheit, nahmen es als gegeben hin. Und diese Haltung hielt sich bis 1926. Sogar Bohr selbst hat einige Zeit damit verbracht, das ganze Periodensystem durchzugehen und anhand von Orbitalbildern zu erklären, wie sich die Eigenschaften der verschiedenen Atome veränderten, wenn ein Elektron nach dem anderen eingebaut wird ...
TSK: Es wird oft gesagt, dass Bohr selbst lange vor 1926 spürte, dass das Modell falsch war.
L: Ja, er war sehr unzufrieden damit ... Es war ein Provisorium. Ich glaube, er hatte immer die Überzeugung, dass das Modell behelfsmäßig und vorläufig war. Durch das Korrespondenzprinzip versuchte er, es ein wenig besser mit der klassischen Mechanik in Einklang zu bringen, und in der Tat kam die neue Quantenmechanik teilweise durch das Korrespondenzprinzip zustande.«[227]

Nach einigen weiteren Erläuterungen fragt Kuhn:

»TSK: Wie kam ihre eigene Arbeit mit Bohr über Kristallografie zustande, der Versuch, das Bohr'sche Atom auf Kristalle anzuwenden?
L: Sie müssen wissen, dass Born der Erste war, der vorgeschlagen hat, dass die Atome räumlich sein könnten anstatt alle auf einer Ebene.

Ich glaube, Born hielt stur an der Idee vom Planetensystem fest, und da die Planeten alle auf gleicher Ebene liegen, kam niemand auf die Idee, dass es ein ganzer Weltraum sein könnte. Um ein bisschen über die Zeit davor zu sprechen: Das Problem des Heliums kam direkt nach dem Wasserstoff. Dort haben Sie zwei Elektronen, und warum sollten sie nicht auf einer Ebene sein ... Nun, das ist jetzt natürlich die eigentliche Physikgeschichte. Sommerfeld hatte herausgefunden, dass es ein stabileres System wäre, wenn man ein Elektron hier und das andere auf einer orthogonalen Ebene hätte. Ich glaube, er schrieb eine Arbeit darüber, die von Born zitiert wurde. Ich meine, dass ich ein paar Notizen über diese Entwicklung in den Aufsätzen gemacht habe, die ich Ihnen schickte ...
Offensichtlich hatte Sommerfeld zumindest die Idee, dass es räumliche Modelle geben könnte, aber das führte zu nichts. Nichts konnte nachgewiesen werden, es gab keinen experimentellen Ansatz, bis Max Born mit seiner kristallografischen Überlegung herausfand, dass die Elastizitätseigenschaften von Kristallen nicht mit einem ebenen System zu erklären waren ... Aber wieder dachte Born nur an symmetrische Elemente in Kristallen, dachte nur an die Kristallstruktur. Die Symmetrie musste deshalb kubisch oder achteckig sein. Ich glaube, ich war es, der wirklich versucht hat, ein Modell aufzustellen, in dem Elektronen nach einem polyedrischen Modell funktionieren. Ich habe mehrere Abhandlungen über die ›Electronen im Polyheder-Verband‹ [sic!] geschrieben.
Born war damit mehr oder weniger einverstanden, natürlich immer unter Vorbehalt. Alles wurde mit großen Vorbehalten gemacht. Ich erinnere mich, dass ich zu diesem Zeitpunkt schon in der Artillerie-Prüfungskommission war. Born und ich gingen zusammen zu Einstein nach Hause, und Einstein schien auch recht interessiert zu sein an diesen räumlichen Modellen. Er fragte nur: ›Wie können sie stabil bleiben ... die kleinste Störung wird das ganze Uhrwerk durcheinanderbringen.‹ Und die übliche Antwort ist eben, dass es Quantenbedingungen gibt, die dafür sorgen.

****

TSK: Hat jemand nach den Stabilitätsbedingungen für koplanare Modelle gefragt?

L: Die Frage liegt immer in der Luft, aber die Quantenbedingungen haben das gelöst.
Das war mein erster persönlicher Kontakt mit Einstein, und natürlich hat er mich sehr beeindruckt. Von da an dachte ich immer an räumliche Modelle, und etwas später habe ich meinen ersten Aufsatz über das Heliumatom geschrieben, in dem Berechnungen zur gegenseitigen Störung unter Quantenbedingungen berücksichtigt wurden – ich glaube, zum ersten Mal. Ich habe versucht, die beiden Spektren des Heliums zu erklären. Ich erinnere mich nicht mehr an die Details. Das eine war koplanar und das andere befand sich in zueinander geneigten Bahnen, und zu dieser Zeit habe ich eine der astronomischen Arbeiten über planetarische Störungen sehr gründlich durchgearbeitet.

[Seite 1 endet]«[228]

Landé gab eine Verlaufsgeschichte – in diesem Fall zu den Vorstellungen, wie ein Atom aufgebaut sei – und endete mit der Nennung seiner eigenen Veröffentlichung und einem »Zum ersten Mal«. Am nächsten Tag setzten Kuhn und Heilbron ihre Befragung zu den Atommodellen fort und betonten noch einmal ihr besonderes Interesse an den verschiedenen Entwürfen.[229] Zunächst insistierten sie aber auf eine chronologische Rekonstruktion der einzelnen Stadien. Landé verstand es, dabei Situationen zu schildern, die sich atmosphärisch zu zentralen Momenten verdichteten: Indem wir ihn mit dem Rücken zum Auditorium gewandt stehen sehen, die Kreide in den Fingern und Berechnungen auf der Tafel anstellend, wird der bittere Moment – »Das ist alles Unsinn« – besonders deutlich. Er schloss seine Ausführungen mit der Schilderung seiner eigenen Forschungen.

Erzählform

Und Landé beharrte darauf, dass diese Art der Erzählung, die Schilderung der Fort- und Rückschritte, des langsamen Herausschälens einer Antwort, die richtige Erzählung sei: »Nun, das ist natürlich die eigentliche Physikgeschichte.« Und damit stimmten auch die Fragenden überein. Das Interview liest sich deshalb wie eine kleinschrittige

Entdeckungsgeschichte, die uns heute als Narrativ vertraut ist, die aber mit ihren positiven wie negativen Momenten zum Zeitpunkt des Interviews nicht annähernd so geläufig war.[230] Wie bereits geschildert, gab es die Erinnerungen und Trauerreden, es gab biografisch-werkorientierte Darstellungen wie die von Schilpp, aber kaum einen systematischen Versuch einer Verlaufsrekonstruktion. Und deshalb auch keine Erzählform und den dazugehörigen Erzähler: Landé erscheint in dem gesamten Interview als eine authentische Figur, ein älterer Herr von 74 Jahren, der offen zugibt, wann er sich nicht zu erinnern vermag. Dennoch lieferte sein Gedächtnis wertvolle Puzzlestücke für das später zusammenzusetzende Bild der Geschichte der Quantentheorie. Kuhn wusste das zu schätzen, denn, wie er im ersten Arbeitsbericht (»Progress Report«) betonte, »nützliche Erinnerung« (»useful memory«) sei nicht der Regelfall.[231]

Landé führte in den vier Gesprächen im März 1962 auch Heureka-Momente an – einen davon im Kino[232] –, die eigentliche Nobilitierung seiner Schilderungen erfuhr er aber durch Kuhn an der Stelle, an der sie bereits seit einiger Zeit über die Spektren der Röntgenstrahlen gesprochen hatten und Landé die dazugehörigen Formeln in Verbindung mit den Bohr'schen Vorstellungen eines Atoms als einer Umlaufbahn von Elektronen erläuterte. Kuhn und Heilbron bezogen sich auf eine Veröffentlichung von Landé und versuchten gemeinsam dessen Vorgehen und vorgenommene Rechnungen zu verstehen. Nachdem Landé ausführlich erklärt hatte, wie seine Argumentation zustande gekommen war, bemerkte Kuhn: »Was mich sehr interessiert, ist diese eine Geschichte, wie Sie sich Gedanken gemacht haben über die Möglichkeit von Multiplizität in den Bohr-Ebenen selbst [...]. Denn genau das werden wir niemals durch das Lesen der Schriften selbst erkennen.«[233]

Ein gutes Interview, so lernt man aus den vierzig Seiten, war eines, das die physikalischen Fortschritte so schilderte, wie sie *wirklich* verlaufen waren: Stoßweise, dann sich wieder in einem großen Sprung ereignend, im Verbund kooperierender Physiker, die zwar auch Prioritätsstreitigkeiten kannten, im Grunde aber eine große Wissenschaftlergemeinschaft bildeten. Es kamen persönliche Informationen zum Vorschein, die nicht in der publizierten Literatur verzeichnet waren, die aber das Geschriebene lebendiger machten und die zusammengefügt eine Rekonstruktion der Entdeckungen erlaubten.

Wenn auch nicht immer große Erinnerungsleistungen zu erwarten waren, so ergänzten die Schilderungen auf jeden Fall die vorliegenden Publikationen.

Wendet man den Blick von den Antworten hin zu den Fragen, so war es zunächst Kuhn, der das Gespräch leitete, während Heilbron sich nur ab und an zu Wort meldete. Kuhn stellte präzise Fragen, die sich auf Daten, Momente und Abläufe bezogen, so wie sie im Fragenkatalog niedergelegt waren. Das Gespräch – wie alle folgenden auch – wurde von der Chronologie der Veröffentlichungen bestimmt, insbesondere derer, die von der befragten Person verfasst worden waren. Dank ihrer sorgfältigen Vorbereitung fiel es Kuhn und Heilbron nicht schwer, den einzelnen Berufs- und Veröffentlichungsschritten des Autors zu folgen. Dies brachte die beiden Historiker nicht zuletzt in eine Position, die Erinnerungen Landés jederzeit korrigieren zu können.

Dokumentenverhör

»In der Arbeit über die Quantenregel [gemeint ist der Aufsatz »Eine Quantenregel für die räumliche Orientierung von Elektronenringen« von 1919, AtH.] sprechen Sie davon, dass eine Formulierungsänderung auf eine Begebenheit im Münchner Seminar zurückzuführen ist.« Landé vermochte sich nach diesem Kommentar Kuhns aber nicht mehr genau zu erinnern und führte eine Vermutung an, »irgendwie so«. Das war enttäuschend, und Kuhn nahm einen zweiten Anlauf und erwähnt die sogenannten Helium-Arbeiten, um ihm damit auf die Sprünge zu helfen. Abermals erhielt er eine vage Antwort:
»L: Es war schon ein Problem, aber eines, das erst gelöst werden konnte, nachdem das erste Problem geklärt war. Man geht Schritt für Schritt vor. Im ersten Schritt fragt man nach dem Grund für den Unterschied zwischen Ortho- und Parahelium, und die anderen Fragen sind so schwierig, dass man sie besser beiseitelässt und nicht darüber nachdenkt.
H: In einer der Arbeiten gibt es den Vorschlag, dass es sich um eine Nutation handeln könnte, die …
L: Nun ja, ich weiß nicht, ob das nur eine Art Ausrede ist. Das hat nicht viel zu bedeuten. Ich dachte einfach, das ist zu schwierig, das muss man Schritt für Schritt machen.«[234]

Und wenig später hakte Kuhn noch einmal nach: »Also, wissen Sie noch, als Sie Sommerfelds Arbeit von 1920 gesehen haben, die, die die innere Quantenzahl einführt und sie zur Erklärung der Singulett-, Dublett- und Triplett-Struktur anführt?« Und Landé antwortete schlicht: »Nein, weiß ich nicht mehr.«[235]

Ausgehend von den Schriften wurden Lektüremomente und erstmalige Kenntnisnahme bestimmter Argumente abgefragt. In weiten Teilen des Gesprächs befand Landé sich deshalb in einer Art Kreuzverhör der Dokumente. Eine weitere Passage aus dem dritten Interview am 7. März 1962 soll dies abschließend verdeutlichen:

»TSK: Kronig spricht von einem Besuch von ihm und Pauli in Tübingen, 1925, [...] bei dem es offenbar viel zu diskutieren gab.[236]
L: Da gab es nicht viel zu reden, weil Tübingen damals eine kleine Universität war. Es gab einen Experimentalphysiker [...], Paschen. Und es gab Back, seinen Assistenten. [...] Und einen theoretischen Physiker, das war ich selbst, und mehr nicht. Ich hatte niemanden, mit dem ich diskutieren konnte.
TSK: Sam Goudsmit verfügt nur noch über wenig von seiner eigenen Korrespondenz, aber er hat sie durchgesehen; und er hat eine Karte von Ihnen, datiert vom Januar 1925, auf der steht, dass Kronig und Pauli gerade in Tübingen waren und dass es viele interessante Gespräche gab. Ich frage mich, ob es noch etwas zu erzählen gibt, das sich auf dieser Reise in Tübingen zugetragen haben könnte.
L: Ich erinnere mich an einen Besuch von Pauli in Tübingen, der aber unmittelbar in die Zeit des Ausschlussprinzips fiel. Könnte das derselbe Besuch gewesen sein? Wahrscheinlich nicht ... Ich erinnere mich, dass Pauli in Tübingen war. Offenbar war er damals schon auf der Suche nach einer Bestätigung des Ausschlussprinzips. [...] Und er hat bei mir gewohnt. Wir haben abends zusammengesessen und danach hat Pauli in der Küche weitergearbeitet, und am nächsten Morgen hat er mir vom Ausschlussprinzip erzählt. Daher habe ich behauptet, dass er das Ausschlussprinzip in meiner Küche entdeckt hat! Aber es gibt sieben andere Städte mit sieben anderen Physikern, die ähnliche Behauptungen aufstellen.
TSK: Sie wussten nicht, als er [Kronig, AtH.] sich mit den [fotografischen, AtH.] Aufnahmen beschäftigte, wonach er suchte?

L: Nun, ich wusste es am gleichen Tag, am Morgen.
TSK: Sie erinnern sich nicht, dass Kronig mit Pauli dort war?
L: Ich erinnere mich, dass Kronig da war, aber ich bringe die beiden nicht zusammen. Aber wenn es eine Postkarte gibt, dann muss es so sein ... Also, Pauli muss anscheinend mindestens zweimal in Tübingen gewesen sein.«[237]

Die Recherchearbeit des Projekts hatte sich gelohnt. Denn die zusammengestellten schriftlichen Dokumente – hier eine Postkarte, von dem Befragten 37 Jahre zuvor geschrieben – konnten den mündlich geäußerten Erinnerungen eine Exaktheit verleihen, die ansonsten nicht möglich gewesen wäre. Die vornehmliche Erinnerung Landés bezog sich auf einen Wolfgang Pauli, der bei ihm in der Küche sitzend in einer Nacht einen wichtigen Schritt in Richtung Ausschlussprinzip vollzog. Die Präzisierung Kuhns aber entlarvte diese Erinnerung als unzureichend und gab Landé die Möglichkeit, selbstironisch mit dieser Anekdote umzugehen: Die Entdeckung Paulis hatte sich wohl in sieben Städten gleichzeitig ereignet. Allein dieses Interview und sein Verlauf, das Einbetten von Texten des Befragten und anderer Fachpublikationen in einen zeitlichen Ablauf zeigt, dass man bereits ein differenziertes Verständnis von möglicher Erinnerung besaß und eine sukzessive Vervollständigung der Ereignisse verfolgte.[238]

Ausbeute

Ein letzter Grund, warum das Landé-Interview in den Berichten wie auch in der nachträglichen Erinnerung Kuhns und Heilbrons als gelungen charakterisiert werden konnte, war die reiche Dokumentenausbeute, die sich aus dem engen Kontakt mit dem Physiker ergab. In einem Antwortbrief auf Kuhns Anfrage nach schriftlichem Material schrieb Landé von einer großen Sammlung »von gedruckten Originalarbeiten ab 1918 [...], die in der Reihenfolge ihres Erscheinens ein recht vollständiges Bild der Entwicklung der Quantenphysik geben«. Diese Sonderdrucksammlung wurde schließlich dem Projekt überlassen.[239] Noch spektakulärer aber war ein zweites Konvolut: Im Verlauf des Frühsommers schrieb Landé erneut: »Sehr geehrter Herr Professor Kuhn, HEUREKA, an einer ganz unerwarteten Stelle ist der ganze Schriftverkehr aus meiner Frankfurter und Tübinger Zeit aufgetaucht, ungefähr 150 Posten«.[240] Diese »seit über 30 Jahren unberührte Schatzkiste« (»a treasure box untouched for over 30 years«) wurde im August 1962 an das Projekt übergeben.[241] Wertvolle, weil direkten Einblick gebende Korrespondenz, die die Interviews ergänzte: Damit war ein maximaler Gewinn erzielt.[242]

George E. Uhlenbeck

Dass es in allen Interviews vor allem darum ging, die Entstehung und Entwicklung einer Idee zu verfolgen, macht ein weiteres Interview des Projekts mit dem Physiker George E. Uhlenbeck deutlich, über den Kuhn im Arbeitsbericht festhält: »[Er] ist der mit Abstand beste Informant, auf den das Projekt bisher gestoßen ist.«[243] Zum Zeitpunkt des Gesprächs arbeitete der ehemalige Präsident der American Physical Society und Mitglied des Projektbeirats an der Rockefeller Foundation in New York.[244] Nun liegt es nahe anzunehmen, dass dies der Grund für eine diplomatisch-positive Charakterisierung Kuhns in einem internen Bericht sei. Doch ein Blick in die Transkripte der Gespräche führt vor Augen, worin sich Uhlenbeck von allen anderen bisherigen Gesprächspartnern unterschied und warum ihm das Prädikat zugeschrieben wurde.

Da die Entwicklung der Quantenphysik in hohem Maße auf mathematischen Berechnungen beruhte, hatte das Arbeiten mit Papier, die reine *computation*, innerhalb der *community* einen widersprüchlichen Ruf: Während die einen Physiker diejenigen, die sich mit theoretischer Physik beschäftigten, als die eigentlichen Genies ansahen, waren sie den anderen, die der experimentellen, klassischen Physik zuneigten, suspekt.[245]

Uhlenbeck hatte in Leiden bei Paul Ehrenfest studiert und gearbeitet sowie gemeinsam mit Samuel A. Goudsmit entscheidende Veröffentlichungen zur Existenz des Elektronenspins vorgelegt. Ähnlich wie Landé beschrieb Uhlenbeck zunächst Atmosphärisches aus den 1920er Jahren: »Ach, und dann gab es diese ganze Generation, die da auftauchte. All' diese jungen Leute, die mit Leichtigkeit Berechnungen angestellt haben, weil es sozusagen eine gegebene Technik war, die man nicht groß verstehen musste. Man hat einfach gerechnet, hier ein bisschen, da ein bisschen, und alles ergab sich wie von selbst. ›Diese Klugscheißer‹, meinte Ehrenfest, ›wie schlau die immer sind. Und keiner hat was verstanden.‹ Was natürlich teilweise richtig und teilweise falsch war.«[246] Wiederholt berichtete er über solche Einschätzungen der Zeit oder eines Gefühls und bezog sich dabei auf die »damalige Stimmung«.[247]

Intuition

Blickt man vor diesem Hintergrund auf das Gespräch Kuhns mit Uhlenbeck, so wird deutlich, dass das Unerhörte der neuen Physik in der – jetzt nachträglich erinnerten – Intuition des Wissenschaftlers lag.[248] Vor allem während des ersten Interviews bestachen Uhlenbecks Ausführungen durch Anekdoten und pointierte Beschreibungen von Personen. Dabei spielten Gefühl und Intuition eine große Rolle. Über Paul Dirac hieß es, er habe eine »schlafwandlerische Art, Mathematik einzusetzen und dabei etwas rauszukriegen«.[249] »Pauli sah es sofort« oder »er hatte ein Gefühl von Tiefe«.[250] Schließlich habe man auch große Bewunderung für Bohr gehegt, der sich beständig um Unklarheiten seiner Modelle sorgte, »aber er hatte so ein Gefühl, dass das die Antwort auf viele der Schwierigkeiten war«.[251] Kuhn reagierte in seinen Fragen auf diese Art der Gefühlsäußerung und ermunterte Uhlenbeck regelrecht zu weiteren Schilderungen:

»TSK: Als Sie vorhin über die Wasserstoff-Arbeit sprachen, sagten Sie mir, dass Sie in Ihren Diskussionen mit Sam [Goudsmit, AtH.] immer wieder darauf bestanden, dass es Unsinn sei, Wasserstoff auf die eine und die Alkalien auf eine andere Weise zu behandeln. Als Sie sich die ganze Spektroskopie und die Modelle mit Sam aneigneten – oder dies von Sam lernten, als er aus Italien zurückkam –, gab es da noch andere Dinge, die Sie oder er oder Sie beide für falsch hielten?
UHL: Tja, wissen Sie, das ist rätselhaft. Zum Wasserstoff gab es natürlich die Sommerfeld-Theorie. Eine schwierige Theorie, aber sie galt sozusagen als abgeschlossen. Man dachte nicht mehr darüber nach. Dann gab es diese andere, wo man das Vektormodell hatte, das schien was ganz anderes zu sein. Jedes zweite Wort war natürlich Vektormodell, weil man nichts anderes zur Hand hatte. Und sehen

Sie, dann musste man so einen Hokuspokus veranstalten, bei dem man die Quantenzahlen hin und wieder von j^2 nach $j^{2-1/4}$ änderte. Damit war zwar niemand zufrieden, aber es war der Zeitgeist. Man musste irgendwie Vermutungen anstellen. [...]
TSK: Ich denke, dass einer neuen Idee sehr oft ein allgemeines diffuses Gefühl vorausgeht, dass etwas nicht stimmt. Ich habe versucht, diesem Gefühl, dass etwas falsch ist, mehr Struktur zu geben – auch wenn nichts Bestimmtes falsch sein muss, was dann zu einer bestimmten Idee führt, sondern eher dieser generelle Eindruck, dass Dinge nicht so laufen, wie sie eigentlich sollten.
UHL: Natürlich gab es dieses allgemeine Gefühl. Zunächst einmal war es ein zentrales Problem, was die richtige Quantentheorie sein sollte. Das war verbreitet, das kannte jeder.
TSK: Meinen Sie die Quantentheorie für das Atom, oder umfasst das auch die ganze Frage der Schwarzkörperstrahlung, der spezifischen Wärme?
UHL: Für das Atom, die Struktur des Atoms. Wie das Korrespondenzprinzip eigentlich geschärft werden sollte, wie man all diese bemerkenswerten Regelmäßigkeiten in den Spektren bekommen konnte, das war das zentrale Problem von 24, ganz sicher 24. Wie man das anstellen musste, das wussten vielleicht ein paar der Großen wie Heisenberg, die ein paar vage Vorstellungen hatten, aber wir ganz sicher nicht. Und, sehen Sie, in einem solchen Fall gab es in gewissem Sinne auch keine scharfen Gegensätze. Es war immer so, dass man bestimmte Dinge akzeptieren musste, auch wenn sie irgendwie seltsam erschienen.«[252]

Struktur der wissenschaftlichen Revolutionen

Das Interessante an dieser ausführlicher zitierten Passage sind nicht nur die Aussagen Uhlenbecks, sondern auch die Fragen Kuhns. Dieser machte nämlich mehr oder weniger konkrete Anspielungen auf sein Manuskript *The Structure of Scientific Revolutions*. Seine Frage, was Wissenschaftler tun, wenn sie bemerken, »das etwas nicht stimmt«, ihr Unwohlsein, ihr Problembewusstsein zählte für ihn zu den psychologischen Vorbedingungen für das Aufkommen einer neuen Theorie. Durch die Feststellung einer Anomalie, die nicht in die bis dahin gängige Normalwissenschaft passte, kam es zu einer

Krise, die schließlich in einer Revolution, der radikalen Revision des Bestehenden mündete.[253] Uhlenbeck wiederum ließ sich auf die Formulierungen Kuhns ein und bestätigte diese Sicht. Beide arbeiteten sich aus ihrer jeweiligen Perspektive an diesen Schilderungen des Vagen und Ungefähren ab. Dass dies in einen Umschlagsmoment münden musste, zeigt das Ende des Interviews vom 5. April 1962:

»TSK: Hatten Sie vorher schon den Eindruck, dass die Dinge ins Rollen gerieten?
UHL: Nicht wirklich, denn wieder einmal war ich nicht beteiligt. Nur diejenigen, die wirklich die Situation überblickten, konnten fühlen, dass da was vor sich geht. Ich denke, das waren solche Leute wie Heisenberg und Pauli, besonders Bohr und vielleicht noch Dirac. Ich wusste nicht, dass Dirac dieses Gefühl hatte. Leuten wie mir war nur klar, dass alles sehr durcheinander war. In Diskussionen mit Sam beschwerte ich mich über diesen ganzen ›unmechanischen Zwang‹, dessen Bedeutung ich nicht wirklich verstand. Aber ich hätte mich nie getraut, das zu sagen! Das taten nur Narren! Wenn man das, was gesagt wurde, nicht verstand, dann musste eben was dran sein. Aber dass es in dem Sommer – in der Spin-Periode – manchmal konfus war, das war klar. Klar war auch, dass in der Zukunft etwas passieren musste. Dass dies mit einem revolutionären Wandel der Grundlagen verknüpft sein würde – war für mich noch fern jeder Vorstellung. Ich glaube, das spürten nur ein paar Leute, und das waren dann auch die, die schließlich die Entdeckung gemacht haben. All die anderen dachten, es sei sehr schwierig und man macht am besten mit dem weiter, was da ist. Die meisten Leute denken nur an den nächsten Schritt.«[254]

Offensichtlich existierten verschiedene Grade von Intuition in Uhlenbecks Schilderungen. Während die normalen Physiker das Gefühl gehabt hätten, dass etwas durcheinandergeraten sei, für das in Zukunft ein neues Ordnungsmodell gefunden werden müsse, seien außergewöhnliche Physiker imstande gewesen, noch im Zuge dieser Unklarheiten bereits den revolutionären Umschlag zu verorten und ihn sogar herbeizuführen. Uhlenbeck lieferte zu den in *Structure* beschriebenen wissenschaftstheoretischen Annahmen Kuhns gewissermaßen die zeitgeschichtliche Bestätigung. Und sie mündet – ohne dass Kuhn dies benannt hätte – in den Ausdruck des »revolutionären

Wandels«. Der Wissenschaftshistoriker Suman Seth hat betont, wie sehr die Fragen Kuhns von seinen wissenschaftsphilosophischen Annahmen her bestimmt waren und dass – wie auch in Uhlenbecks Fall nachzuvollziehen – die Fragen gewissermaßen die Antworten vorgaben.[255] Welche Ausmaße diese Art der Suggestion annahm, wird das Interview mit Werner Heisenberg im nächsten Kapitel zeigen.

An dieser Stelle kann resümierend festgehalten werden, dass Kuhns positive Einschätzung der Interviews mit Landé und Uhlenbeck darauf beruhte, dass mit Landés Schilderungen ein dichtes Gewebe von Daten und Anhaltspunkten entstanden war. Mit Uhlenbeck wiederum fand Kuhn sich in seiner theoretischen Annahme bestätigt, dass die Gestaltwerdung einer Idee, das Gefühl der Unsicherheit und die Entwicklung von Intuition für bestimmte Lösungen ein neues Zeitalter in einer Wissenschaft ankündigten. Beides zusammen, Exaktheit der Daten und Schilderung der Ungewissheit, faszinierte ihn.

Irreführende Informationen

Als John L. Heilbron in einem persönlichen Gespräch mit dem Wissenschaftshistoriker Dieter Hoffmann und der Autorin 2013 das Landé-Interview erwähnte, ließ er seiner positiven Hervorhebung Landés sogleich die Einschätzung folgen, dass dieses das Projekt auch in die Irre geführt habe, weil man nun von allen Gesprächen die gleiche Ausbeute erwartet hätte.[256] Blicken wir zudem auf Kuhns *Structure of Scientific Revolutions*, der Text erschien im Mai 1962 in der Reihe »International Encyclopedia of Unified Science« bei University of Chicago Press, so war der üppige Ertrag aus den beiden Gesprächen mit Landé und Uhlenbeck auch deshalb nicht unwichtig gewesen, weil Kuhn einmal mehr darauf achtete, ob seine theoretischen Annahmen auch im Feld zählten. Umso enttäuschter musste er in den Berichten für den Projektbeirat einräumen, dass die Gespräche mit James Franck und Peter Debye wesentlich problematischer gewesen seien als die mit Landé und Uhlenbeck, weil sie keine, ja sogar irreführende Informationen ergeben hätten.[257] Das Interview mit Franck erwies sich dabei als besonders frustrierend, denn während die vorgenannten Physiker mit ihren Forschungen zwar wichtige Beiträge zur Entwicklung der Quantenphysik geleistet hatten, übertraf Franck sie in Rang und Bedeutung bei Weitem. Deshalb waren die Gespräche mit ihm viel ausführlicher, doch das Resultat stand in umgekehrtem Verhältnis zum Aufwand. Auch dieses Interview soll ausführlicher zitiert werden, weil es – anders als das mit Landé – einige Aufschlüsse über die besonderen Bedingungen solcher *elite interviews* gibt.

James Franck

Der in Hamburg geborene Experimentalphysiker war Anfang der 1920er Jahre zusammen mit Max Born an die Göttinger Universität berufen worden; zuvor hatte er in Berlin zusammen mit Gustav Hertz die Elektronenstoßexperimente ausgeführt (die er, wie im zweiten Kapitel geschildert, auch in Unterrichtsfilmen erklärte). Für diese, heute als Franck-Hertz-Versuch bezeichnete Experimentalanordnung wurde beiden 1925 der Nobelpreis zugesprochen. Nicht zuletzt aus diesem Grund war Francks Anwesenheit einer der wesentlichen Gründe, warum Göttingen als Physiker-Mekka der Zwischenkriegszeit galt. Nach der Machtübernahme der Nationalsozialisten legte er wegen der Diskriminierung jüdischer Wissenschaftler aus Protest seine Professur nieder und emigrierte in die USA. Dort war er ab 1942 in das Manhattan-Projekt involviert, sprach sich jedoch später explizit gegen den Einsatz der Atombombe aus. Zum Zeitpunkt der Konsultation Kuhns war er seit vielen Jahren mit der Physikerin Hertha Sponer verheiratet. Sie hatte in Göttingen als seine Assistentin gearbeitet und war eine der ersten Frauen in der Disziplin, wobei sie sich sogar habilitieren konnte. Die inzwischen als Professorin an der Duke University arbeitende Sponer und die bereits erwähnte Maria Goeppert-Mayer, Professorin an der University of California, San Diego, waren bei den Interviews mit dem achtzigjährigen Franck anwesend.

Das Setting

Kuhn war im Juli 1962 in das Sommerhaus von James Franck und Hertha Sponer in Falmouth, Massachusetts, gereist. Von Montag, den 9. Juli, bis Samstag, den 14. Juli, befragte er gemeinsam mit Goeppert-Mayer zunächst Franck, gelegentlich auch Sponer.

Die Interviews zeichneten sich durch große Geduld auf beiden Seiten aus. Kuhn stellte Fragen mehrmals und betonte von Zeit zu Zeit motivierend, wie gut die Antworten Francks seien. Nach einer längeren Passage endete Franck mit den Worten: »Jetzt haben Sie mich eigentlich nach Bohr gefragt, nicht wahr?« Daraufhin Kuhn: »Na ja, ich habe Sie nach Bohr gefragt und nach dieser Zeit in Kopenhagen. Und Sie haben ganz wunderbar geantwortet.«[258] Franck wiederum bemühte sich um Reformulierungen und noch genauere Erinnerungen und ließ sich oft von Assoziationen leiten, nach deren Schilderung Kuhn ihn mit der nötigen Respektbezeugung auf den Pfad der Chronologie zurückholte: »Wenn ich darf, möchte ich Sie zurückführen, Sir.«[259] Franck hatte viele solcher von Kuhn später als atmosphärisch beschriebenen Erinnerungen. »Eine Geschichte kann ich Ihnen erzählen, die die Haltung von Nernst zeigt und seinen Wunsch, in Diskussionen zu gewinnen und wenn möglich seinen Willen zu kriegen.«[260] In einer Passage über die Physikalische Chemie war man auf Walther Nernst zu sprechen gekommen, und Franck begann, wie so oft, die Persönlichkeit und das soziale Milieu zu skizzieren. Während Kuhn im ersten Jahresbericht (»First Year-End Report«) über die Interviews etwa mit Peter Debye noch kritisierte, dass dieser die erstmalige Wahrnehmung der Schriften Bohrs und seines Atommodells rekonstruiere, aber sich nicht wirklich erinnere und nicht ein »die Umstände erhellendes Detail« (»circumstantial detail«) hinzufüge, war es in den Franck-Interviews wiederum ein Zuviel solcher kleinen Umstände und des sozialen und institutionellen Atmosphärischen.

Gesprächskultur

Die Höflichkeit Francks und sein Sicheinlassen auf die Fragen Kuhns macht aber noch einen weiteren Aspekt deutlich, der in vielen Interviews aufscheint, hier aber besonders klar zutage tritt: Nicht nur für Kuhn war das Interview ein »neues Instrument«, auch für Franck – der zwar bereits mehrfach interviewt worden war, aber nicht in dieser Ausführlichkeit und Ernsthaftigkeit für ein zukünftiges großes Archiv – handelte es sich um ein ungewöhnliches Format. Um Sicherheit zu gewinnen, griff der Befragte deshalb auf eine gelernte

Konvention zurück: die der gepflegten Konversation.[261] Das Interview selbst wurde im »Gesellschaftszimmer« abgehalten, es war begleitet von den üblichen Erfrischungen und wurde zu gemeinsamen Mahlzeiten unterbrochen. Es wurde von Franck als Teil einer geselligen, halböffentlichen Zusammenkunft gesehen, in der er sich nach Kräften um sein Gegenüber und um dessen Zufriedenheit bemühte. Während er sich aber innerhalb eines Rahmens der geselligen Konversation bewegte, orientiert an den bürgerlichen Normen, die er im Europa seiner Jugend erlernt hatte, versuchte Kuhn empirische Daten zu sammeln und möglichst viel zu erfragen. So kam es anfangs zu einer Diskussion um den Rekorder, der für Franck nicht recht in den Rahmen passte und der Unbehagen oder wenigstens Befremden weckte. Diese Wortwechsel sind nicht transkribiert, sondern nur durch ihre Auslassungen nachzuvollziehen: »einleitende Erörterungen« (»[preliminary negotiations {…}]«) oder, eine Seite weiter, »weiteres Gespräch über den Rekorder« (»[more talk about recorder]«).[262] Zwar war es auch Kuhn um ein höfliches Gespräch zu tun – er begegnete ihm mit dem einem alten Mann und Nobelpreisträger zustehenden Respekt –, aber er konnte doch an vielen Stellen seine Ungeduld nicht verhehlen, da sich Franck, je stärker er insistierte, umso mehr ins wolkige Parlando flüchtete und den Faden verlor.

Unklare Abfolge

An manchen Stellen unterzog Kuhn Franck einer regelrechten Vernehmung: »Diese Geschichte haben Sie gestern irgendwie anders erzählt.« Was wiederum Franck dazu veranlasste, sofort mit einem beflissenen »Sicher, was habe ich gesagt?« zu antworten.[263] Das Bemühen Francks um die »richtige« Erinnerung war zunächst vor allem eine Höflichkeitsgeste. Seine fast schon verzweifelten Anstrengungen kommen auch in einer Passage zum Ausdruck, in der Kuhn nach dem Franck-Hertz-Versuch fragt.

Bis zu dem Gespräch Kuhns mit Franck galten die Versuche der beiden als Bestätigung des Bohr'schen Atommodells. Auch Franck dachte so, war jedoch erstaunt, dass er – von einem kurzen Bezug auf Bohr in einem Aufsatz von 1916 – seine eigenen Versuche erst 1919 explizit mit denen von Bohr in Verbindung gebracht hatte.

»TSK: Und das taten Sie im nächsten Jahr. Das ist das berühmte Experiment mit den aufeinanderfolgenden Peaks. Und Sie berichten von 4.9 [Volt, AtH.] und dass es sich um ein Ionisierungspotenzial handelt. Was vollkommen Sinn ergibt. Ich denke, ich sollte an dieser Stelle sagen – Sie mögen sich nicht daran erinnern –, dass Sie es noch in der zusammenfassenden Arbeit von 1916 als Ionisierungspotenzial bezeichnen. Und dies ist, soweit ich weiß, sein erstes Erscheinen in Ihrer Arbeit. Sie erwähnen einen Vorschlag von Bohr, dass es vielleicht eine photoelektrische Emission der Elektroden gibt. Und Sie sagen, nein, die Peaks sind zu scharf, es muss Ionisierung sein. Soweit ich Ihre veröffentlichten Arbeiten übersehe, ergreifen Sie Bohrs Partei nicht vor 1919.
F: Wenn ich daran denke, dann hatten wir in der Zeit 1916 bis 1919 überhaupt gar keine Chance, irgendwas zu tun. Wir waren beide Soldaten. Hertz mit seiner schweren Verwundung ...
TSK: Ich greife das auf, weil Sie davon sprechen, Ihre 4.9-Volt-Messung mit einem 10.3-Volt-Ionisierungspotenzial in Einklang zu bringen. Aber ich glaube, das kommt erst später, nach 1916.
F: Mit anderen Worten, wir haben Bohrs Theorie in dieser Zeit noch gar nicht gekannt. Und deshalb wussten wir auch nicht, welche Linie wir zu erwarten hatten und ob wir eine Linie haben würden. Ich war nur erstaunt, in dieser Arbeit sofort die Idee zu sehen, dass es einige Anregungen geben könnte, die sich von der erwähnten Ionisierung unterscheiden. Trotzdem haben wir dies nicht mit dem Quecksilber in Verbindung gebracht. Und konnten das auch nicht ohne weiteres, weil wir keine Ahnung davon hatten, wie bei einem hohen Druck – und mit so vielen unelastischen Stößen bei 4.9 – ein Elektron, wenn sie [gemeint ist vermutlich die Spannung, AtH.] noch höher wäre, genügend Energie bekommen würde. Also sagten wir, es muss etwas geben, einen Zusammenhang untereinander, und wir verstehen ihn nicht.«[264]

Auch wenn nun klar war, dass Franck und Hertz ihre eigenen Versuche nicht vor 1919 mit den Bohr'schen Vorstellungen zusammenbrachten, so wollte Kuhn doch wissen, wann genau und in welchem Zusammenhang sie von Bohrs Atommodell erfahren hatten:
»F: [...] Aber bei all dem, was wir diskutiert haben, wurde nicht besprochen und nicht erwähnt, wie groß der Einfluss Bohrs auf uns alle war. Und wenn es Ihnen nichts ausmacht, würde ich gern ein

paar Worte dazu sagen. Ich habe gemeint, dass wir von Bohrs Arbeit nichts wussten. Aber wir erfuhren davon, als wir im Krankenhaus lagen. Ich erfuhr davon. Hertz war zu krank. Als ich gelähmt war, aber ansonsten ganz in Ordnung, las ich und stieß auf Bohrs Arbeit ... Das war 1916. Sobald der Krieg ausbrach, waren wir Soldaten geworden. Es gab also keine Möglichkeit mehr, irgendwas zu tun.
TSK: Und Sie denken, Sie hatten nicht einmal etwas vom Bohr'schen Atom gehört, von Bohrs Idee, als Sie in die Armee eintraten?
F: Ich muss gestehen, dass ich das nicht weiß. Ich weiß, dass wir nicht von Bohrs Arbeit gehört hatten, als wir unseren Artikel schrieben. Ob ich in der Zwischenzeit davon erfahren habe, ich weiß es nicht.«[265]

Danach folgte eine längere Passage, in der Franck über Otto M. Stern sprach und wie er diesen im Ersten Weltkrieg zufällig in Frankreich getroffen habe. Sowohl Franck als auch – unabhängig von ihm – Otto M. Stern erinnerten sich, dass sie bei diesem Treffen über »Bohr's theory« gesprochen hatten. Ob dies 1916 der Fall war oder sogar früher – »I don't know«. Im Vordergrund dieser kleinen Episode eines Zusammentreffens mitten im Kriege stand das Gespräch, nicht aber die weiteren Entdeckungen. Franck kam einige Zeit später noch einmal darauf zu sprechen:

»Auf jeden Fall zeigt er [sein Aufsatz von 1916, AtH.] eine solche Ignoranz gegenüber der Bohr'schen Theorie, dass ich erstaunt bin, wie es dazu kommen konnte. Wenn das vor Stern war, lassen Sie mich überlegen. Nun, es könnte vor dieser Zeit gewesen sein, bevor ich Stern traf. Ich weiß es wirklich nicht. Wenn Sie Gelegenheit haben, Stern zu sehen, fragen Sie ihn, wann wir uns in Laôn [sic!] getroffen haben. Vielleicht erinnert er sich. Ich war so viel an der einen, dann an der anderen Front, dass ich nicht mehr weiß, wann das war. Aber Stern könnte es wissen, und da es in diesem Zusammenhang wirklich wichtig ist, wüsste ich es selbst gern.«[266]

Enttäuschte Erwartung

Rückblickend fasst Kuhn diese Gesprächsepisode mit den Worten zusammen: »Franck war jedoch überrascht, als er feststellte, dass sie noch 1916 die Ionisierungsenergie von Quecksilberdampf mit 4.9 Volt beschrieben haben und schockiert, dass sie zu dem Zeitpunkt noch nicht den Zusammenhang zwischen ihren Experimenten und dem Bohr'schen Atom erkannt hatten. Selbst nachdem er sich hat überzeugen lassen, dass die nunmehr klassische Interpretation der Experimente volle fünf Jahre, nachdem diese durchgeführt worden waren, nicht publiziert wurde, war er völlig unfähig zu sagen, wie diese Umdeutung zustande gekommen war oder was – außer den Kriegsbedingungen – sie so lange verzögert hatte. Bei keiner der zentralen Fragen zu diesem wichtigen Abschnitt in der Entwicklung der Quantenphysik konnte er uns überhaupt weiterhelfen.«[267] Die Enttäuschung über die mangelnde Auskunftsfähigkeit seines Informanten ist offensichtlich. Wie sehr Kuhn auf solche entscheidenden Momente fixiert war, zeigt sich auch daran, dass er auf die Schilderungen von Franck nicht einging. Nicht der Krieg und die internationale Politik, nicht die Verwundungen von Hertz und Francks Lähmung wurden zum Thema, auch nicht die Bewunderung für Bohr und dessen lebhafte Beschreibung, sondern nur dieser Moment der Kenntnisnahme der Forschung eines anderen, die so perfekt zu den eigenen Ergebnissen hätte passen und eine Kettenreaktion von Ideen auslösen können, interessierte Kuhn.

Er musste herbe Rückschläge hinnehmen. Wenn er zu Beginn des Projekts noch gedacht hatte, das Gedächtnis derart bedeutender Wissenschaftler sei eine unproblematische Instanz, so stellte sich nun heraus, dass es sich um ein »sehr selektives Instrument« handelte, das nicht nur die üblichen Lücken offenbarte, sondern auch mit Widerständen der interviewten Personen selbst zu kämpfen hatte: »Wie James Franck in einer späten Phase unserer Diskussion selbst meinte, ist es unangenehm, sich an Fehler und Fehlstarts zu erinnern, und für einen Wissenschaftler haben solche Erinnerungen keine Funktion mehr, sobald die ›richtigen Antworten‹ entdeckt wurden.«[268] Kuhn erklärte sich mangelnde Erinnerung aus einem simplen Löschungsvorgang des Gedächtnisses, einer Verdrängung, und fügte hinzu, dass diese anfänglichen Schritte überlagert würden von den jetzt linearisiert erinnerten Entdeckungserfolgen, »in denen sie von Beginn an nach der Antwort auf eine Frage suchten, die sie erst am Ende ihrer Forschung zu stellen lernten. In dieser linearisierten Darstellung tauchte die Antwort auf die Frage ziemlich direkt auf.«[269] Dies widerspricht seinen anfänglichen Erwartungen, und solche nachträglichen Rationalisierungen arbeiteten seiner Aufklärungsintention entgegen. Auch wenn Kuhn in seiner Bewertung des Franck-Interviews etwas übertrieb – es gab durchaus ungerichtete Forschungsmomente und Überraschungseffekte –, so blieb der Aufwand für einige, von Kuhn wohl als äußerst mager empfundene Informationen »wie es wirklich gewesen« doch recht hoch.[270] Nach 15 Stunden Interviewzeit und sechs Tagen endete das letzte der Gespräche: »F: Haben Sie noch Fragen? TSK: Nein.«[271]

An dem Verlauf des Franck-Interviews zeigt sich deutlich, wie fixiert man auf bestimmte Antworten war und wie wenig offen für solche, die jenseits der eigenen Erwartungen lagen. Kuhn erweist sich in der Rolle des Fragenden als äußerst konzentriert, ein Interviewer, den nicht die Frage nach der Verbindung von Krieg und Forschung, politischem Geschehen und Physik umtrieb, sondern einzig die Stadien der Entdeckungen, deren Schilderungen er zur Verfeinerung seiner Annahmen vom wissenschaftlichen Prozess sammelte und zur Komplettierung einer zukünftigen umfassenden und minutiösen Geschichte der Quantenphysik benötigte.

Unwilligkeit

Mangelnde Erinnerungsfähigkeit war das eine Ärgernis, ein gewisser Unwillen der Interviewpartner das andere. Nicht alle Physiker gaben so detailreich Auskunft wie Landé, waren so höflich wie Franck. Peter Debye etwa, Nachfolger Albert Einsteins auf dem Lehrstuhl für Physik an der Universität Zürich, stach dadurch hervor, dass er auf die Anfrage zu einem Interview mit einer gewissen Unlust und Skepsis ob des gesamten Unternehmens antwortete.[272] Im Nachhinein kommentierte Kuhn dessen magere Ausführungen trocken: »Professor Debyes Bemerkungen zur Rezeption des Bohr'schen Atoms sind ganz offensichtlich eine Rekonstruktion dessen, wie die Dinge gewesen sein müssten oder hätten sein sollen. Als solche entbehren sie vollkommen der Art von Detailumständen, die sie entweder nützlich oder völlig glaubwürdig machen würden.«[273] Fand sich aber Debye wenigstens zum Gespräch bereit, so gab es wiederum andere, die nicht einmal reden wollten. Kuhn hatte damit schon Erfahrungen gemacht. Als Franck vorschlug, noch einmal Otto M. Stern über die Begegnung an der Kriegsfront zu befragen, antwortete Kuhn: »Ich habe einmal mit Professor Stern gesprochen, aber er ist größtenteils ein Einsiedler geworden. Er hat sich aus dem sozialen Raum verabschiedet und war nicht wirklich bereit, mit uns zu reden.«[274] Kuhn hatte Stern am 29. Mai 1962 in Berkeley für zwei Stunden interviewt, eine Tonbandaufnahme des Gesprächs hatte der theoretische Physiker aber verweigert. Mithilfe der anschließend diktierten Notizen Kuhns war eine kurze Wiedergabe der Gesprächsinhalte in der Datensammlung abgelegt worden. An keiner Stelle ging Stern auf den Aufsatz von Bohr ein, auch die Kriegszeit wurde nur knapp angesprochen. »Stern wollte keinen Rekorder benutzt wissen. Zum Teil steht er dem Projekt skeptisch gegenüber. Wichtiger ist vielleicht aber, dass es jetzt ein Tonband von ihm in Zürich gibt und er es sehr bereut, sich darauf eingelassen zu haben. Mein Eindruck ist, dass es sich bei der Aufnahme – so hat es [Rudolph, AtH.] Minkowski geschildert – um eine Reihe von garstigen Bemerkungen über einige Kollegen handelt. Offenbar möchte er sich nicht noch einmal in die Nesseln setzen.« Dass er sich kein weiteres Mal die Finger verbrennen wollte, mag ein Grund gewesen sein, dass Stern sich vollkommen sperrte. Ein weiterer war, dass er das Projekt der Sources als Ganzes anzweifelte: Für ihn war Wolfgang Pauli der Einzige, der eine »›richtige‹ Darstellung der Entwicklung« (»›true‹ account of the development«) hätte geben können. Pauli aber war bereits gestorben. Kuhn fasste Sterns Haltung zusammen: »Er bezweifelt ohnehin, dass das Auftürmen von Datenbergen der richtige Weg sei.«[275]

Misstrauen und Zweifel

Interessant an dieser Äußerung ist, dass einige der in die Jahre gekommenen Physiker wie Stern nicht allein diese neue, unerbittlich dokumentierende Apparatur scheuten, sondern ihnen darüber hinaus die Anlage des Projekts und dessen neues Forschungsinstrument Interview vollkommen fremd waren. Stern schien eine Zusammenstellung mehrerer Perspektiven der Erinnerung in Bezug auf die bahnbrechende physikalische Forschung nicht möglich, für die Rekonstruktion bedürfe es vielmehr der einen wahren Geschichte von einem der damaligen Protagonisten – hier Wolfgang Pauli. Für die

Verweigerung von Interviews im Projektzeitraum[276] wurde dieser Einwand – die wahre Geschichte könne nicht mit Tonbandaufzeichnungen erzählt werden – immer wieder angeführt: Im Juni 1962 hatte Kuhn die 75 Jahre alte Physikerin Hedwig Kohn aufgesucht und ein kurzes Gespräch mit ihr geführt. Er notierte danach: »Das Interview mit Professor Hedwig Kohn (Fachbereich Physik, Duke University, Raleigh, North Carolina) war nicht gerade ergiebig, weil die Zeit knapp war und sie die Idee mit dem Tonbandgerät nicht mochte. Da ihre eigenen Verbindungen zur Entwicklung der Quantenmechanik gering sind, gestaltete sich eine konsequente Befragung sehr schwierig. Außerdem hatte sie kaum eine Vorstellung davon, was wir wollen könnten. Sie war darauf vorbereitet, in ihrem Besitz befindliche Fotos zu zeigen und darüber hinaus jedes wirkliche Wissen über die Geschichte abzustreiten. Als wir zu den Fragen kamen, war nicht mehr viel Zeit übrig.«[277] Und über den englischen Physiker und Nobelpreisträger Patrick M. S. Blackett hielt John L. Heilbron fest: »Sein vorgeschobener Einwand war, dass er nicht genug Zeit habe; in dieser geschäftigen Zeit während des Semesters könne er uns nur eine halbe Stunde geben usw. In Wirklichkeit lagen die Schwierigkeiten woanders und betrafen unsere gesamte Herangehensweise gegenüber potenziellen Interviewpartnern.«[278]

Gut, schlecht, gescheitert

Das im Sinne des Projekts gute Interview stach durch eine Fülle an Erinnerungen hervor, es rückte die Forschungschronologie der Lehrbücher gerade, korrigierte die lineare Abfolge der als zwangsläufig dargestellten Entdeckungen, die sich vermeintlich schon immer auf einem guten Weg befunden hatten. Das gute Interview bestätigte Kuhns Annahme des sich eruptiv vollziehenden Wissenszuwachses und verdeutlichte seinen speziellen Zugang: Interessiert war er nicht so sehr an den sozialen und institutionellen Umständen seiner Interviewpartner, sondern an emotionalen und gleichzeitig kognitiven Momenten der Überraschung oder des plötzlich lösbar erscheinenden Rätsels. Das schlechte Interview kulminierte in der Feststellung »I can't remember« und war dadurch gekennzeichnet, dass auch insistierendes Nachfragen nichts zutage förderte.

Das Projektteam war auf dem Boden der Realität angekommen. Gehofft hatte man auf stolze und mit exakten Erinnerungen gesättigte berühmte Physiker, die an dem gemeinsamen Unterfangen der Dokumentation der wichtigsten wissenschaftlichen Entwicklung der Moderne begeistert mitarbeiten würden. Doch in vielen Fällen waren sie mit dem genauen Gegenteil konfrontiert worden: alt gewordene, wenig heroisch erscheinende und oft unwillige bis gleichgültige Gesprächspartner, die unfähig waren, nach vierzig Jahren eine nächtliche Erleuchtung wiederzugeben; unfähig auch, jenseits ihrer Aufsätze der Nachwelt Neues zu hinterlassen. Deshalb sind die Interviews mit Franck stellenweise so rührend, weil dieser selbst als Erster die mangelnde Erfüllung der Erwartungen spürte und das durch seine Rückfragen zu erkennen gab. Manche der interviewten Physiker mögen auch des Befragens müde gewesen sein, wenn nicht sogar Angst davor gehabt haben. Denn die jüngere Vergangenheit und ihre politischen Umwälzungen standen den europäischen Emigranten (wie beispielsweise James Franck oder Otto M. Stern) noch ebenso lebhaft vor Augen wie denjenigen, die in der McCarthy-Zeit vor Untersuchungsausschüssen Rede und Antwort gestanden hatten (wie Robert Oppenheimer). Teil des Resonanzraums der neuen historischen Methode Interview war eben nicht nur »Erzählen, wie es gewesen«, sondern auch dessen politische Durchdringung: Denn die Befragung war mit dem Verhör verknüpft, und so wie die Physik auch mit den Entwicklungen der Waffenprogramme verbunden war, konnte das Interview zu Forschungszwecken nicht ohne weiteres von den öffentlichen inquisitorischen Schauprozessen getrennt werden.

Soziologie der Wissenschaften

Neben der Einordnung in gute, schlechte und verweigerte Interviews sticht noch ein zweiter Aspekt hervor, der zwar schon erwähnt wurde, den auszuführen sich aber zum Ende dieses Kapitels lohnt. Bereits bei der Betrachtung des Interviews von James Franck war die Rede davon, dass dieser weit mehr über die soziale und institutionelle Umgebung und ihre Atmosphäre zu berichten wusste als über den spezifischen Erkenntnisgang. Kuhn stellte ernüchtert fest: »Es scheint jetzt nicht sehr wahrscheinlich, dass viele Leute in der Lage sein werden, uns detaillierte Informationen über die Entwicklung ihrer eigenen Ideen und Forschungen zu geben. […] Für das, was man als Soziologie der Wissenschaften bezeichnen könnte, sind sie allerdings sehr reich.«[279] Dass es für eine Soziologie der Wissenschaften reiche, wahrscheinlich aber nicht für eine Ideengeschichte physikalischer Konzepte, diese Einsicht markierte die Linie, von der ausgehend er Fragen stellte. Das Netzwerk der Physiker, ihre gegenseitigen Freundschaften und Verflechtungen, ihre Beziehung zu den Institutionen, an denen sie arbeiteten, wurden gewissenhaft aufgezeichnet, in selteneren Fällen aber aktiv erfragt.

Dabei war es doch ein großes Thema in den Interviews. Kaum eine Antwort der Interviewpartner, ohne auf die besondere Zeit der 1910er bis 1930er Jahre hinzuweisen, auf die erhitzten Diskussionen, die besonderen Zusammenkünfte, auf den Kapitza Club, das Cavendish Colloquium oder das wöchentliche Berliner Kolloquium; auf die hierarchiefreien Gespräche und die geistreiche Stimmung, die – so will es die Erzählung – Jung und Alt, Fortgeschrittene und weniger Fortgeschrittene gleichermaßen in Göttingen, Leiden, München, Kopenhagen und Cambridge in die physiktheoretischen Erwägungen miteinschlossen.

Michael Polanyi

In keinem Interview wird dies so deutlich wie in dem mit Michael Polanyi. Polanyi war zum Zeitpunkt des Gesprächs bereits ein berühmter und geachteter Wissenschaftler, einer der einflussreichen Männer, die ihre Forschungen gleich über mehrere Disziplinen hinweg betrieben. Kuhn hatte ihn am Center for Advanced Study in the Behavioral Sciences Ende der 1950er Jahre in Stanford gehört, als Polanyi dort sein neuestes Buch *The Study of Man* in einem Vortrag vorstellte. Kurz zuvor war *Personal Knowledge* erschienen. Beide Bücher widmeten sich den Bedingungen des menschlichen Erkenntnisvermögens in Wissenschaft und Kunst. In ihnen argumentiert der ungarisch-britische Physikochemiker, Soziologe und Philosoph rigoros für das persönliche Involviertsein des Wissenschaftlers in den Forschungsgang und für dessen, wie Kuhn es in *Structure* zitiert, »stille[n] Kenntnisse[n]«, die »durch praktische Arbeit erworben werden und nicht ausdrücklich formuliert werden können«.[280] Wissen und Persönlichkeit gingen nach Polanyis Ansicht eine unauflösbare Verbindung ein, weshalb er für Kuhn nicht unwichtig sein konnte.

Das Gespräch mit Polanyi war das erste Interview, das Kuhn überhaupt führte und das sich von allen anderen durch seine Kürze und das Beiseitelassen des üblichen Aufbaus von lebens- und forschungsgeschichtlicher Chronologie auszeichnete. Es ist zu vermuten, dass er die Gunst der Stunde nutzte und den Wissenschaftler auf einer seiner Vortragsreisen in Amerika für ein Gespräch anfragte.

Nun war der Physikochemiker Polanyi nur am Rande an der Entwicklung der Quantenphysik beteiligt gewesen; Kuhn erhoffte sich – wie er gleich zu Anfang bekannte – von ihm vor allem Orientierung über die verwirrende Institutionenvielfalt der damaligen Zeit in Berlin. Er erhielt die erwünschten Auskünfte über die Physikalisch-Technische Reichsanstalt, die Kaiser-Wilhelm-Gesellschaft, die Friedrich-Wilhelms-Universität zu Berlin und die Königlich Technische Hochschule, deren Besonderheit Polanyi mit den Worten Otto Warburgs zusammenfasst: »Wie gut dieser Ort war, sagte er, denn immer, wenn man etwas nicht versteht, kann man sich an die entsprechenden Leute wenden – die, die die Urheber dieser Ideen sind –, und sie können einem genau erklären, was sie gemeint haben.«[281] Er verwies auf die Idee des freien Austauschs, die er bei den Physikern besonders eindrucksvoll umgesetzt fand, und fügte an anderer Stelle hinzu, dass bei ihnen die moralischen und menschlichen Fähigkeiten sehr ausgeprägt gewesen seien: »Die Physiker haben in dieser Hinsicht unter dem Einfluss von Planck, Bohr und Einstein wirklich sehr deutliche Fortschritte gemacht. Weniger durch Rutherford, aber durch James Franck. Da hat sich eine Art Adel etabliert: Höflich, standhaft und in vielerlei Hinsicht ganz anders, als es in der vorhergehenden Generation gewesen war.«[282] Polanyi beschreibt eine Persona des Physikers, die in zutiefst humanistischer Weise dem Fortschritt verpflichtet war und – so können wir hinzufügen – für die Darstellung des Entdeckungszeitraums noch ohne die Probleme ihrer Anwendbarkeit erzählt werden konnte. Es handelte sich um eine Beschreibung idealer Forschungsbedingungen. Einmal mehr wird deutlich, wie sehr die historischen Forschungen zur theoretischen Physik, zu ihrer Entwicklung und dem dabei auftretenden Ideal der Gemeinschaftsbildung für einen

Neustart in der Zeit nach dem Zweiten Weltkrieg und im Kalten Krieg taugte.

Und so verwundert es nicht, wenn Polanyi zum gleichen Zeitpunkt des Interviews einen Text veröffentlichte, der einer *Republic of Science* gewidmet war.[283] In ihm beschreibt er die Wissenschaftler als eine Art Geistesaristokratie, unbeeinflusst und nicht korrumpierbar von politischen oder religiösen Autoritäten, die als sich selbst regulierende Gemeinschaft Individualismus, aber auch Zusammenarbeit, Freiheit und Nonkonformität der Mitglieder auf das Beste zu vereinen verstünden. Eine Gruppe, die zwischen der bewahrenden Tradition und dem Entdecken von Neuem zu vermitteln wusste und die sich deshalb als politisches Modell einer idealen demokratischen und auf freiem Austausch beruhenden Gesellschaft eignete.[284]

Dieses Modell hatte Polanyi selbst in Berlin und an anderen Schauplätzen der theoretischen Physik gefunden, philosophisch weiterentwickelt und mit seinem Interview zur Erzählung innerhalb der Sources verdichtet.[285] Sein zeitgleich erschienener Text dient uns als Hinweis darauf, dass die Schilderungen der diskutierenden, entdeckenden Physikergemeinschaft zu Beginn des Jahrhunderts eine in den 1960er Jahren attraktive antiideologisch-liberale Logik grundieren konnten, die nicht zuletzt um 1960 zur breiten Unterstützung und zur Bewilligung der Sources geführt hatte.

Dies war eine andere Soziologie der Wissenschaften als die, die Kuhn von den Interviews genährt fand. Denn es ging bei Polanyi (und bei Kuhn) nicht um die Bedeutung des Milieus, der sozialen Herkunft oder der ökonomischen Bedingungen der Forschungsinstitutionen für das Wissen selbst, sondern vielmehr um die Bedingungen, unter denen eine rationale, in sich funktionierende Wissenschaft, abgeschirmt von äußeren kulturellen und politischen Einflüssen, am besten funktionieren konnte. Man könnte sagen: Es ging nicht um die gesellschaftlich-kulturelle Umwelt, sondern um das Verständnis der speziellen wissenschaftlichen Forschungsgemeinschaft. Und diese hochindividuelle, aber zugleich in einer intellektuellen, kompetenten, rationalen Gemeinschaft aufgehobene Wissenschaftlichkeit der einzelnen, genialen Forscher war durch die Interviews hervorgetreten. Kuhn musste gar nicht so sehr enttäuscht sein. Vielleicht war der Entdeckungsvorgang für ihn in den Interviews nicht klar genug geworden, aber es war ihm bereits jetzt, ein Jahr nach Projektbeginn, gelungen, das verdichtete Bild einer in idealer Weise zusammenarbeitenden *community* zu malen, die in all ihren Verbindungen und Verzweigungen bis heute als äußerst fruchtbare Erscheinung der Wissenschaftsgeschichte gilt.[286] Dass gerade die Erforschung einer solchen wissenschaftshistorisch bedeutsamen Phase in Zeiten der Kreativitätsforschung und des Kalten Krieges mit mehrfachen Hoffnungen verbunden war, ja die Figur des erzählenden Physikers durch die *elite interviews* und die zeitgleiche Adelung durch Polanyi und andere erfolgreich verdichtet wurde, war eine zusätzliche politische Dimension der Sources. Es würden in Europa noch weitere hinzukommen.

7 In Europa

Die wissenschaftliche Gemeinschaft, von der Polanyi und Kuhn träumten und die sie unter anderem in der theoretischen Physik gefunden hatten, reichte trotz aller Emigrationen immer noch über den Atlantik, ja, war in Europa beheimatet: Max Born war nach seiner Emeritierung nach Deutschland zurückgekehrt und ließ sich in der Nähe von Göttingen nieder, Lise Meitner lebte in Cambridge, Werner Heisenberg in München. Wie würden die Befragungen hier verlaufen? Wenn Kuhn schon nicht auf Francks Erlebnisse im Ersten Weltkrieg einging, wie würden er, Heilbron und Forman sich den Männern und Frauen stellen, deren Forschungen so eng mit der Zeit des Nationalsozialismus und des Zweiten Weltkriegs verknüpft waren?

Und so war es folgerichtig, für den sich nun anschließenden Aufenthalt in Europa gleich ein ganzes Jahr zu veranschlagen und möglichst viele und intensive Interviews zu führen. Den Anfang machten sie bei Niels Bohr in Kopenhagen, wo Kuhn und seine Mitarbeiter Quartier nahmen. Die dänische Hauptstadt war ausgewählt worden, weil Bohr als einer der einflussreichsten theoretischen Physiker bereits früh Interesse an einer Geschichte der Quantenphysik bekundet hatte. Ähnlich wie Einstein hatte auch er seine Dokumente mithilfe eines Sekretärs und Assistenten geordnet und – wiederum anders als Einstein – gleich ein ganzes Archiv angelegt.[287] Initiatoren des SHQP-Projekts wie John A. Wheeler nahmen frühzeitig Kontakt zu ihm auf, und schon in der Vorbereitungsphase muss Bohr Büroraum und weitere Unterstützung in Aussicht gestellt haben, was er im März 1962 auf Anfrage Kuhns noch einmal bestätigte.[288] Im September 1962 richteten Kuhn, Heilbron, Forman und Lini Allen also ihre Büros auf dem alten Gelände der Carlsberg-Brauerei ein, in direkter Nähe zu Bohrs Institut.[289] Die »Räumlichkeiten in Kopenhagen waren nur ein Beispiel für die immense Herzlichkeit und Hilfsbereitschaft, die uns von Professor Bohr, seiner Familie, seinen Mitarbeitern und Kollegen entgegengebracht wurde«, wurde voller

Dankbarkeit in einem zweiten Jahresbericht (»Second Year-End Report«) verzeichnet.[290]

Kontaktmann

Und noch eine weitere Person war gleich zu Beginn des Europajahres für das Projektteam von entscheidender Bedeutung: Paul Rosbaud. Ursprünglich ausgebildeter Physikochemiker verfügte er durch seine Erfahrungen als ehemaliger Verlagsberater für den naturwissenschaftlichen Berliner Springer Verlag und spätere Verlagsaktivitäten in Großbritannien über ein weitgespanntes Netz an Kontakten in ganz Europa. Nach 1933 hatte er einigen Kollegen und Kolleginnen (darunter Lise Meitner) zur Ausreise verholfen, und während seine jüdische Frau und seine Tochter schon früh Deutschland verließen, blieb er in Berlin und versuchte von hier aus den Alliierten Informationen – unter anderem über das Raketenprogramm in Peenemünde und die Entwicklung der Atombombe – zuzuspielen. Rosbaud besaß das Vertrauen etlicher Physiker und ihrer Familienangehörigen. Es hätte sich niemand Besseres als Vermittler finden können.[291]

Ein Jahr zuvor, 1961, war er in New York gewesen, um eine Ehrung des American Institute of Physics entgegenzunehmen, die ihm unter anderem deshalb verliehen wurde, weil er die Herausgabe des *Memorial Volume* für Wolfgang Pauli koordiniert und auch eine Herausgabe der gesammelten Arbeiten von Ernest Rutherford initiiert hatte.[292] Rosbaud war also in vielfältiger Weise direkt und indirekt mit den im Projekt verankerten Motiven und Akteuren verbunden, als er von Kuhn im Sommer 1962 angefragt wurde. Seine Aufgabe sollte darin bestehen, das Team zu beraten und die Dokumentensammlung im großen Stil voranzutreiben.[293] In einem Brief an Rosbaud hatte Kuhn ihn darauf vorbereitet: »Es gibt bedeutendes Material, das auf diese Weise [durch Interviews, AtH.] zu erhalten ist und das völlig verlorengehen wird, wenn wir nicht weitermachen. Allerdings machen die Erinnerungslücken, auf die wir stoßen, auch deutlich, wie unglaublich wichtig das Auffinden und Bewahren von zeitgenössischen handschriftlichen Quellen ist, vor allem Korrespondenzen und Notizbücher. Darauf sollten wir mehr achten. Diese wichtigen Aufzeichnungen sind durchaus noch vorhanden.«[294] Es deutet auf eine weitere politische Dimension der Tätigkeit in Europa (und entbehrt nicht einer gewissen Ironie), dass ein ehemaliger Agent des britischen Geheimdienstes, der viele Physiker und Chemiker in den 1920er und 1930er Jahren als Verlagsmitarbeiter begleitet hatte, nun erneut bei dem Aufspüren von bedeutendem Material behilflich sein sollte – nur dieses Mal nicht über Waffensysteme, sondern über den Erkenntnisgang selbst. Kuhn hatte mit Rosbaud einen wichtigen Kontaktmann gefunden, der ihm bei den weiteren Gesprächsanbahnungen enorm nützlich sein konnte.

Bis zu diesem Zeitpunkt hatte man insgesamt fünfzig Interviews mit 28 Wissenschaftlern und Wissenschaftlerinnen geführt und so hundert Stunden Tonbandaufnahmen verarbeitet – mit gemischten Ergebnissen, wie in den oben genannten Schilderungen deutlich geworden ist. Der Großteil der Gespräche wie der Dokumentensammlung sollte aber erst jetzt erfolgen. Die Aufgaben wurden vor Ort erneut aufgeteilt: Heilbron widmete sich zunächst vor allem einer »Bibliotheksumfrage« (»Library-Survey«). Dazu wurden insgesamt 243 Bibliotheken und Wissenschaftsakademien in Europa mit der Frage angeschrieben, welche Dokumente zur Geschichte der Quantenphysik sie besäßen.[295] Kuhn wiederum begann nach einer Phase der intensiven Lektüre in dem Archiv von Bohr mit dessen Befragung, und Forman konzentrierte sich auf die Redaktion der Interviews und deren Speicherung.

Niels Bohr

Bohr hatte seinem prospektiven Nachlass schon vor Projektbeginn große Aufmerksamkeit geschenkt und seine Unterlagen seit den späten 1950er Jahren sukzessive geordnet, ja, dafür einen eigenen Sekretär eingestellt. Er war deshalb nicht nur als einer der entscheidenden Physiker wichtig, sondern auch, weil er von Beginn an eine große Bereitschaft zeigte, sich mit der Geschichte der Quantenrevolution und insofern mit sich selbst zu beschäftigen. Zudem unterstützte er die Bemühungen des Projekts mit Räumen und erklärte sich auch bereit, als Vermittler zu anderen Physikern zu fungieren. Er lieh gewissermaßen dem Projekt seinen Namen, indem das Team sich mit seiner (in Physikerkreisen) berühmten Adresse an die zu interviewenden

Personen in Europa wenden konnte. Und Bohr hatte im Vorfeld einer ganzen Reihe von Interviews zugestimmt (geplant war ein mindestens ähnlicher Umfang wie bei James Franck), von denen ihm von Beginn an klar war, dass sie anstrengend werden mussten. Auch zeigte er sich nicht so naiv, von einer einfachen Erinnerungsleistung auszugehen, denn ihm war bereits bei der Abfassung seiner »Rutherford Memorial Lecture« bewusst geworden, wie viele unterstützende schriftliche Dokumente man aus der Zeit selbst benötigte, um einen annähernd stimmigen Hergang der wissenschaftlichen Arbeit schildern zu können.

Für Kuhn wiederum war – wie bereits angemerkt – die »Rutherford Memorial Lecture« ein entscheidender Indikator für die Reichhaltigkeit des zu hebenden Materials gewesen. Drei Aspekte dieses Vortrages fallen sofort ins Auge: Zum einen bezog sich Bohr auf seine Korrespondenz aus den zentralen Jahren, als ihm die Formulierung des Atommodells gelang. Dem Anlass entsprechend sind es die Briefe von und an Rutherford, die er in der späteren Druckversion sogar in Gänze zitierte und einfügte.[296] Zum anderen ließ die Vorlesung erkennen, dass Bohr – fast als antizipiere er die Erwartungen Kuhns – seine alten Aufsätze und Entwürfe einer erneuten Lektüre unterzogen hatte.[297] Und schließlich war der Vortrag so angelegt, dass er eine Verlaufsgeschichte der Entdeckung schilderte, durchaus mit narrativem Talent und dem entsprechenden Entbergungsvokabular: »Der zweite Aspekt, der in Rutherfords Brief mit solchem Nachdruck angesprochen wurde, brachte mich in eine ziemlich peinliche Situation. Tatsächlich hatte ich Rutherford, ein paar Tage bevor ich seine Antwort erhielt, eine erheblich erweiterte Version des früheren Manuskripts geschickt. Die Ergänzungen darin betrafen insbesondere die Beziehung zwischen Emissions- und Absorptionsspektren und die asymptotische Übereinstimmung mit den klassischen physikalischen Theorien. Der einzige Weg, das alles zu klären, war, sofort nach Manchester zu fahren und es mit Rutherford selbst durchzusprechen.«[298] Stück für Stück folgt Bohr der graduellen Aufdeckung und dem – wie er es nennt – »Fortschritt« der einzelnen Stadien, in denen sich eine Idee verdichtete. Die »Rutherford Memorial Lecture« erklärt, warum Kuhn so große Erwartungen an Bohr hatte, denn dieser schien mit der phänomenalen Gabe ausgestattet, auf ein vortreffliches Erinnerungsvermögen zugreifen zu können, und mit dem

Willen, dieses durch die sorgfältige Lektüre seiner alten Dokumente auch noch zu ergänzen.[299]

Deutungshoheit

Bohrs Bereitwilligkeit, sich ausführlich befragen zu lassen, entsprang zudem einer weiteren Facette des Überlieferungsgeschehens, nämlich dem Bedürfnis nach Deutungshoheit und einer Korrektur bisheriger Sichtweisen. Es ging darum, die Fäden der für die Nachwelt zu webenden Geschichte selbst in der Hand zu halten. Das galt zwar für viele der befragten Physiker, aber in besonderem Maße für Bohr. Der entsprechende Hintergrund für diese Motivation lässt sich unschwer in dem bereits erwähnten Buch *Heller als tausend Sonnen* von Robert Jungk finden. Bohr hatte die dänische Übersetzung gleich nach Erscheinen gelesen. Jungk berichtet darin unter anderem, dass Heisenberg 1941 Bohr in Kopenhagen besuchte und den dänischen Kollegen im Zuge persönlicher Gespräche überzeugen wollte, dass man auf Seiten aller Physiker, sowohl der deutschen als auch jener der Alliierten, versuchen solle, die Forschungen zur Etablierung von Atomwaffen zu erschweren, wenn nicht gar zu verhindern. Bohr wiederum habe dieses Anliegen missverstanden und sei davon ausgegangen, dass die Deutschen alles zur erfolgreichen Entwicklung einer Atomwaffe unternehmen würden. Jungks moralische Rehabilitierung der deutschen Kernphysiker beruhte vor allem auf seinen Gesprächen mit Heisenberg (und Carl Friedrich von Weizsäcker). Bohr war geschockt, denn noch 1957 erinnerte er sich an dieses Treffen so, dass sein deutscher Kollege und Freund 1941 fest vom Sieg Nazideutschlands überzeugt gewesen sei und versucht habe, ihn zu einer Kollaboration mit dem deutschen Regime zu überreden.[300]

Es geht an dieser Stelle nicht darum, im Nachgang zwischen richtiger und falscher Erinnerung zu unterscheiden, denn dies ist aufgrund der Quellenlage nicht eindeutig möglich.[301] Klar wurde aber durch das Erscheinen von Jungks Buch, dass eine Geschichte der neueren Physik noch ausstand und dass diese nicht nur von großer politischer und moralischer Bedeutung war, sondern auch das Bild der so wichtigen Physiker entscheidend prägen würde. Auch wenn die Interviews mit Kuhn den brisanten Zeitraum Ende der 1930er und die 1940er Jahre nicht umfassten, muss es Bohr ein großes Anliegen gewesen sein, möglichst viel Licht in den Entdeckungsverlauf der zu einem Kernwaffenprogramm führenden physikalischen Revolution zu bringen, ja mehr noch: Die aufrichtig motivierte Erinnerung und ihre Ergänzung durch schriftliche Quellen bildeten für ihn den Schlüssel zur Wahrheit. Die nachfolgende Beschreibung der Interviews mit Bohr im Spätherbst 1962 mag dies veranschaulichen.

Interviews

Thomas S. Kuhn zeichnete fünf Interviews mit Niels Bohr auf. In wechselnden Konstellationen waren zudem Léon Rosenfeld, ein enger Mitarbeiter Bohrs und selbst Zeitzeuge der quantenphysikalischen Ereignisse, Erik Rüdinger, der Sekretär Bohrs, und sein Assistent Aage Petersen zugegen. Anders als in nahezu allen anderen Gesprächen begann Kuhn die Befragung nicht mit der Kindheit, der Jugend und den Studienjahren, er stieg mitten in der Arbeit Bohrs im Jahr 1910 ein. Dieses Abweichen vom üblichen Prozedere mag ein Hinweis darauf sein, dass man räumlich nah beieinander arbeitete und sich mehr oder weniger spontan für ein Gespräch entschied.

Alle Gespräche zeigen einen Bohr, der sich auf das jeweilige Interview sorgfältig vorbereitet hatte. Seine Antworten waren meist ausführlich und detailreich, immer wieder stand er auf, um an der Tafel etwas aufzuzeichnen und zu erklären. Bohr wartete mit kleinen Anekdoten auf, bemühte sich um geordnete Zusammenhänge und folgte aufmerksam den Fragen Kuhns. Aber dennoch stellte er wiederholt fest, noch nicht genügend beigetragen zu haben. Er entschuldigte sich für seine mangelhafte Erinnerung, verwies mehrfach auf noch durchzuarbeitendes Material und auf die folgenden Interviewsessions, in denen man genauer auf bestimmte Themen eingehen könne: »Es ist schwierig, jetzt darauf einzugehen« oder »Ich hoffe, ich kann Ihnen ein anderes Mal davon erzählen« oder »Nun, ich kann heute nicht darauf eingehen, wenn wir es richtig machen wollen, wissen Sie«.[302] Zum Teil wirkte er regelrecht erschöpft und defensiv, an einzelnen Stellen reagierte er sogar ungehalten auf Kuhn, wies ihn zurecht und warf ihm vor, bestimmte Unterlagen nicht gelesen zu haben.[303] Dieser wiederum schien ihm zuzusetzen und fordernd aufzutreten, sodass Bohr einmal antwortete: »Es [das Interview, AtH.] stört mich immer mehr, und ich weiß nicht, was wir jetzt sagen sollen.« Worauf Kuhn ihn beschwichtigte: »Es sind schon eine Menge Dinge zutage getreten, die mich überraschen und die mir sehr helfen, über diese Entwicklungen nachzudenken. Ich denke, genau so sollte es sein.«[304] Es scheint eine mal mehr, mal weniger spürbare Spannung zwischen beiden bestanden zu haben, die Bohr im dritten Interview offen ansprach: »Die Sache ist, dass Sie zu viel erwarten.«[305]

Der Wille zur möglichst exakten Darstellung, begleitende Entschuldigungen und das Vertagen auf eine noch ausführlichere Darstellung ziehen sich durch alle fünf Gespräche.

Plötzlicher Tod

Es ist zu vermuten, dass diese Probleme wesentlich mit Bohrs gesundheitlichen Einschränkungen zusammenhingen: Ende Juni hatte er während einer Reise einen Gehirnschlag erlitten und war seitdem immer wieder auf längere Erholungsphasen angewiesen.[306] Die Interviews hatten am 31. Oktober begonnen und gingen, unterbrochen von Pausentagen, bis zum 17. November. Am darauffolgenden Tag starb Niels Bohr in seinem Haus in Kopenhagen, ohne dass das für ihn vorgesehene Interviewprogramm nur annähernd hätte realisiert werden können. Dies war ein großer Schock, und neben aller menschlichen Betroffenheit schien nun plötzlich auch das Projekt infrage zu stehen.

Es bedurfte einiger Tage, bevor Kuhn sich so weit gesammelt hatte, dass er einen offiziellen Brief an die Mitglieder des Projektbeirats richten konnte. Er knüpfte an die Förderung an, die das Projekt durch die immense Mitarbeit Bohrs erfahren hatte: Sie war auf das »intensive Interesse zurückzuführen, das Professor Bohr an unseren Aktivitäten zeigte, und auf den Umfang der Arbeit, die er in Vorbereitung auf unsere Interviews leistete. Kein anderer Physiker hat sich so umfassend an unserer Arbeit beteiligt. Sie werden deshalb verstehen, welch schwerer Schlag sein unerwarteter Tod für uns hier war. Wir haben nicht nur den Mann selbst verloren, sondern auch die meisten der mündlichen Aufzeichnungen und Überlegungen, die er allein hätte beitragen können.«[307] Man begann stattdessen mit dem Kopieren der

Manuskripte und Briefe Bohrs auf Mikrofilm – »eine unvorstellbar reiche Quelle für jemanden, der sich mit der Geschichte der Quantenphysik beschäftigt« – für das eigene Archiv. Zum Glück erhalte man nach wie vor sehr viel Hilfe von Bohrs Mitarbeitern und dürfe weiterhin die Büros nutzen. »Obwohl der Verlust von Professor Bohr uns weiterhin erschüttert, kann ich dem Beirat versichern, dass das Projekt nicht jede Daseinsberechtigung verloren hat.«[308]

Noch mehr Verluste

Doch es sollte noch schlimmer kommen. Zwei Monate später, am 28. Januar 1963, starb unerwartet auch Paul Rosbaud. Damit fiel die zweite wichtige europäische Kontaktperson weg. Kuhn war nun offen verzweifelt und schrieb kurz darauf an Samuel A. Goudsmit: »Nachdem das Projekt Bohr, Darwin [den Physiker Charles Galton Darwin, der 1962 gestorben war, AtH.] und Rosbaud in schneller Folge verloren hat, glaube ich mittlerweile, dass es vom Pech verfolgt ist.«[309] In der Tat schien alles wie verhext: Die Interviews mit Bohr waren in angespannter Atmosphäre und weniger ergiebig verlaufen als gehofft. Und nun war für kurze Zeit unklar, ob überhaupt noch erfolgreiche Interviews folgen konnten, ganz zu schweigen vom Zugang zu eifersüchtig gehüteten Papieren in Privatbesitz außerhalb von Kopenhagen. Wie also sollte es möglich sein, ohne Bohr und Rosbaud die so dringend benötigten Daten schriftlich und mündlich zu vervollständigen? Zur Erinnerung: Nicht die Geschichte der Quantenphysik sollte mit den Sources geschrieben, sondern die möglichst vollständige, lückenlose Grundlage für eine solche zukünftige Geschichte überhaupt erst geschaffen werden. Wenn aber Bohr nicht mehr lebte, war dieses Ziel dann überhaupt noch erreichbar?

8 Kuhn und Heisenberg

Die bisherigen Schilderungen der Interviews von Landé bis Franck haben gezeigt, dass die Gespräche sich immer wieder um Bohrs Forschungen und dessen Aufsätze drehten. Der Physiker galt zudem – wie es Polanyi formuliert hatte – neben Einstein und Planck auch menschlich als großes Vorbild. Einer der wichtigsten Interviewpartner überhaupt war also weggefallen.

Bereits kurz nach Bohrs Tod wurden deshalb einige Korrekturen an den Reise- und Interviewplänen vorgenommen. »[Wir] werden nun mehr außerhalb von Kopenhagen arbeiten, als ursprünglich angenommen und als ich bei meinem letzten Bericht an den gemeinsamen Beirat erklärt habe.«[310] Ende 1962 war Kuhn in Deutschland unterwegs, während Heilbron nach Holland und England reiste. Im Januar 1963 führte Kuhn zahlreiche Interviews in Paris, im Februar war er in München und kurz darauf in England. Heilbron wiederum fuhr in die Schweiz und reiste im weiteren Verlauf mit dem französischen Physiker Théo Kahan nach Ost-Berlin und Warschau.[311] In Kopenhagen kümmerte sich Lini Allen um die Korrespondenz und finanzielle Abwicklung, während sich Paul Forman weiterhin den Transkripten widmete.

»Die Quellen werden dünner und dünner«, aber, so Kuhn, »es gibt immer noch ein paar durchaus lohnende.«[312] Die Hoffnung ruhte nun auf Werner Heisenberg – neben Bohr der wohl wichtigste Gesprächspartner –, mit dem Kuhn noch im Dezember 1962 eine erste Unterredung in München führte. Dabei erklärte Heisenberg sich bereit, im kommenden Jahr Zeit für eine ausführliche Gesprächsreihe zu reservieren. Zwei Monate später hieß es in einem Memorandum an den Beirat: »Lassen Sie mich mit ermutigenden Neuigkeiten schließen, die leider so selten in unseren Mitteilungen auftauchen. Seit ich Ihnen das letzte Mal schrieb, habe ich ein äußerst fruchtbares Interview mit Werner Heisenberg geführt. Nächste Woche werde ich für eine längere Reihe von Gesprächen mit ihm nach München zurückkehren, ich bin recht optimistisch.«[313] Wie in allen Gesprächen zuvor ging er mit großen Erwartungen hinein und wurde – radikal anders als in den Interviews zuvor – auf ganzer Linie bestätigt.

Lesender Heisenberg

Um diese unerwartete Situation zu verstehen, muss ein kleiner Umweg eingeschlagen werden. Wenn Kuhn in den Interviews nicht auf die im kollektiven Gedächtnis gefestigten, weil immer wieder erzählten Anekdoten zielte, sondern auf die Schilderung der Entwicklungen der Forschungsarbeiten selbst, auf ihre Abweichungen und Unsicherheiten, Irrtümer und Durchbrüche, dann war es Heisenberg, der schon allein auf sprachlicher Ebene diese erhofften forschungsnahen Momente produzierte. Liest man heute die Interviews, wird der Leserin bewusst, wie sehr Kuhns *Structure of Scientific Revolutions* auch hier im Hintergrund stand, wobei – das ist das Besondere – Heisenberg im Verlauf der Befragung im Februar 1963 zu erkennen gab, dass er das Buch selbst gelesen hatte.[314] Nach mehreren intensiven Tagen der gemeinsamen Arbeit mit dem Tonband bemerkte der Physiker: »Ja, also, ich habe Ihr Buch bereits durchgearbeitet, und es hat mich gefreut, in welcher Weise Sie den Begriff des Paradigmas einsetzen. Der ganze Vergleich, den Sie zwischen Revolutionen in der Wissenschaft und solchen in der Politik vornehmen, ist eine sehr interessante Parallele. Man lernt sehr viel. Und ja, man muss sich von den Dingen, die so selbstverständlich sind und die eigentlich die Grundlage bilden, losreißen. In so einer Situation ist man immer gezwungen, den Ast abzusägen, auf dem man sitzt. Das geht nicht anders, weil man nie eine Pause einlegen kann. Es gibt keinen festen Boden.«[315] Heisenberg als Anhänger der Kuhn'schen Wissenschaftsphilosophie – natürlich stellt sich hier die Frage, ob damit die Art von wirklichkeitsnaher Erinnerung hergestellt werden konnte, die Kuhn vorgeschwebt hatte. Man könnte auch vermuten, dass in diesem Fall nicht die Erinnerungen des Physikers Kuhns Theorie stützten, sondern umgekehrt dessen Theorie die Erinnerungen ein Stück weit formte.

Kuhns Buch

Kurz bevor die Gruppe nach Dänemark umzog, war *The Structure of Scientific Revolutions* erschienen und im Dezember 1962, wenige Wochen nach dem Tod Bohrs, erschien eine erste, ausnehmend positive Rezension durch Charles Gillispie in *Science*. Dieser attestierte dem Buch einen neuen Blick auf »das Wesen der Wissenschaft«.[316] Und in der Tat versucht Kuhn, die gängigen Lehrbuchmeinungen zur typischen Forschungstätigkeit zu widerlegen. Er tut dies, indem er sich die vorhandenen Berichte und Quellen der Wissenschaftler vornimmt und durch ihren Vergleich die Mechanismen wissenschaftlichen Arbeitens herausstellt.

Wie eingangs geschildert, ging die bisherige Wissenschaftsgeschichte davon aus, dass der Fortschritt durch einen beständigen Zuwachs an Kenntnissen vonstattenging. Alles, was nicht diesem Zuwachs (mit dem teleologischen Endpunkt des Wissensstandes der Gegenwart) zugeordnet werden konnte, wurde als Irrtum oder Aberglauben abgetan. An diesem Punkt setzte Kuhn an: Moderne Historiker müssen verstehen, dass noch so krude erscheinende Annahmen für die jeweiligen Zeitgenossen durchaus richtig oder wissenschaftlich gewesen seien. Deswegen gehe es darum, Wissen nicht präsentistisch von der Gegenwart her, sondern aus seiner Entstehungszeit zu begreifen. Vielerlei Komponenten spielten dabei eine Rolle: Die Gruppe der Wissenschaftler (in einer Disziplin, in einem Labor), die Rekrutierung neuer Wissenschaftler und ihre Ausbildung (Lehrtätigkeit), die Entstehung neuer Annahmen und deren Verfestigung (Forschungsprozess), die Rupturen im Erkenntnisgang, bei denen das neue Wissen in das alte hereinbricht (Entdeckungsgang). Kuhn verfolgt mittels genauer Analyse, wie neues Wissen entsteht; die Antwort auf die Frage »Wann wurde der Sauerstoff entdeckt?« ließe sich dann nicht mehr so einfach auf ein bestimmtes Datum festlegen.[317] Forschung wird somit in ihrer Genese betrachtet, nicht retrospektiv von ihrem Ergebnis her.

Das neue Bild der Wissenschaft

Veränderungen wissenschaftlicher Erklärungen werden – so Kuhns Grundannahme – durch Umschlagsmomente ausgelöst, in denen alte durch neue Denkweisen verunsichert, ignoriert (Inkommensurabilität) und schließlich ersetzt werden (Paradigmenwechsel). »Wenn man die Geschichtsschreibung für mehr als einen Hort von Anekdoten oder Chronologien hält, könnte sie eine entscheidende Verwandlung im Bild der Wissenschaft, wie es uns zur Zeit gefangen hält, bewirken. Dieses Bild ist, sogar von den Wissenschaftlern selbst, bisher in erster Linie nach dem Studium abgeschlossener wissenschaftlicher Leistungen gezeichnet worden, wie man sie bei den Klassikern und in neuerer Zeit in den Lehrbüchern für die junge wissenschaftliche Generation findet. [...] Dieser Essay versucht zu zeigen, daß wir von ihnen gründlich irregeführt worden sind. Sein Ziel ist ein Entwurf der ganz anderen Vorstellung von der Wissenschaft, wie man sie aus geschichtlich belegten Berichten über die Forschungstätigkeit selbst gewinnen kann.«[318]

Der Wissenschaftler

Diese »geschichtlich belegten Berichte« umfassen alle Aufzeichnungen der Wissenschaftler über den Forschungsprozess. Durch das gesamte Buch hindurch wird deutlich, dass es zwar nicht in erster Linie um die Hagiografien großer Männer gehen soll, doch sowohl in der methodischen wie inhaltlichen Anlage seines Essays dreht sich alles um die Person des Wissenschaftlers, und deswegen bildet die Psychologie den unverzichtbaren Hintergrund für Kuhns methodische Erklärungen.[319] Den Paradigmenwechsel beispielsweise beschreibt er in Anlehnung an die berühmte Kippfigur der Wahrnehmungspsychologie: Die »Zeichen auf dem Papier, die erst als Vogel gesehen wurden, werden jetzt als Antilope gesehen, oder umgekehrt.«[320] Diese Analogie treffe zwar nicht hundertprozentig zu, doch »der Gestaltwechsel« sei »ein nützliches einfaches Modell dessen, was bei einem vollständigen Paradigmenwechsel geschieht«.[321] Nicht umsonst heißt es wenige Zeilen später, dass dies relevant für die Untersuchung des Krisenstadiums sei, doch »unglücklicherweise fallen die Fragen, zu denen sie [die Untersuchung, AtH.] führt, eher in das Fachgebiet des Psychologen als des Historikers«.[322] Um aber diese Art der Psychologie zu charakterisieren, muss Kuhn immer wieder auf das Beispiel einzelner Wissenschaftler eingehen. Wissenschaftliche Revolutionen, so wird deutlich, sind eruptiver Natur und gehen unbewusst vonstatten.[323] Was Kuhn in *The Structure of Scientific Revolutions* unternimmt, ist die Beschreibung der – wie wir es heute nennen würden – (Natur-)Wissenschaftspersona und des Denk- wie Experimentierprozesses *par excellence.*

Zweifellos hielt Kuhn Wissenschaftler für »verständige Menschen«, die auch praktisch und nüchtern agieren können,[324] doch er ging davon aus, dass in den entscheidenden Momenten des Wissenschaftsprozesses der Glaube und das intuitive Vorgehen und damit ein irrationales und unbewusstes Moment eine große Rolle spielten. »Wenn [...] in den Wissenschaften Wahrnehmungsverschiebungen die Paradigmenwechsel begleiten, können wir von den Wissenschaftlern nicht erwarten, daß sie diese Veränderungen unmittelbar bezeugen.«[325] Im Moment der Verschiebung kann diese nicht reflektiert und kommentiert werden, aber vielleicht retrospektiv? Immerhin können Wissenschaftler erkennen, wenn etwas akut im Argen liegt, und sie erinnern sich auch daran; so Einstein, den Kuhn mit den folgenden Worten aus seiner autobiografischen Schilderung von 1949 zitiert: »›Es war, wie wenn einem der Boden unter den Füßen weggezogen worden wäre, ohne daß sich irgendwo fester Grund zeigte, auf den man hätte bauen können.‹«[326] Wenige Zeilen später führt Kuhn auch eine Äußerung Wolfgang Paulis aus den 1920er Jahren an: »›Zur Zeit ist die Physik wieder einmal furchtbar durcheinander. Auf jeden Fall ist sie für mich zu schwierig und ich wünschte, ich wäre Filmschauspieler oder etwas Ähnliches und hätte von der Physik nie etwas gehört.‹ Dieses Zeugnis ist besonders eindrucksvoll, wenn man es Paulis Worten nach weniger als fünf Monaten gegenüberstellt: ›Heisenbergs Modell der Mechanik hat mir wieder Hoffnung und Freude am Leben gegeben. Es gibt sicherlich noch nicht des Rätsels Lösung, aber ich glaube, es ist jetzt wieder möglich, voranzukommen.‹« Und Kuhn kommentiert: »Solche ausdrücklichen Eingeständnisse eines Zusammenbruchs sind äußerst selten«.[327] Es ist offensichtlich, auf welche Art Äußerung von Wissenschaftlern Kuhn hoffte, nämlich auf solche der Unsicherheit und des Unwohlseins, des Umschlags und der neuen Sicht der Dinge. »Wie gehen Wissenschaftler vor, wenn sie sich lediglich darüber klar sind, daß etwas grundlegend falsch gelaufen ist, und zwar auf einer Ebene, für die ihre Ausbildung sie gar nicht gerüstet hat?«[328] In den bisherigen Interviews hatte Kuhn in diesem Sinne zwar schon einiges finden können, aber keine der Antworten auf die gestellte Frage war so ausführlich ausgefallen wie die von Heisenberg.

Befragter Heisenberg

Kuhn kam Anfang Februar 1963 in München an, und bis zum Ende des Monats verabredete er sich neun Mal mit dem Pionier der Quantenmechanik und Direktor des Münchner Max-Planck-Instituts für Physik. Man traf sich morgens um 10 Uhr und verbrachte mehrere Stunden miteinander.[329] Dazu hatte Kuhn viel Material eingepackt, die Kopien der Veröffentlichungen Heisenbergs dienten ihm als Richtschnur, und er entwarf ein detailliertes, an einer strengen Chronologie von Kindheit, Jugend, Ausbildung und wissenschaftlicher Arbeit orientiertes *outline*.[330]

Dass Heisenberg sich überhaupt so viel Zeit für den aus Kopenhagen angereisten Kuhn nahm, empfand dieser als Ehre, denn ihm saß einer der bedeutendsten und berühmtesten Physiker des 20. Jahrhunderts gegenüber.[331] Heisenberg galt nicht nur als Genie der Quantenphysik, sondern auch als der Universaldenker, als derjenige, der vermeintlich die Pläne für eine deutsche Atombombe in der Tasche gehabt hatte. Dass dies nicht ohne weiteres zutraf, stellte sich schnell heraus, doch die Details seiner Forschung, insbesondere seine Rolle in dem durch die Nationalsozialisten und die Entwicklungen des Zweiten Weltkriegs angetriebenen deutschen Kernwaffenprogramm – und damit auch in der Zeit, in der sein Besuch bei Bohr in Kopenhagen stattfand –, lagen auch jetzt, 1962, nach wie vor im Dunkeln. Doch darüber musste er keine Auskunft geben, denn Kuhn befragte ihn den Vorüberlegungen entsprechend ausschließlich nach den Entwicklungen bis zur Verleihung des Nobelpreises für Physik im Jahr 1932.

Gesprächsführung

Die auf Englisch geführten Gespräche wurden von einer beständigen Arbeit mit Papier begleitet. Interviewleitfaden wie Bibliografie waren präsent: »H: [...] Ich sehe hier eine Frage: ›Wer waren die führenden Lehrer unter den Professoren?‹ Nun bedeutet führend in diesem Fall für mich […]«.[332] Der Leitfaden lag vor ihnen auf dem Tisch, ebenso wie die Kopien einer Auswahl der Veröffentlichungen Heisenbergs und die dazugehörige Bibliografie.

Dabei lenkte Kuhn das Gespräch wie die Erinnerungen Heisenbergs gleichermaßen: »Eigentlich sollte ich Sie nicht wieder nach Göttingen bringen. Wir sollten zurückgehen.«[333] Wendungen wurden dem Gesprächspartner Heisenberg durch entsprechende Sätze signalisiert: »Ich möchte die Frage der Resonanz für einen Moment noch beiseitelassen, wir sind zu schnell dort angekommen. Ich frage mich, ob Sie nicht noch mehr über die Reaktionen der Leute erzählen können?«[334] Im Verlauf der gemeinsam verbrachten Stunden wird Kuhn zunehmend emphatischer: »Das ist eine furchtbar wichtige Beschreibung, die Sie da gegeben haben.«[335] Diese Art der Bestätigung seines Gegenübers hatte Kuhn in vielen Interviews praktiziert, und sie war neben der strengen Gesprächsführung eine seiner wiederkehrenden Techniken. Waren sie in den Interviews mit Debye oder auch mit Franck als Ermutigung des sich nicht Erinnernden gemeint, funktionierten sie hier als Verstärker: »TSK: Das ist wirklich wichtig und hilfreich.«[336] Sie dienten zur Aufforderung, sich noch genauer zu erinnern: »Ich will sehen, ob wir hier nicht noch ein bisschen weitergehen können, weil wir uns beim letzten Mal auf andere sehr, sehr fruchtbare Probleme gestürzt haben.«[337] Kuhn vermochte zu insistieren: »Aus verschiedenen Gründen ist das aber eine besonders interessante Passage in dieser Arbeit.«[338] Die Veröffentlichungsstadien und -daten wurden genauestens unter die Lupe genommen. Heisenberg berichtete, wie er 1926 Enrico Fermi in Rom besucht hatte und dieser ihm von seinen Statistiken erzählte, die eine Folge von Paulis Ausschlussprinzip waren. Das habe ihn sicherlich für seinen zu schreibenden Text beeinflusst, und – so fragt er bei Kuhn nach – habe er Fermi denn nicht zitiert? »Nein, haben Sie nicht. Und das ist deshalb interessant, weil Fermis eigener Bericht darüber tatsächlich im Februar 26 vorgelegt wird.« Darauf wusste Heisenberg nichts zu antworten.[339]

Erzählender Heisenberg

Aber auch Heisenberg vermochte die Richtung vorzugeben. Im Verlauf der vielen Stunden Gespräch gelang es ihm, sowohl eine Chronologie zu liefern als auch die entscheidenden Gestaltwerdungen seiner Ideen zu schildern. So konnte Kuhn in München wertvolle Informationen und Hinweise sammeln, es ließen sich Ereignisse konturierter beschreiben und die Physikergemeinschaft der Zwischenkriegszeit erschien einmal mehr als genialer Boys Club.[340] Heisenberg lieferte Anschaulichkeit: Aus lauter *bits and pieces* fügte er das Bild der vergangenen Zeit zusammen. Sein Erzählfaden verwob Erinnerungen, Begebenheiten, Geschichten: »Wissen Sie, dass diese Stabilität der laminaren Strömung eine lustige Geschichte hat? Habe ich Ihnen das noch nicht erzählt? Nun, Sommerfeld hatte geschrieben [...]«.[341] Oder: »Ich werde Ihnen die Geschichte vom Integral auf dem Marmortisch in der Cafeteria erzählen. Das ist eine schöne Geschichte. Es gab diese kleinen Tische im Hofgarten [...].«[342] Bereits kolportierte und mehrfach erzählte Begebenheiten wurden noch einmal in Worte gefasst: Im Falle des bereits genannten Tischchens im Hofgarten wurde das auf die Marmorplatte gekritzelte Integral, das Sommerfeld während einer Kaffeepause nicht zu lösen vermochte, von einem unbekannten Mathematiker vollendet: Als man ein paar Tage später zum Kaffee wieder zufällig an den gleichen Tisch geriet, fand man die Lösung vor. »Das ist eine wirklich schöne Geschichte«, schloss Heisenberg den Bericht.[343] Kuhn war – anders als bisher – begierig auf solche Anekdoten und traute seinem Gegenüber eine differenzierte Darstellung zu.

Gefühlsmomente

Zugleich berichtete Heisenberg – wie es auch Uhlenbeck getan hatte – von Gefühlsmomenten, die nicht der vermeintlich exakten Ausdrucksweise eines (Natur-)Wissenschaftlers entsprachen, aber für die Protagonisten der Quantenphysik als so typisch angesehen wurden. Von Richard Feynman wusste Heisenberg: »Er konnte einfach sehen, ob die Sache richtig ist.«[344] Er bedachte auch Sommerfeld und andere Physiker mit ähnlichen Worten, um von sich selbst festzustellen: »Wissen Sie, es war diese Standardsituation in einem unentwickelten Bereich der Physik, wo man das Gefühl hat, einige Teile der Realität erfasst zu haben, nur kann man es nicht bis zu Ende denken. Man kann sich kein vollkommen deutliches Bild machen.«[345] Als sie im Gespräch auf die Jahre 1925 und 1926 zu sprechen kamen, leitete

Kuhn seine Frage mit dem Satz ein: »Ich möchte zu diesem Jahr eine sehr allgemeine Frage stellen und sehen, ob das irgendwelche Reaktionen hervorruft.« Es habe also eine Phase gegeben, in der es nicht richtig rund lief und Heisenberg eine Menge verschiedener Sachen ausprobiert habe. »Es gibt eine größere Vielfalt an Ansätzen als üblich.« Danach aber sei man in eine Art zweites Stadium gewechselt, das sich von dem ersten, gerade vorangegangenen doch sehr unterschieden habe. »Jetzt, nach einem Zeitraum, in dem die Leute wussten, dass die Dinge nicht richtig lagen, ereignet sich ein grundlegender Wandel. Vielleicht liegen die Dinge nun richtig, und wenn, sollte das alles Mögliche nach sich ziehen – das eigene Gefühl für das Gebiet, die Art von Problemen, die man aufgreift, wie man mit anderen darüber spricht, wie man sich zu Abweichungen verhält.«[346] Kuhn fragte mithilfe von Formulierungen, die er bereits in seinem Buch eingesetzt hatte. Im Unterschied zu Uhlenbeck antwortete Heisenberg nun nicht allein mit der Begründung des »vagen, aber richtigen Gefühls«, sondern begegnete dieser Frage mit einem Gleichnis.

Nebel

»H: […] Vielleicht versuche ich es in einem Bild zu fassen. Es wird nicht allzu poetisch. Wenn Sie in die Berge gehen, also Bergsteigen, dann finden Sie sich manchmal in folgender Situation wieder: Sie wollen irgendeinen Gipfel besteigen, aber überall ist Nebel. Nun haben Sie eine Karte oder irgendeinen anderen Hinweis, wo Sie wahrscheinlich hinmüssen, und trotzdem sind Sie in diesem Nebel völlig verloren. Sie wissen nicht, ob Sie die richtige Richtung erwischt haben oder ob Sie völlig auf dem falschen Weg sind und so weiter. Dann klart es auf und plötzlich sehen Sie ganz vage im Nebel ein paar flüchtige Erscheinungen, von denen Sie sagen: ›Das ist die Felsformation, die ich suche.‹ In dem Moment, in dem Sie das gesehen haben, ändert sich das ganze Bild. Obwohl Sie immer noch nicht genau wissen, welche Richtung Sie einschlagen müssen, obwohl Sie immer noch nicht wissen, ob Sie es zum Felsen schaffen werden, ist Ihnen für einen Moment klar: ›Das ist richtig, jetzt weiß ich, wo ich bin; ich muss näher ran, und dann werde ich es bestimmt sehen. Wenn das geschieht, dann finde ich sicher den richtigen Weg.‹ Und so weiter. Ich glaube, so eine Veränderung hatte gerade in diesem Jahr stattgefunden. Bis dahin waren alle noch darauf eingestellt, dass es ganz anders kommen würde. Aber von dem Moment an, sagen wir, als diese Matrixmechanik auftauchte, und vor allem, als die Schrödinger-Arbeit erschien, da hatten alle das Gefühl: ›So, jetzt sind wir auf dem richtigen Weg. Hier geht's vorwärts, wir müssen nur in dieser Richtung weitergehen, dann werden wir sicher alles finden, was wir brauchen.‹ [Absatz] Natürlich haben wir auch gemerkt, dass es noch nicht so weit war, dass es auf dem Weg noch Überraschungen geben kann. Mit solchen Überraschungen muss man immer rechnen. Trotzdem ist es ein enormer Unterschied, wenn man einmal das ganze Bild gesehen hat. Das heißt, wenn man gesehen hat, wie die Dinge im Großen und Ganzen zusammenhängen können. Meinem Eindruck nach macht es einen Riesenunterschied, ob man nur Details oder das ganze Bild erfasst.«[347]

Hier wird ein Gleichnis erzählt, das einen ansonsten schwer zu fassenden Zustand beschreibt – den des vagen Begreifens, aber nicht sicheren Wissens. Wie das tastende Vorgehen des Wanderers im Nebel, der sich für einen kurzen Moment lichtet und einen Anhaltspunkt in der Ferne freigibt, sich dann aber wieder verdichtet und den Wanderer erneut auf die Probe stellt – so sei es mit einem Aufsatz von Schrödinger gewesen. Man habe vage begriffen, wohin die Reise gehen könnte, war aber weit davon entfernt, den ganzen Zusammenhang zu erkennen. Dass Heisenberg hier die Berge und das Wandern bemüht, war seiner Leidenschaft für das Bergsteigen geschuldet und zeigt sein rhetorisches Geschick. Im weiteren Verlauf seiner Erzählung betont Heisenberg erneut den Aspekt des plötzlichen Umschwungs:

»H: Na ja, es ist ja auch schön, dass diese Veränderung ganz plötzlich und doch nur durch ganz kleine Veränderungen stattfindet. Äußerlich gibt es von der einen zur anderen Etappe nur sehr wenige Veränderungen. Aber trotzdem sind diese Veränderungen notwendig, weil man auf einmal sieht, dass das Ganze so zusammenhängen kann. Sobald man das sieht, kann man natürlich in diese Richtung gehen und dümpelt nicht mehr herum.«[348]

Indem nach Heisenberg das Herumstolpern in dem Moment aufhörte, wo sich eine kleine Verschiebung ereignete, die plötzlich das Ganze als zusammenhängend erscheinen ließ und die neue Richtung vorgab, bestätigte Heisenberg Kuhns Vermutung eines solchen fundamentalen Wechsels, um diese noch um den Aspekt der Plötzlichkeit zu ergänzen. Die Formel »all of a sudden« wurde auch im weiteren Verlauf immer wieder von ihm eingesetzt und zeigt einmal mehr die Erwartungsverflechtungen der beiden Gesprächspartner. Umschreibungen wie »mit einem Schlage« sowie die Rede von der »Krise der Quantentheorie« oder einer »ganz überraschenden Kombination« hatte Heisenberg bereits in seinen früheren Veröffentlichungen zur Entwicklung der modernen Physik erprobt.[349] Dass er Kuhns Annahmen für den Ablauf von wissenschaftlicher Erkenntnis auf das Schönste bestätigte, ließ diesen zwei Tage später direkter nachfragen: »Aber Sie erinnern sich nicht an einen Punkt in Ihrem eigenen Erleben oder bei jemand anderem, an dem plötzlich klar wurde, dass dies die richtige Idee sein muss?«[350] In *Structures* hatte er diesen – den Moment nach dem Gestaltwechsel – als »sie *sehen* es einfach« beschrieben.[351] Heisenberg und Kuhn gelang es gemeinsam, solche Entdeckungsmomente dingfest zu machen, indem der Physiker mit Charakterisierungen der visuellen Wahrnehmung Hinweise gab wie »immer klarer sehen« oder »es sah richtig aus«.[352] Kuhn wiederum fragte danach, warum bestimmte Annahmen »beiseitegewischt werden« und ob nicht manche Vorstellungen schlicht »zu klassisch« gewesen seien, man also mit den bisherigen Annahmen einfach hätte brechen müssen?[353] Beide fanden ein gemeinsames Bild für den – nicht immer bewusst gesteuerten – Prozess der Annäherung an »das Richtige«: Manche Veröffentlichungen, so Heisenberg, hätten sich wärmer angefühlt: »Und sobald eine Arbeit sozusagen wärmer wurde, hatte man den Eindruck, dass sie überzeugender war.« Und Kuhn fragte: »Welche dieser Arbeiten hielten Sie für warm?«[354] Nur in der Form des unmittelbaren Gesprächs war ein solcher Austausch von subjektivem Empfinden und persönlichem Erleben möglich. Das war es, was er sich schon von Bohr erhofft hatte und was sich hier endlich erfüllte; mehr konnte Kuhn sich nicht erträumen.

Idealer Gesprächspartner

Die neun ausführlichen Interviews, die auch eine Phase intensiver Zweisamkeit bedeuteten, schloss Kuhn mit dem Satz ab: »Wir waren ein paar Mal nahe dran [an dem Unterschied zwischen mathematischer und physikalischer Herangehensweise an ein Problem, AtH.], und ich wollte nicht, dass es uns entgleitet.«[355] Es hatte den Anschein, als könnten die Gespräche Kuhn gar nicht lange genug dauern, meinte er doch gemeinsam mit Heisenberg ganz nah an die vergangene Realität herangekommen zu sein.

Die Grundlage dieser Bereitschaft lag nicht zuletzt in der offensichtlichen Sympathie beider Männer füreinander: Kuhn war auf einen annähernd idealen Gesprächspartner gestoßen, und Heisenberg konnte – bedacht darauf, die politischen Verwicklungen in den Hintergrund zu rücken – seine Selbstdarstellung in einem Maße erproben, wie es ihm wahrscheinlich kein Interview zuvor und auf so hohem Kenntnisstand ermöglicht hatte. Indem Heisenberg zu erkennen gab, Kuhns Buch gelesen zu haben, machte er diesem zugleich deutlich, warum er solch einen idealen Gesprächspartner abgab: Die ungemein detaillierten Gefühlsschilderungen kamen vor allem deshalb zustande, weil sich beide dem jeweils anderen zu erkennen gaben – während des intensiven Austauschs waren sie Historiker und Physiker, Fragender und Antwortender, Autor und Leser zugleich. Als Heisenberg von einem fachlichen Konflikt mit Bohr berichtete, der auf einem seiner Texte beruhte und bei dem es um den Einsatz theoretischer, aber nicht experimentell nachgewiesener Annahmen ging, bemerkte Kuhn nach der langen Schilderung Heisenbergs: »Ich bin begeistert.« Und der nachfolgende Kommentar führte zu einem Aspekt des Geschilderten aus: »[Kuhn übergibt Heisenberg seine Übersicht, die zeigt, dass er sich genau diesen Aspekt während der Lektüre von Heisenbergs Arbeit notiert hatte.]«[356]

Befragender Kuhn

Dass er ihm den Leitfaden und seine Notizen herüberreichte, gewissermaßen die instantane Bestätigung des Erfolgs seiner Vorbereitungen und Vermutungen vorwies, deutet auf einen weiteren Aspekt des Gesprächs hin. Während das Dokumentenverhör auch in anderen Interviews erprobt worden war, gab Kuhn jetzt seine eigenen Gedanken und Sichtweisen zu erkennen. Er verließ für einen Augenblick seine Position als neutraler Interviewer und brachte das Gespräch über physikalische Inhalte auf eine Metaebene der Form der Befragung. Nachdem er betont hatte, dass er zufällig aufgrund einer kleinen Bemerkung Heisenbergs auf einen für ihn sehr wichtigen Punkt gestoßen sei, bezeichnete er diesen Vorgang als ein »zufälliges und nicht planbares Nebenprodukt meiner Aufforderung, dass Sie über Landé sprechen«. Er führte weiter aus: »Also, ich freue mich, dass wir darauf gekommen sind. Das ist für mich wirklich wichtig. Es hätte genauso gut unerwähnt bleiben können, wenn ich Sie direkt danach gefragt hätte. Welche Art von Fragen muss ich Ihnen stellen, damit wir sicher nichts verpassen? [Großes Gelächter].«[357] Für einen Moment verließ er die Zeit der 1920er Jahre und signalisierte Heisenberg die Möglichkeit, in die Struktur der Fragen und Antworten eingreifen zu können. Er traute Heisenberg zu, aus dem Strom der Erinnerungen zu treten, deren Zustandekommen betrachten zu können, um gleich darauf wieder in die Erzählung einzutauchen. Heisenberg ermutigte und bestätigte ihn darin.

Dies ging so weit, dass er seine eigenen Unzulänglichkeiten als Interviewer thematisierte: »Es ist mir unerträglich, dass mir eine Geschichte durch die Lappen geht wie die, die Sie mir neulich zu der Wette bezüglich der Klein-Nishina-Formel erzählt haben, als – wie ich fürchte – das Tonband nicht angeschaltet war.«[358] Denn »nach wie vor ist es am allerschwierigsten, an anschauliche Begebenheiten heranzukommen, die helfen, die Sache dingfest zu machen«.[359] Und im gleichen Gespräch eine Weile später: »Ich fände es gut, wenn es noch etwas konkreter ginge.«[360] Dies sind nicht allein mehr Fragen, sondern persönliche Kommentare zu geglückten Antworten und eigenen Unzulänglichkeiten, offen ausgesprochene Erwartungen an die Form des Erinnerten, an »greifbare«, »anschauliche« Erinnerungen.

Bei Heisenberg scheute er sich auch nicht, nach solchen Anekdoten zu fragen, die er bereits vom Hörensagen kannte und die in der *community* in Umlauf waren. Wie zum Beispiel die über das missglückte Examen Heisenbergs und die über dessen Unfähigkeiten im Experimentieren. Heisenberg antwortete darauf: »Die einzige Gefahr, die besteht, wenn ich die Geschichte zu oft erzähle, ist, dass ich sie zu sehr verbessere. Aber ich versuche so nah an der Vergangenheit zu bleiben wie möglich.«[361] Die Bedingungen der mündlichen Rede wurden thematisiert und so indirekt eine selbstkritische Haltung postuliert, die anschließend das Erzählte umso mehr leuchten ließ.

Selbstreflexiv bemerkte Heisenberg immer wieder: »Wenn ich mich richtig erinnere«.[362] Er war kein bloßer Zeitzeuge, sondern ein Antwortender im Bewusstsein, »Geschichte zu schreiben«. Von der historischen Bedeutung ihres Interviews waren beide Beteiligten gleichermaßen überzeugt.

In den Kopf klettern

Vermutlich in keinem anderen Interview verschmolzen Erinnerung, Erwartungen des Fragestellers wie auch des Antwortenden sowie Kuhns eigene wissenschaftliche Arbeit so sehr wie in dem Gespräch mit Heisenberg, in keinem anderen gab Kuhn sich so sehr als Autor und Wissenschaftsphilosoph zu erkennen. Ein letztes Beispiel mag dies veranschaulichen: Heisenberg hatte versprochen, einen seiner Aufsätze noch einmal zu lesen, und Kuhn kommentierte: »Wenn Sie ihn lesen, sollten Sie sich vor Augen halten, dass ich nicht so sehr auf eine Erklärung der Inhalte im Lichte der Gegenwart hoffe, sondern auf alles, was Ihnen in den Sinn kommt, was passierte, während Sie daran schrieben, Probleme, die Sie beschäftigten, Dinge, die Sie umzusetzen versuchten, aber scheiterten, Punkte, die Ihnen damals stärker, und solche, die Ihnen schwächer erschienen.« Dass dies aber nicht nur eine Frage der mehr oder minder klaren Erinnerung sei, sondern es dabei um einen bewussten Akt gehe, führte er weiter aus: »Es ist etwas vollkommen anderes, ob man eine [ältere, AtH.] Arbeit oder einen zeitgenössischen Aufsatz liest. Von meinen Studenten ist mir geläufig, dass ich, wenn sie als Naturwissenschaftler ausgebildet sind, große Schwierigkeiten habe, sie dazu zu bewegen, einen Aufsatz als Historiker anstatt als Naturwissenschaftler zu lesen. Man muss sich in eine ganz andere Geisteshaltung versetzen, um die Punkte herauszufinden, die einen dann am meisten beschäftigen.«[363] Heisenberg sollte also versuchen, sich nicht als Physiker, sondern als Historiker seiner selbst in die Zeit von damals hineinzudenken.[364] An dieser Äußerung zeigt sich der historische Ansatz Kuhns: Es ging um ein gedankliches Sichzurückbegeben in eine vergangene Logik, die nicht vom Standpunkt des Heute zu bewerten war, sondern durch ein Sicheinlassen auf die Geschichte das Vergangene zu begreifen suchte.

Wie im ersten Kapitel beschrieben, hatte lange vor dem Interviewprojekt und dem Gespräch mit Heisenberg auch der Lehrer und Förderer Kuhns, James B. Conant, in der Einleitung zum ersten Band der *Harvard Case Histories* für ein solches Sichzurückversetzen geworben: Ihm komme es darauf an, den Nichtkundigen mit den Fallgeschichten an den Ort des wissenschaftlichen Geschehens zu transportieren. Am besten verweile der lesende Laie dort eine Weile gewissermaßen als Zeuge der Ereignisse (»witness of the events«).[365] Dabei ging es Conant nicht um einen sinnlich motivierten und einfühlenden Rücktransport des Lesers etwa in das 17. Jahrhundert, sondern um die Möglichkeit eines logischen, ideengeschichtlichen Nachvollzugs der ersten Schritte, die zu einer wissenschaftlichen Entdeckung führten.

Was bei Conant in didaktischem Futur ausgedrückt wurde und an den gebildeten Interessierten gerichtet war, proklamierte Kuhn als seine historische Arbeitsmethode, die er retrospektiv mit den folgenden Worten umschrieb: »in den Kopf anderer Leute steigen« laute sein Wahlspruch, »eine Redewendung, die ich damals wie heute benutze«.[366] Der Historiker müsse die besondere Sprache, die Problemlösungen und das zur Verfügung stehende Wissen seiner Akteure kennen und in Betracht ziehen, wenn er ihre Schriften verstehen wolle.[367] Geschichte zu erzählen bedeutet demnach, Geschichte aktiv zu betreiben und nicht die Wissenschaft, deren Hergang man berichtet, zu bewerten. Oder, um Kuhn indirekt zu zitieren: Heisenberg soll in den eigenen Kopf von damals klettern und aus der Warte der Vergangenheit auf seinen Aufsatz schauen.

Rekonstruktion

Wie aber muss man sich das In-den-Kopf-Steigen vorstellen? Kuhn gab dafür in den 1960er Jahren keine Erklärung und auch die Redewendung selbst stammte aus einer späteren Zeit. Doch können sowohl die Formulierung als auch die folgende Beispielgeschichte als nachträgliche, seine Interviewvorstellungen erhellende Schilderung verstanden werden.

Kuhn-Lesern ist die sogenannte (und vielzitierte) »Aristotle experience« vertraut. Zum ersten Mal in den 1970er Jahren formuliert, fasste Kuhn mit dieser »Epiphanie« (Heilbron) seine Lektüreerfahrung aus den 1940er Jahren zusammen und ließ sie als Initiationsmoment des zukünftigen Historikers erscheinen:[368] Er hatte sich während der Lektüre von Aristoteles' *Physik* über das mangelnde mechanische Wissen des antiken Autors gewundert. Wie könne ein so großartiger Philosoph solch irrigen, ja falschen Annahmen folgen? Bis er begriffen habe, dass er Aristoteles' Schrift mit dem Wissen der Newton'schen Mechanik und damit einer viel späteren Sicht auf die mechanischen Prozesse gelesen hatte. Was nun folgt, ist die Beschreibung eines Verstehensmoments:

»Vor mir der geöffnete Text von Aristoteles' *Physik*, saß ich an meinem Schreibtisch und hielt einen vierfarbigen Stift in der Hand. Ich schaute auf und blickte abwesend aus dem Fenster meines Zimmers – das Bild ist mir immer noch vor Augen. Plötzlich ordneten sich die Einzelteile in meinem Kopf wie von selbst neu an und fügten sich zusammen. Mir fiel die Kinnlade runter, denn auf einmal schien Aristoteles tatsächlich ein sehr guter Physiker zu sein, aber von einer Art, die ich nie für möglich gehalten hätte.«[369]

Er begriff, so die retrospektive Erklärung, dass Aristoteles nicht mit dem Mechanikbegriff einer späteren Zeit in Verbindung gebracht werden durfte. Formuliert für seine Studierenden, lautete die Anleitung: »Wenn Sie die Werke eines wichtigen Denkers lesen, suchen Sie zuerst nach den scheinbaren Unsinnigkeiten im Text und fragen sich, wie eine vernünftige Person das geschrieben haben könnte. Wenn Sie darauf eine Antwort finden, und ich füge hinzu, wenn dann diese Passagen Sinn ergeben, dann werden Sie feststellen, dass noch weitere zentrale Abschnitte, von denen Sie dachten, dass Sie sie verstanden hätten, ihre Bedeutung verändert haben.«[370]

Zugang zur vergangenen Wirklichkeit

Der Moment des schrittweisen Verstehens, überliefert als autobiografisches Fragment, markiert das Werden des Historikers: Aus einer Lektüre heraus wird durch ein logisch geleitetes Verstehen der vergangenen Erkenntnisschritte ein Zugang zu historischen Texten und zur historischen Wirklichkeit gefunden. Der Kopf des Historikers *und* der Kopf der historischen Figuren – repräsentiert durch ihre Texte – sind der Schauplatz von (Wissenschafts-)Geschichte. Kuhn löste für sich selbst im Interview mit Heisenberg das ein, was er von seinen Gesprächspartnern und von der Geschichte allgemein erwartete: sich gedanklich oder eben im dialogischen Wechselspiel in einen vergangenen Erkenntnishorizont zu begeben und dessen Zustandekommen mit dem zu diesem Zeitpunkt bekannten theoretischen und praktischen Besteck zu sezieren, kurz: dessen konzeptuelle Regeln zu erkennen.

Man stelle sich die Kette vor: Kuhn steigt in den Kopf von Heisenberg, und Heisenberg soll in seinen eigenen Kopf steigen, weil Kuhn in der Vergangenheit in den Kopf von Aristoteles gestiegen war. Gleichzeitig aber – und das sollte im bisherigen Verlauf des Kapitels deutlich geworden sein – kletterte Heisenberg wiederum in den Kopf von Kuhn. So gesehen ist es kein Wunder, dass das Gespräch von beiden Seiten als zufriedenstellend und erfolgreich empfunden wurde. Die »living source« Heisenberg hatte die Erwartungen des Historikers Kuhn erfüllt. Grundlage des beiderseitigen Einverständnisses und der gegenseitigen Anerkennung war die gemeinsame und äußerst fruchtbare Exegese vergangener Texte im Rahmen des Gesprächs. Plötzliches Verstehen, Berechnungen und das Abarbeiten von Problemen setzten sich im Laufe der Tage zum Kontext der veröffentlichten Texte zusammen. Die beiden Männer hatten dafür eine Form gefunden, die sie teilten: Das Interview vollzog sich im Modus von Frage und Antwort, einer Form, die für beide als ein epistemisches Modell funktionierte. Es ging nicht mehr nur um Informationsgewinnung, sondern um das gemeinsame Entbergen einer historischen Realität und deren Regelhaftigkeit, um – wie Kuhn wenige Jahre später schreiben wird – die Aneignung einer Denkweise.[371]

Der gute Heisenberg

Die Wissenschaftshistorikerin Cathryn Carson hat gezeigt, dass Heisenbergs Bereitschaft, sich interviewen zu lassen, in der zweiten Hälfte der 1960er Jahre zusehends größer wurde, wobei die Gespräche immer nach dem gleichen Muster »zwischen sich öffnen und sich sperren« abliefen.[372] Dies bezog sich auch auf die Zeit des Nationalsozialismus und vor allem auf sein Verhältnis zu Niels Bohr, das – wie schon beschrieben – spätestens mit Robert Jungks *Heller als tausend Sonnen* in den Mittelpunkt des öffentlichen Interesses gerückt worden war.[373] Dass Heisenberg bereit war, Kuhn Rede und Antwort zu stehen, ja, sich dem Gesprächspartner zu öffnen, hing sicher damit zusammen, dass die Zeit nach 1933 ausgespart und so das positive Bild des jungen Forschenden gefestigt wurde, während das diffuse Bild des politisch changierenden Heisenberg ausgeblendet blieb. Kuhn hatte ihm die Möglichkeit eines unpolitischen Selbstentwurfs geboten, die er gern ergriff, was Kuhn sicher nicht verborgen geblieben war.[374]

Ein weiterer Grund für Heisenbergs Gesprächsoffenheit mag darin gelegen haben, dass er sich von einem Austausch auf Augenhöhe eine Art Ableger des (philosophischen) Dialogs erhoffte, der für ihn eine so große Rolle spielte. Von Kuhn, der mittlerweile durch sein Buch in Fachkreisen einen gewissen Bekanntheitsgrad erlangt hatte, konnte er erwarten, dass dieser auf einem hohen Niveau mit ihm sprechen würde, was sich ja auch bewahrheitete. Ihr größtes Einverständnis bestand darin, dass sie an der Anatomie wissenschaftlicher Entdeckungen interessiert und – aus ihrer jeweiligen Warte – davon überzeugt waren, mit dem Dialog eine Grundlage dafür zu schaffen. Heisenberg hatte die Erfahrung gemacht, dass seine eigenen Beiträge zur Quantenrevolution nur in der intensiven und wissenschaftlichen Auseinandersetzung mit den Kollegen (oder im Zwiegespräch mit der Natur) entstanden waren, und in diesem Geiste legte er später auch seine Memoiren als Dialog an.[375]

Begegnet waren sich zwei Männer, die – wenn auch auf unterschiedlichen Ebenen – jeweils Physiker und Historiker in einer Person waren. Der eine bemühte sich darum, die politischen Folgen seiner Entdeckung zu relativieren und zu kontextualisieren. Damit beschäftigt, ein neues Friedensmanagement im Zeichen des Atoms voranzutreiben, entwarf Heisenberg von sich selbst eine zukunftsgewandte, moralisch und politisch nicht kontaminierte Persona der Physik[376] – und befand sich damit ganz im Einklang mit der gesamten, eben unpolitischen Anlage des Projekts. Der andere hatte in dem gerade zurückliegenden Interview genau diejenige Wissenschaftsgeschichte gefunden, die ihm vorschwebte: an den Ideen orientiert und um die Darstellung intellektueller Kämpfe bemüht. Wissenschaftsgeschichte hieß, jenseits der persönlichen Anekdoten, jenseits vom fertigen Ergebnis und ohne die Annahme einer kontinuierlichen Akkumulation des Wissens zu agieren. »Die Aufzeichnungen meiner Gespräche mit Ihnen werden zu den wertvollsten Unterlagen gehören, die dieses Projekt zusammengebracht hat. [...] Ich hatte eine durch und durch gute Zeit in München, was ich nicht annähernd für alle anderen Reisen des Projekts behaupten kann.«[377]

Kuhn verließ München Anfang März 1963. Den insgesamt neun langen Gesprächen wurden kurz vor Auflösung der Büros in Kopenhagen im Juli noch zwei weitere Befragungen hinzugefügt. Wenn man bedenkt, dass die Projektgruppe in dem gesamten Jahr in Europa 89 Interviews mit 48 Personen geführt hatte,[378] dann stechen die Gespräche mit Heisenberg als die mit Abstand längsten und intensivsten heraus.

9 Das Feld verlassen

Die letzten Monate in Kopenhagen widmeten Kuhn, Heilbron, Forman und Allen dem gewohnten Alltagsgeschäft: Interviewen, Transkribieren, Sammeln, Duplizieren. Der zu Beginn erwähnte Zeitungsbericht lieferte im Juni 1963 ein Porträt des Projekts, bei dem diese Tätigkeiten zum Teil abgebildet werden [Abb. 1]: Kuhn am Schreibtisch bei der Durchsicht von Papieren, Heilbron bei der Durchforstung der Literatur. Man kann sich diese Arbeit wahrscheinlich nicht mühsam genug vorstellen. Das Führen der Interviews – so anstrengend es gewesen sein mag – war wohl noch der interessanteste Teil des Projekts, der Rest vor allem enorme Fleißarbeit. Die Ergebnisse des umfangreichen Library-Surveys mussten eingepflegt und weiterhin Bibliotheken wie Akademien um Duplikate der noch vorhandenen Quellen gebeten werden. Immer noch suchte man nach Nachlässen oder Briefkonvoluten. Wurde man fündig, begannen aufwendige Verhandlungen über die Erlaubnis zur Durchsicht und zum Kopieren der Dokumente.

Im Sommer 1963 zog man zurück in die USA, Anfang September wurde die Arbeit in Berkeley fortgesetzt und zu Ende gebracht.[379] Zunächst galt es, das auf den 16. November 1963 terminierte, vorläufig letzte Treffen des Beirats vorzubereiten und den entsprechenden Bericht zu verfassen. Im Herbst des Jahres waren im Rahmen des Projekts insgesamt 139 Interviews mit 73 Personen geführt worden. Anders als nach den Erfahrungen des ersten Jahres erwartet, war das zweite Jahr in Europa etwas erfolgreicher verlaufen. 55 Interviews seien noch im Rohzustand und müssten bearbeitet werden, es waren sogar neue Vorschläge hinzugekommen: »Insbesondere kehrten wir aus Europa mit einer Liste von etwa 22 Männern zurück, die zu interviewen für unser Projekt wünschenswert wäre.«[380] Bei den Dokumenten war man zwar weitergekommen, aber zugleich hatten sich empfindliche Lücken durch Verlust oder unwillige Witwen und Erben aufgetan: »Es gibt viele andere ähnliche Enttäuschungen.«[381] Trotzdem war das auf drei Jahre geplante Projekt sorgsam zu Ende geführt worden und hatte in diesen 36 Monaten ein umfangreiches Archiv von Tondokumenten und Kopien zusammengestellt.

Der offizielle Finanzierungszeitraum endete am 30. Juni 1964, Kuhn wechselte nach Princeton, Heilbron und Forman widmeten sich ihren Dissertationen.[382] Man hatte rund 196 000 Dollar ausgegeben, war also knapp unter der ursprünglich beantragten Summe geblieben.[383] Zum ersten Mal existierte ein Archiv zur Entwicklung der Quantenphysik, das ab jetzt auf Mikrofilm gebannt in Berkeley und Kopenhagen einzusehen war sowie in Philadelphia in der Bibliothek der American Philosophical Society, wo nun auch die Originalunterlagen des Projekts aufbewahrt wurden.

Fortsetzung?

Mit der abschließenden projektinternen Beurteilung des Interviews stellte sich die Frage nach einer Fortsetzung des Projekts. Spätestens jetzt war Kuhn in eine paradoxe Situation geraten: Er hatte einerseits viel Zeit und Projektgeld darauf verwendet, die Interviews zu führen, sie waren ja – wie wir uns erinnern – die Raison d'Être des Projekts. Er hatte die Vorgaben und Hoffnungen, ein großes Archiv zusammenzustellen, erfüllt und konnte durchaus zufrieden auf das Erreichte zurückblicken. Andererseits war der naturwissenschaftlich geschulte Philosoph und Historiker mit den Interviews mitten in der Empirie gelandet, die keine Distanz ermöglichte, sondern ihn auch als Menschen im Feld gefordert hatte. Die Gespräche waren abhängig gewesen von Sympathiemomenten, mal mehr mal weniger gelungen, und die Hoffnung, dass sie seine Theorie des Paradigmenwechsels in Teilen zumindest belegen könnten, erwies sich als wenig berechtigt. Und mehr noch: Er hatte darauf gehofft, dass man ihm subjektive Entdeckungsmomente in rationaler Bündigkeit berichten würde, dass bei aller Einsicht in die Fehlbarkeit menschlicher Erinnerung wenigstens Naturwissenschaftler zu klaren retrospektiven Aussagen in der Lage waren. Doch nur die wenigsten konnten seine Erwartungen erfüllen. Deshalb schlug Kuhn in einem Brief an Uhlenbeck vor, nur noch »biografische Interviews, wie sie das Columbia Oral History Project unternimmt«, zu führen.[384] Was damit gemeint war, wird im zweiten Jahresbericht (»Second Year-End Report«) von Oktober 1963 beschrieben. Kuhn hatte die Hoffnung aufgegeben, das »Interviewen als eine historische Forschungsmethode« zu etablieren. Schlimmer noch: Interviews werden »die Art und Weise, wie Geschichte fortan betrieben wird, nicht entscheidend beeinflussen«.[385] Trotz des Heisenberg-Interviews – oder vielleicht gerade wegen seines von Kuhn wahrgenommenen einzigartigen Gelingens – war keine gesicherte, nach festen Regeln funktionierende historische Methode festzustellen. Was man erhielt, war ein ungeordnetes Konvolut von Erfahrungen, das man nur dokumentieren konnte, das aber immer »weich« bleiben würde und das bestenfalls für die biografische Darstellung eines Forschers reichen würde, aber nicht für die Dokumentation der Entwicklungsstadien einer wissenschaftlichen Revolution. Man beschloss, die Interviews einzustellen und den emeritierten und historisch interessierten Göttinger Physikprofessor Friedrich Hund, der im Jahr zuvor bereits bei einigen Interviews zugegen gewesen war und Vermittlungsarbeit vor Ort geleistet hatte, mit der Fortführung des Projekts im kleineren Rahmen einer ergänzenden Dokumentensammlung zu betrauen.[386]

Inventar

Schließlich galt es eine abschließende Veröffentlichung zu verfassen. Sie trug den Titel *Sources for History of Quantum Physics. An Inventory and Report* und begann mit den zusammenfassenden Worten John A. Wheelers: »Dieser Band katalogisiert Material über die Geschichte der Quantenphysik und verwandter Entwicklungen in der theoretischen Physik. Das meiste dieses Quellenmaterials steht nun in den aufbewahrenden Bibliotheken in Berkeley, Kopenhagen und Philadelphia zur Verfügung.«[387] Auf das Vorwort Wheelers folgte ein Kapitel über Aufbau und Vorgehen des Projekts und ein Autorenkatalog, in dem die relevanten Physiker genannt und mit einer kurzen Biografie, der Nennung der schriftlichen Quellen sowie der Interviews beschrieben wurden. Dies war das Herzstück des Kataloges, der schlicht auch als Findbuch bezeichnet werden kann. Ein Appendix führte Beispiele der Vorbereitungen für ein Interview an: Zwei Biografien und der Fragenkatalog dokumentierten die Arbeit der Forschungsgruppe. Schließlich wurde die Bibliotheksanfrage aus dem Jahr in Europa wiedergegeben und am Ende der gesamte Band von einem mehrteiligen Index erschlossen.

Noch heute genügt allein ein Blick in dieses Buch, um die enorme Leistung der Gruppe, die Detailarbeit und die vorbildliche Diskussion der verschiedenen angewandten Methoden vor Augen zu führen. »Noch nie wurde in der Wissenschaftsgeschichte ein so umfassender Versuch unternommen, die entscheidenden Momente der Entwicklung neuer Ideen aufzuzeichnen, während ihre Protagonisten noch am Leben sind«,[388] so die keineswegs vermessene Einschätzung Kuhns. Zum ersten Mal, so Wheeler weiter in seinem Vorwort, war zeitgenössische Physik zum zentralen Gegenstand historischer Forschung gemacht und eigens ein Archiv für sie errichtet worden.[389]

Geschichte auf Vorrat

Kuhns retrospektive Beschreibung des Vorgehens der Projektgruppe macht deutlich, wie wenig standardisierte Verfahren zur Dokumentensammlung und zur Interviewführung verfügbar gewesen waren. Deswegen gaben sie – wie zahlreiche sozialwissenschaftliche Projekte vor ihnen – ihre eigenen Erfahrungen mit den Interviews weiter: »[...] wir streben eine allgemeinere Darstellung der Befragungsmethoden, des Vorgehens und der Erfahrungen an, die sich vor allem an diejenigen richtet, die zukünftig eine solche Arbeit unternehmen wollen«.[390] Diese Beschreibungen verdeutlichen, dass man sich während der gesamten Projektlaufzeit auf einem schmalen Grat bewegt hatte, indem man zwar Interviews zu einem ganz bestimmten Thema führte, diese Interviews aber mit dem Ziel der Sammlung »puren« Quellenmaterials und ohne thematische Beschränkung gemacht worden waren. Nicht die Befragung für eigene Zwecke des Interviewers (zum Beispiel für ein Buch) hatte im Vordergrund gestanden, es kam vielmehr darauf an, einen »Bestand an Belegen für die Nutzung durch andere Forscher« zu bilden.[391] Die Gruppe generierte Geschichte auf Vorrat mit dem Anspruch, (vermeintlich) neutrale, an der Chronologie orientierte Fragen zu stellen. Zugleich war ihnen bewusst, wie sehr sie mit den Fragen auch Antworten kreiert hatten. Aus diesem Grund versuchten sie der Kontamination des als zukünftige Quelle dienenden Interviews mit einer zuvor detailliert angelegten Chronologie zu begegnen. Aus diesem Dilemma – bloße, intentionslose Sammlung versus gerichtete Fragen – war man während der ganzen Projektlaufzeit nicht herausgekommen und teilte diese Schwierigkeit mit allen anderen empirischen Befragungsversuchen, einerlei ob in der Soziologie, Psychologie oder Ethnologie. Deshalb gab man in der das Projekt abschließenden Bestandsveröffentlichung minutiös Auskunft über das Zustandekommen der Quellen, und zusätzlich zu dem in den Mikrofilmen gespeicherten mündlichen wie schriftlichen Zeugnissen nahm man auch die wichtigsten Unterlagen und somit Zuschnitt, Arbeitsweise und Verlauf des Projekts auf.[392] Jeder, der bis heute das (Mikrofilm-)Archiv konsultiert, ist mit der Sammlung wie mit ihrem Zustandekommen gleichermaßen konfrontiert. So bleibt festzuhalten, dass sich zwar Kuhns Hoffnung auf den exemplarisch minutiös zu analysierenden Prozess wissenschaftlichen Fortschritts nicht erfüllte, dass aber zugleich ein Archiv geschaffen worden war, das kein zukünftiger Historiker der Quantenphysik würde ignorieren können.[393]

Nachleben

Mit dem Historiker David Cassidy kann man feststellen, dass ab den späten 1960er und vor allem 1970er Jahren zahlreiche Publikationen erschienen, die mehr oder minder auf dem Projektarchiv beruhten.[394] Die historiografischen Erörterungen, wie eine Wissenschaftsgeschichte der Entdeckungen zu schreiben sei, nahmen hier ihren Anfang. »Es gibt nicht viel darüber zu erzählen [über SHQP, AtH.], bis auf eines: Das Projekt war wirklich einflussreich.«[395] Was Kuhn rückblickend mit einem Satz zusammenfasste, wurde bereits kurz nach Abschluss des Unternehmens deutlich. Nachfolgende Physikhistoriker griffen nach kurzer Zeit auf das Archiv zurück, und in den folgenden Jahren konnte es niemand, der über Quantenphysik oder angrenzende Gebiete schreiben wollte, außer Acht lassen. Und mehr noch: Das Projekt hatte neben der Dokumentensammlung eine Oral History der Physik begründet, die vor allem im American Institute of Physics durch Charles Weiner weiter gefördert wurde und in der bis heute zahlreiche führende Physiker und andere Wissenschaftler interviewt werden.

Abgesehen von der Quellensammlung bestand eine nicht minder wichtige Leistung des Projekts darin, dass die erst wenige Jahre zurückliegende moderne Physik endgültig historisiert und in Etappen und Perioden eingeteilt worden war. Im Projekt hatte man sich ausschließlich auf die Zeit von 1898 bis in die frühen 1930er Jahre konzentriert. Oder, wie Kuhn 1963 in einem Zeitungsartikel äußerte: Es gab eine »Planck-Periode« und eine »Bohr-Periode«. Während die intensivste physikalische Arbeit im Zeitraum von 1922 bis 1926 stattgefunden habe, sei der große Höhepunkt Anfang der 1930er Jahre erreicht worden.[396] So gesehen befestigte das Projekt einen wissenschaftshistorisch bedeutsamen Zeitraum mit einem Beginn und einem Ende – eine Einteilung, an der sich auch spätere Historikerinnen und Historiker orientieren sollten. Beide Aspekte zusammengenommen – die Archivierung und die Epocheneinteilung einer fast noch als Gegenwart empfundenen Zeit – sorgten für eine neue Sensibilität gegenüber den Hinterlassenschaften der Physiker: Man bemühte sich bereits um ihren Vorlass. Ihre Materialien und Erinnerungen galten nun unbestreitbar als aufbewahrungswürdig. Ihre Nachlässe wurden bereits zu ihren Lebzeiten als zentrale Quelle angesehen, und was für politische Führungsfiguren schon länger als gängige Praxis galt, nämlich die systematische Sammlung und Zugänglichmachung des historisch gewordenen Materials, wurde nun auch für führende Wissenschaftler umgesetzt.

Internalistisch, externalistisch?

Zum Schluss sollen zwei für die Physikgeschichte als klassisch zu bezeichnende und durchaus widerstreitende Aufsätze genauer betrachtet werden, weil sie direkt mit dem Projekt verbunden sind und uns über die spezifischen historiografischen Zugänge der Wissenschaftsgeschichte Aufschluss geben.

In ihrem gemeinsamen Text von 1969, »The Genesis of the Bohr Atom«, bemühten sich Heilbron und Kuhn um die Beschreibung eines wissenschaftlichen Modells – des Atommodells, wie Bohr es entworfen hatte und wie es auch in den zitierten Interviews bereits einige Male zur Sprache gekommen ist – und dessen Entstehung in den Jahren von 1911 bis 1913. Warum hatte sich Bohr der Entwicklung eines Modells von Atomen gewidmet? In welcher zeitlichen Reihenfolge geschahen diese Schritte, und was konnte Bohr zu diesem

Zeitpunkt von dem Rutherford'schen Entwurf wissen? Der historiografische Begriff dafür lautete »Rekonstruktion« (und man muss hinzufügen: Rekonstruktion einer Idee). »Die folgenden Seiten bieten eine Rekonstruktion eines bedeutenden Vorfalls in der Geschichte der Wissenschaften: Niels Bohrs Weg von seiner Doktorarbeit im Jahr 1911 bis zur Abfassung seiner berühmten dreiteiligen Arbeit ›On the Constitution of Atoms and Molecules‹ rund zwei Jahre später.« Bisher – so die Autoren – seien diese Jahre und die Genese des Modells noch nicht plausibel erklärt worden; das wolle man mit diesem Aufsatz unternehmen.[397] Eine quellenbasierte Analyse der einzelnen Bohr'schen Schritte konnte ihnen deshalb so gut gelingen, weil sie die existierenden Quellen des Archivs nebeneinanderlegten, Interviews, Briefe und Veröffentlichungen miteinander abglichen und auf dieser Basis so beschrieben, an welchem Punkt Bohr sich in den Gesprächen falsch erinnert hatte, oder wo das linear gezeichnete Bild der Veröffentlichung nicht mit seinen krummen Pfaden des Gedächtnisses übereinstimmte. Die in dieser Weise geführte Diskussion der Genese eines wissenschaftlichen Modells ähnelte in ihrem Vorgehen dem des Interviews selbst: an einer Chronologie orientiert und alle bekannten Details ordnend, um schließlich zu einer Metaerzählung zu gelangen. Ihr Ziel war die Rekonstruktion eines Entwicklungsprozesses, wenn nicht der kognitiven Genese (denn das hatten die Interviews nicht hergegeben), so doch der Ereignisse, um den Entdeckungsvorgang verständlich und plausibel erscheinen zu lassen.[398]

Paul Forman schlug dagegen einen anderen Weg ein. Ein Jahr später veröffentlichte er den Aufsatz »Alfred Landé and the Anomalous Zeeman Effect, 1919–1921«. Auch sein Ausgangspunkt war die Rekonstruktion. Doch während das »Atom-Paper« von Kuhn und Heilbron von der Überzeugung gespeist wurde, dass es eine plausible und nachvollziehbare Vorstellung vom Werden eines Modells geben könne, ist dies bei Forman anders. Er kritisierte ein solches Vorgehen als klassischen »Weg einer konzeptionellen Innovation«, den er jedoch infrage stellte. Stattdessen plädierte er für die »Verflechtung von konzeptionellen und sozialen Einflüssen« und damit für die Auflösung der Trennung von internen und externen Faktoren in der Wissenschaftsgeschichte.[399] Interne und externe Faktoren – damit waren die beiden alten, einander gegenüberstehenden wissenschaftshistorischen Lager gemeint: die Internalisten, die ihr Augenmerk vor allem auf die innerdisziplinären Entwicklungen richteten und die nach Theorien und Experimenten sowie der Produktion von neuem Wissen fragten; und die Externalisten, die sich für die Einbettung der Wissenschaften in eine Gesellschaft, deren politisches wie institutionelles Machtgefüge und philosophische Prämissen der Erkenntnisdynamik interessierten.[400] Forman unternahm also nichts weniger, als die altbewährte Münze der Wissenschaftsgeschichtsschreibung kurzerhand mit neuer Prägung zu versehen. Wiederum ein Jahr später machte er diese Verflechtung anhand eines kontrovers und breit debattierten (und bis heute kanonischen) Aufsatzes deutlich: »Weimar Culture, Causality, and Quantum Theory, 1918–1927: Adaptation by German Physicists and Mathematicians to a Hostile Intellectual Environment«. In diesem Text, der aus seiner bereits 1967 abgeschlossenen Dissertation resultierte, brachte er die kulturellen Umbrüche am Ende des Ersten Weltkriegs und in den ersten Jahren der Weimarer Republik mit der Entwicklung der Quantenphysik in Verbindung. Er argumentierte, dass die besondere kulturelle Situation der Zeit die Entstehung der Quantenphysik begünstigt, wenn nicht direkt beeinflusst habe; indem vor allem der Begriff der Kausalität infrage gestellt worden war – und zwar zuerst von Kulturkritikern wie Oswald Spengler und dann erst von den Physikern.[401] Forman verfolgte damit keine Chronologie der innerphysikalischen Entdeckungsschritte mehr, sondern wagte sich auf ein anderes, größeres Terrain vor, auf dem zwischen Theorie und Praxis, zwischen psychologischen und fachlichen Erwägungen zugunsten der Beschreibung und Anpassung an ein allgemeines »geistiges Milieu« der Weimarer Republik nicht mehr eindeutig unterschieden werden konnte. Es ging Forman nicht um einen Beweis einzelner wissenschaftlicher Entwicklungsstadien, sondern um die Einbettung von Begriffen und konzeptuellen Annahmen in einen politischen und kulturellen Kontext.

Historiografische Revolution

Aus dem Projektzusammenhang (und den nachfolgenden Veröffentlichungen seiner Protagonisten) war deshalb eine bis heute gültige Zweiteilung entstanden, die mit den Begriffen »internalistisch« und »externalistisch« jedoch nur unzureichend beschrieben ist.[402] Einerseits verfolgte man eine detaillierte und von verschiedenen Zuständen geprägte Entdeckungsgeschichte, wie dies etwa Kuhn und Heilbron in ihrem »Atom-Paper« tun. Andererseits ging es um eine kulturelle, politische und wirtschaftliche Einbettung des Wissenschaftsgeschehens, wie Forman sie konzipierte. Es mag nicht überraschen, dass diejenigen, die die Interviews geführt hatten, der sukzessiven Detaildarstellung zugeneigt waren, und derjenige, der hauptsächlich die Transkripte bearbeitet hatte, sich von dem unmittelbaren Geschehen löste und den Hintergrund in Augenschein nahm. Allen dreien gemeinsam – Kuhn, Heilbron und Forman – war die Annahme, dass Wissenschaft selbst als ein menschliches, auf die Kontingenzen des Alltags und des Lebens reagierendes und von ihnen geprägtes Unterfangen war. Das brachte das entstandene Monument der Dokumente deutlich zu Bewusstsein, und daran konnten auch die zukünftigen Historiker und Historikerinnen nicht mehr vorbeigehen. Auch wenn die drei in Zukunft in ihrer weiteren Arbeit getrennte Wege beschritten, so bot das entstandene Archiv doch erstmals beiden Zugängen eine Forschungsgrundlage, mehr noch: Das Projekt hatte beide Zugänge überhaupt erst auf eine Quellenbasis gestellt und ermöglicht – zumindest in der Art und Weise, wie sich die angloamerikanische Wissenschaftsgeschichte seit den späten sechziger Jahren entwickelte.[403] Mit dem Sources-Projekt war ein neues Quellenverständnis etabliert worden, das wissenschaftsphilosophische Erwägungen der Erkenntnisdynamik in den Hintergrund treten ließ und die Frage des Entdeckungszusammenhangs nun *en détail* aus den historischen Quellen beantworten sollte: Es bedurfte der mündlichen Befragungen, der Briefe und Laborbücher, der Postkarten und Notizen gleichermaßen.[404] Kurz: Der modernen Physik war mit Abschluss des Projekts endgültig ein eigener Raum im Archiv zugesprochen worden, und es ist nicht übertrieben, von einer historiografischen Revolution zu sprechen,[405] die von nun an die zentrale Verankerung der Wissenschaftsgeschichte im Disziplinengebäude der Universitäten und der Akademien befördern helfen sollte. Aus der Lebensgeschichte der großen Physiker und ihren großen Entdeckungen war eine differenzierte Forschungsgeschichte hervorgegangen, und man kann konstatieren, dass die quantenphysikalischen Revolutionäre im Interview auf wissenschaftshistorische Revolutionäre getroffen waren.

Schluss

Im Oktober 1995, ein Jahr vor seinem Tod, wurde Thomas S. Kuhn während dreier Tage ausführlich zu seiner eigenen Lebens- und Forschungsgeschichte interviewt. Nun fand er sich selbst in der Position des historischen Gedächtnisträgers wieder, den aufzuschlüsseln er Anfang der 1960er Jahre angetreten war. Als die Sources zur Sprache kamen, widmete er ihnen im Vergleich zu anderen Episoden seines akademischen Lebens nur wenige Sätze. Ja, einiges an Dokumenten sei kopiert und zusammengetragen worden, und das sei wohl der wichtigere Teil des Ganzen gewesen. Ein paar von den Interviews hätten sich als sehr gut erwiesen, mit interessanten Hinweisen, aber man habe nicht erwartet, wie viele Gesprächspartner sich überhaupt nicht mehr hätten erinnern können. »Interviewen«, so fasst er zusammen, »war die Hölle!«[406]

Enttäuschung

Noch 25 Jahre später lässt sich nachvollziehen, wie sehr Kuhn seine Befragungsarbeit beschäftigt und auch aufgerieben hat. Trotz des enormen Zeitaufwands hatte er sich nie damit anfreunden können. Neben der immensen Verdienste, derer sich alle Beteiligten bereits während des Projekts bewusst waren, sah Kuhn das Herzstück von SHQP wenn nicht als gescheitert an, so doch als äußerst prekär. Interviews entpuppten sich für ihn als eine – wie wir bereits gehört haben – wenig valide historische Methode. Der hier aufscheinende menschliche Faktor war nicht sonderlich brauchbar für eine daraus resultierende, auf größtmöglicher Objektivität beruhende Geschichtsschreibung. Seine hohen Erwartungen, in diesen Gesprächen eine Bestätigung, vielleicht sogar eine empirische Grundlage für seine theoretischen Annahmen zu wissenschaftlichen Revolutionen zu finden, waren nicht erfüllt worden. Kuhn hatte seinen Wissenschaftszeugen vor Beginn der Interviews Glaubhaftigkeit und ein präzises

Gedächtnis unterstellt und musste einsehen, dass sie weder das eine noch das andere bieten konnten. Oder er saß in dem Moment, wo er sich nah am Geschehen wähnte – wie bei Heisenberg –, einer suggestiven Darstellung der Geschichte auf, der er sich wahrscheinlich bewusst war, worüber er selbst allerdings nie offen gesprochen hat.[407]

Aufgrund dieser Enttäuschungen wurde ihm im Laufe des Projekts bewusst, dass Wissenschaftler nicht unbedingt die besten Zeugen ihrer eigenen Vergangenheit waren. Es bedurfte zahlreicher verschiedener Quellen und vor allem der Distanz einer nicht am Prozess beteiligten Person, um ihre Geschichte zu schreiben. Aus dem anfänglich naiv auf das Interview rekurrierenden Wissenschaftsphilosophen Kuhn war im Laufe der Projektarbeit ein Historiker geworden.[408] Was Kuhn als eine große Enttäuschung erschien, muss andererseits als Grund für seine entscheidende disziplinäre Verankerung gewertet werden, die ihn zu einem der führenden Wissenschaftshistoriker machte. Und dies galt nicht nur für Kuhn: Alle Projektbeteiligten hatten sich in den drei Jahren Laufzeit mehr und mehr zu souveränen Historikern entwickelt.

Neue Wissenschaftsgeschichte

Für die sich anschließende Entwicklung und Professionalisierung der Wissenschaftsgeschichte, einem bis dahin kleinen und vornehmlich von enthusiastischen Laien betriebenen Fach, war das Projekt von enormer Bedeutung. Vier Gründe liegen dafür auf der Hand:

Zunächst einmal war klar geworden, dass Wissenschaft nun nicht mehr allein durch ein Literaturstudium zu verstehen war. Der Wissenschaftshistoriker Erwin Hiebert hatte das Projekt kurz nach seinem Abschluss als »beispielloses Unternehmen« bezeichnet.[409] Bis dahin waren für ein wissenschaftshistorisches Verständnis die am Ende eines Forschungsprozesses stehenden Publikationen maßgeblich gewesen, nicht die Dokumente seiner Entstehungsstadien. Dies stand im Einklang mit der wissenschaftshistorischen Devise des Wiener Kreises – insbesondere Hans Reichenbachs –, wonach nur der Begründungszusammenhang (»context of justification«) und nicht der Entdeckungszusammenhang (»context of discovery«) für das Verständnis der wissenschaftlichen Erkenntnisdynamik ausschlaggebend sei. Mit dieser epistemologischen Leitlinie räumte das Projekt auf. Wie sollte Wissenschaft verstanden werden, wenn nur fertige, valide Ergebnisse und deren Herleitung im Vordergrund standen, nicht aber der Entstehungsherd und der schrittweise Weg mit all seinen Irrtümern und Fallstricken? Denn diese – und das war das Neue – hatten einen zentralen Anteil an der wissenschaftlichen Erkenntnis. »Die Bedeutung von Briefen ist den meisten Wissenschaftshistorikern heute bewusst, damals war das offenkundig nicht so«, schreibt etwa David Cassidy über die Entstehungszeit des Projekts.[410] Nicht die publizierten Ergebnisse, sondern die ersten Stadien der Problemstellungen mussten miteinbezogen werden, um dem Entdeckungsvorgang selbst auf die Spur zu kommen. Hiebert ging sogar noch einen Schritt weiter, denn er sah im Projekt ein »experimentelles Modell für Historiker, auf das man aufbauen und das man vielleicht auch für andere Bereiche verbessern kann«.[411] Der Bezug zum Experiment kommt nicht von ungefähr, denn das Projekt hatte über die Briefe und andere Dokumente hinaus mit den Interviews empirische Arbeit geleistet. Wie die Anthropologen waren Kuhn und seine Mitarbeiter ins Feld gegangen und mit mündlichen Quellen zurückgekehrt. Das alles konnte mit der Generierung von Daten in einem naturwissenschaftlichen Experiment zumindest in eine Analogie gebracht werden. Aus dieser Perspektive ist es nicht mehr so überraschend, wenn sich einige Jahre später Historiker, Soziologen und Philosophen gleichermaßen auf die Erkenntnismethode Experiment stürzten, um die Wissenschaft im Machen zu analysieren.[412]

Weil – zweitens – das Modell der genealogischen Praxis der Lebensgeschichte auf den Forschungsprozess übertragen wurde, vollzog sich die Neu-Konturierung einer wissenschaftlichen Persona, die sich vom heroischen Große-Männer-Mythos des 19. Jahrhunderts signifikant unterschied. (Fast) jedes Interview begann mit der Lebensgeschichte des Befragten und entwickelte daraus den sich zunehmend verzweigenden Ablauf der Entdeckungs- und Arbeitsstadien. Es wurde über den Erkenntnisprozess berichtet, ähnlich wie zur gleichen Zeit in der Zeitschrift *Paris Review* die Schriftsteller nach ihrer Arbeitsweise befragt worden waren. Die Persona des Wissenschaftlers glich sich daher jener an, wie sie in den *elite interviews* von Saul Benison, in den psychologischen Berufsstudien Anne Roes oder in den gesellschaftlichen Lenkungsutopien eines Michael Polanyi auftauchte. Dadurch wurden bis dahin in der Wissenschaftsgeschichte getrennte Bereiche – das abstrakte Forschungsgeschehen auf der einen und die soziokulturell geprägte Persönlichkeit des Wissenschaftlers auf der anderen Seite – zu einer gemeinsamen Forschungsgeschichte verschmolzen, Rationalität und Intuition in einem neuen, wirksamen Persona-Entwurf vereint.

Drittens verschob das Projekt den in der Wissenschaftsbetrachtung eingenommenen Blickwinkel: Es war von einer zu rekonstruierenden Geschichte ausgegangen und endete in Multiperspektivität. Zu Beginn hatte man gehofft, dass sich der Ablauf der Quantenrevolution durch die in den zahlreichen Interviews getroffenen Aussagen wie ein Puzzle zusammensetzen ließe. Diese Einheitsvorstellung geriet ins Wanken und brachte eine Pluralität von Sichtachsen auf ein Ereignis hervor. So landete man bei der heute von niemandem mehr bezweifelten Einsicht, dass es keine einzige, alles umfassende Erzählung geben konnte. Die Konsequenzen, die aus dieser Erkenntnis gezogen wurden, waren dann allerdings sehr unterschiedlich, aber das ist eine andere Geschichte.

Ein vierter und letzter Aspekt der sich durch das Projekt professionalisierenden Wissenschaftsgeschichte liegt darin, dass der beobachtete Forschungsprozess durch die Interviews vermenschlicht und veralltäglicht wurde. Obgleich auf der Suche nach einer Ideen- und Konzeptgeschichte, begegneten Kuhn und Heilbron zuvörderst Menschen, zu denen sie stunden- oder tageweise eine enge Beziehung eingingen und die von ihrem vergangenen Arbeitsalltag berichteten, die sich nicht gut erinnerten oder in einer Pause mit ihnen ihre Alltagsroutinen teilten und Kaffee servierten. Das einzelne Individuum wurde aus der Menge der Physiker herausgelöst und der Wissenschaft damit durch die Interviews eine menschliche Physiognomie gegeben: »people scientific development« hatte das Saul Benison als Umschreibung einer neuen Oral History der Wissenschaften genannt.[413]

Diese vier Aspekte zusammenfassend, könnte man sagen, dass die Wissenschaftsgeschichte sich damit zunehmend vom logischen Positivismus, von einer heroischen Geschichtsschreibung und auch von einer reinen Ideengeschichte emanzipierte und der sprichwörtlichen *science in action* auf inhaltlicher wie methodischer Ebene zuwandte. Klassische Unterscheidungen wie Internalismus und Externalismus oder Entdeckung und Rechtfertigung begannen zu erodieren. Anstatt der Bestätigung oder Widerlegung einer wissenschaftlichen Hypothese nachzugehen, interessierte man sich für die Methoden, Materialien und Settings, die zur Etablierung einer wissenschaftlichen Tatsache geführt hatten. Diese Verschiebung ging mit ständigen theoretischen Reflexionen über die eigenen Methoden und Zugangsweisen einher. Die Erfahrungen des Interviews – einer Praxis sui generis – führten in der Wissenschaftsgeschichte zu einer selbstverständlichen Theoretisierung der eigenen Möglichkeiten. Was in den letzten Jahren zu Recht als Historische Epistemologie charakterisiert worden ist, erfuhr in SHQP ein Momentum der Verdichtung, das angesichts der unbezweifelbaren theoretischen Leistungen von Bachelard über Fleck bis zu Latour bislang zu wenig Beachtung gefunden hat.[414]

Forschungsinterview

Doch nicht nur für die disziplinäre Entwicklung der Wissenschaftsgeschichte, so wie wir sie heute kennen, war das Projekt bedeutsam gewesen. Auf eine besondere Art und Weise hatte es auch dem ›neuen Forschungsinstrument‹ Interview in der Geschichte den Weg geebnet.[415] Man könnte auch sagen, dass trotz der aus den Gesprächen resultierenden Frustration die Sources eine Forschungspraxis entwickelt hatten, die sich ab den 1960er Jahren zum Interviewdispositiv verdichtete. Dafür wurde ein sorgfältiger und nachvollziehbarer methodischer Ablauf konstruiert, der die Interviews zu historischen Zwecken zu dem machte, was sie bis heute sind: eine extrem interessante, aber vorbereitungsintensive und kommentierungsbedürftige Quelle.[416] Davon zeugen die im zweiten Kapitel ausgeführte »Transcript Editing Policy« und die mit den Befragungen verbundene umfangreiche Papierarbeit. Von Beginn an dachte das Projekt über das Medium Tonband, den »ständigen Begleiter« Kuhns, nach, das eine der wesentlichen Bedingungen für die »neue Oralität« (McLuhan) darstellte. Darüber hinaus konnten sich diese frühen Oral-History-Praktiken nicht – wie wir heute vielleicht annehmen würden – an ausgefeilten methodischen Überlegungen der Geschichtswissenschaft orientieren. Diese existierten allenfalls in Ansätzen. Um 1960 bestand also gar keine andere Möglichkeit, als die methodischen und praktischen Anregungen aus unterschiedlichen Gebieten wie empirischer Sozialforschung, Psychologie und Journalismus aufzunehmen. Diese Heterogenität weist darauf hin, dass das Werkzeug des Forschungsinterviews keiner einzelnen Disziplin zugeschlagen werden konnte, sondern in zahlreichen, im weitesten Sinne humanwissenschaftlichen Projekten eingesetzt und weiterentwickelt worden war. Kuhn, Heilbron und Forman waren ein wichtiger Teil dieser Entwicklung. Und schließlich darf nicht unterschätzt werden, dass in der humanwissenschaftlichen Handhabung des Interviews die Grenzen zu nichtwissenschaftlichen Praktiken wie dem Journalismus trotz aller akademischen Abgrenzungsrhetorik fließend waren (und sind). Das Interview als epistemische Praxis der Humanwissenschaften war ein Patchwork, das sich aus unterschiedlichen Fragmenten zusammengesetzt hatte. Welche Einsichten ergaben sich daraus?

Interviews waren nicht gleich Interviews. Abhängig von dem Verhältnis des Fragenden und des Antwortenden lassen sich mehrere Funktionen feststellen. Sie wurden als eine *Aufzeichnung von »O-Tönen«* wahrgenommen, die zu atmosphärischen Verdichtungen führten und einen authentischen Eindruck einer Zeit, eines Menschen vermitteln konnten. Das Konzept des »Zeitzeugen« seit den 1950er Jahren beruht genau auf diesem Authentizitätsversprechen. Kuhn als der Fragende trat zugunsten des Befragten wie etwa Alfred Landé zurück und liefert allenfalls Erzählanlässe. Wir können es aber auch in seiner *erklärenden Funktion* als eine Reduktion kompliziertester Inhalte mittels gesprochenem Wort verstehen, als Gespräch, in dem die Fragen des Interviewers Lösungen oder Aufklärungen durch den Befragten erbrachten. Immerhin saß man anerkannten Wissenschaftlern gegenüber und war damit in eine zeitgenössisch gewendete Variante des Meister-Schüler-Dialogs eingetreten. Auch hier trat der Fragende in einer untergeordneten Position auf und insistierte bis zu einem bestimmten Sättigungsgrad, an dem keine neuen Erkenntnisse mehr zu erwarten waren. Und schließlich gab es solche Interviews, die einem Leitfaden folgten, der aber nur dem Fragenden bekannt war und mit dessen Hilfe der Befragte Material zu einer späteren Auswertung lieferte. Das Interview diente in diesem Fall der *Sammlung von Informationen*, die erst im zeitlich versetzten Vergleich Sinn ergeben sollten. Authentisches aufzeichnen, Sachverhalte klären und Informationen sammeln – mit jedem Gesprächsziel änderte sich das Verhältnis von Fragenden und Befragten. Die drei Funktionen konnten und können in den seltensten Fällen sauber voneinander getrennt werden; Wechsel innerhalb eines Interviews – wie wir es in den Sources for History of Quantum Physics gesehen haben – waren an der Tagesordnung.

Schließlich haben die Interviews der Sources gezeigt, dass Wissenschaftshistoriker zur Erforschung der modernen Wissenschaft ihre Quellen auch selbst herstellen müssen. Das ist keineswegs unproblematisch, wie das Beispiel Heisenberg zur Genüge gezeigt hat. Noch heute wird über den Wert der »neuen Quelle« Interview und ihre Notwendigkeit diskutiert, und man ist sich mehr denn je darüber im Klaren, wie sehr der Zuschnitt des Materials die nachfolgenden Fragen beeinflusst. Eine einfache Lösung für die Problematik gibt es nicht.[417] Aber die SHQP haben in ihrem Vor und Zurück, in dem aufwendigen Indexierungs- und Verschriftlichungsverfahren, in der als gescheitert angesehenen Narration von Entdeckungen gezeigt, dass diese kleinteilige Arbeit sehr wohl bis heute zum Rüstzeug für die historische Kontextualisierung taugt. Die Summe des zusammengetragenen mündlichen wie schriftlichen Materials unterlief in den folgenden Jahren das Masternarrativ der entstehenden Quantenphysik und ersetzte es durch eine Vielzahl von Perspektiven, Entstehungskontexten und Netzwerken.

Ausblick

Aus dem großen Quellenprojekt der physikalischen Revolutionsjahre lässt sich also mit etwas Abstand ein neuer Blick auf die Wissenschaftsgeschichte, ja auf die Entstehung der wissenschaftlichen Entdeckung überhaupt werfen. Und zwar gerade in seinem vermeintlichen Scheitern: Der Kuhns Erkenntnisintention geschuldete Ansatz hatte nicht funktioniert; der konzeptionelle Rahmen des Projekts, die soziologischen und politischen Aspekte der Physik als nebensächliche Informationen zu werten und sich ganz den Anfangsstadien der Entdeckung zu widmen, diese Ideologie der Ideologielosigkeit hatte für Kuhn nicht zu den erwünschten Ergebnissen geführt. James

Franck erinnerte sich mitten in der Zeit des Kalten Krieges eher an die Schützengräben als an die Erstlektüre des wichtigsten Aufsatzes von Bohr. Deshalb stand das Projekt seiner historisch-inhaltlichen Ausrichtung nach zugleich am Ende einer reinen Entdeckungsrekonstruktion und am Beginn einer neuen, nach den gesellschaftlichen wie politischen Kontexten fragenden Wissenschaftsgeschichte à la Paul Forman. Das Forschungsdesign der Interviews, die Konfrontation mit dem Feld, fungierte dabei als ein Katalysator dieser Einsicht.

Daraus erwuchs in einem weiteren Schritt die allgemeine historiografische Erkenntnis, dass es keinen Sinn hat, rigoros zwischen innen und außen, internalistisch und externalistisch, zwischen wissenschaftlich und politisch zu trennen. Daran arbeitete die Wissenschaftsgeschichte spätestens seit den 1980er Jahren, und die neuere Wissensgeschichte hat in den letzten Jahren wiederholt darauf verwiesen: Die Frage danach, wie welches Wissen von wem produziert wird, welche Akteure, Praktiken und sozialen Kontexte damit verbunden sind, welche Aushandlungen von Machtpositionen damit zusammenhängen und wie Wissenshierarchien errichtet und manifestiert werden, steht seitdem auf unserer Forschungsagenda.[418]

Deutlich wurde zudem, dass – und darin besteht eine letzte Neuerung – sich mit dem Projekt eine Erzählweise von Entdeckung etabliert hatte, die bis heute gilt und die auch für den öffentlichen Raum prägend wurde: Nicht mehr der geniale Forscher mit seinem fertigen Ergebnis, sondern die aufmerksame Wissenschaftlerin oder der Wissenschaftler, die ihrem Eigensinn folgten und auch durch Zufall und Gefühl zu einem Resultat gelangten. Je gewöhnlicher die wissenschaftliche Revolution wurde (immerhin war sie bei Kuhn von der Einzahl in die Mehrzahl gewechselt, war nicht einmaliges Ereignis, sondern Struktur[419]), desto mehr rückte in den Vordergrund, welche Fähigkeiten des Wissenschaftlers die jeweilige Revolution ermöglicht hatten. Indem in der Nachfolge des Projekts versucht wurde, den subjektiven und nicht logisch nachvollziehbaren Punkt in eine öffentliche Berichtsordnung zu überführen, sollte der Erkenntnismoment geschildert werden, sollte Entdeckung – wie sie sich etwa mit jeder Nobelpreisberichterstattung aufs Neue nachvollziehen läßt – versprachlicht, wenn nicht gar operationalisierbar gemacht werden: »Wann genau war Ihnen selbst klar, ich habe was Wichtiges entdeckt?«[420] Einen zentralen Niederschlag erfährt diese durch das

Projekt beförderte Wissenschaftspersona heute auch in den jüngsten, nicht selten literarischen Publikationen zur Quantenphysik und ihren philosophischen Implikationen.[421]

Und schließlich sollte diese Studie zeigen, dass es sich lohnt, einen Blick auf die Geschichte der Wissenschaftsgeschichte selbst zu werfen, hier: auf eines der einflussreichsten wissenschaftshistorischen Bücher und dessen Begleitumstände. Dabei ging es nicht um die Frage, wie die *Structure of Scientific Revolutions* entstand, sondern was die Gleichzeitigkeit vom Erscheinen des Buches (1962) und der Durchführung des Projekts (1961–1964) bewirkte und vor welchem Hintergrund beides verstanden werden muss. Die Interviews mochten für Kuhn frustrierend gewesen sein, weil sie ihm kein erkenntnistheoretisch relevantes Material lieferten. Aber sie festigten ein historiografisches Instrument, das er zwar ablehnte, das sich aber in der Folge in der Wissenschaftsgeschichte wie in den *science studies* gleichermaßen durchzusetzen begann. Und mehr noch: Aus heutiger Warte betrachtet geben die Sources Aufschluss darüber, wie Journalismus, Sozialwissenschaften, Medien, Oral History und Wissenschaftsgeschichte in wechselnden Konstellationen in den 1960er Jahren zueinander fanden und eine neue Wissenschaftsgeschichte begründen halfen, deren Spuren bis heute wirksam bleiben. Zwischen Detailanalyse und kultureller Einbettung sollte dieses Buch ein amerikanisches wissenschaftshistorisches Projekt und dessen politische wie professionelle Brisanz vorstellen. Wie gelungen den zeitgenössischen Protagonisten das Unternehmen auch immer erschienen sein mag, es hatte die Wissenschaftsgeschichte verändert. Kuhns Enttäuschung ist unsere Arbeitsgrundlage und das Interview eine der Schultern, auf denen wir heute noch stehen.

Anmerkungen

Einleitung

1 Merton 1942, S. 123.
2 Holton 1961, S. 807.
3 Merton 1983, S. 222.
4 Mertons Text »Science, Technology, and Society« war einer der ersten Texte, die Kuhn – laut Selbstaussage – in die Wissenschaftsgeschichte (und auf die kollaborative Struktur und deren kulturelle Einbettung) gebracht (vgl. Baltas et al. 2000, S. 279) und auf Piaget verwiesen haben (ebd., S. 283). Nur kurz in *Structure* erwähnt, aber in Hinsicht auf den Forschungszusammenhang einer Gruppe von Bedeutung, ist der Bezug zu Ludwik Fleck (vgl. Kuhn 2012, S. xli), den er Reichenbachs *Experience and Prediction* entnommen hat (vgl. Baltas et al. 2000, S. 283).
5 Kuhn 1976, S. 62.
6 So der Untertitel der englischen Ausgabe, *The Making of Typographic Man*.
7 McLuhan 1995, S. 135.
8 Als erstes wissenschaftshistorisches Oral-History-Projekt wird es in der hervorragenden Zusammenstellung bei Doel 2003 aufgeführt. Die Geschichte des Projekts wurde bisher noch nicht geschrieben; es finden sich kürzere Passagen etwa bei Fuller 2000, S. 182–186, ergänzend zu Baltas et al. 2000, S. 303, vergleiche Sigurdsson 1990; auch Niethammer 1978, S. 472. 2016 wurden beispielsweise die Interviews von Konrad Lindner in einer Sendung des SWR2 Wissen unter dem Titel »Thomas S. Kuhn. Die Struktur wissenschaftlicher Revolutionen« präsentiert (https://www.swr.de/-/id=17211856/property=download/nid=660374/c6ai71/swr2-wissen-20160509.pdf).
9 Vgl. Kuhn 1987, S. xiii.
10 T. S. Kuhn, M. Mayer [sic!], H. Sponer, Interview mit James Frank, 9.7.1962, Archive for the History of Quantum Physics (im Folgenden AHQP)/Max-Planck-Institut für Wissenschaftsgeschichte (im Folgenden MPIWG), S. 6.
11 Zum Zwecke der Lesefreundlichkeit wird im Verlaufe des Buches der Begriff »Interview« synonym mit »Befragung« oder auch »Gespräch« verwendet.

12 Cassirer 1957a, S. 36.
13 Vgl. von Meyenn 1994, S. 57.
14 Planck 1929, S. 393.
15 Die Sekundärliteratur zur Quantenphysik und ihrer Genese ist so zahlreich, dass an dieser Stelle zur Orientierung lediglich auf den detaillierten und hilfreichen Überblicksartikel von Suman Seth hingewiesen werden soll (Seth 2013) sowie auf die allgemeinere Darstellung von Jon Agar, die die Entwicklung der neuen Phänomene zu Beginn des Jahrhunderts in den Blick nimmt (Agar 2012, S. 15–43), und, umfänglicher und weiterführend, auf die Studie von Helge Kragh (Kragh 1999).
16 Zit. n. Cassirer 1957b, S. 130.
17 Planck 1929, S. 394.
18 Diese neue, im Folgenden kursorisch beschriebene Physik darf nicht wie eine alle Physiker vereinende, konzertierte Suche nach einer Theorie der Quanten verstanden werden, sondern ein »patchwork of problems«, eine Art Netzwerk der verschiedensten Forschungsfelder, die aufeinander reagierten (vgl. Renn 2013, Jähnert 2019, S. 2). Martin Jähnert macht dies in seiner detaillierten Arbeit zum Korrespondenzprinzip anschaulich und verdeutlicht, dass der Forschung der historischen Akteure nicht eine allgemeine und kohärente theoretische Struktur zugrunde lag (Jähnert 2019, S. 3).
19 Schrödinger 1994, S. 305.
20 Zit. n. von Meyenn 1994, S. 30.
21 Planck 1929, S. 398.
22 Heisenberg 1927, S. 172.
23 Planck 1929, S. 391.
24 Vgl. dazu etwa die Studie von Elisabeth Emter (1995), die zeigt, wie die gravierenden Umwälzungen der Physik von den Schriftstellern der Zeit in ihren Texten verarbeitet wurden.
25 Zit. n. von Meyenn 1994, 16.
26 Schrödinger 1994, S. 318.
27 S. A. Goudsmit an P. Rosbaud, 7.6.1961, American Institute of Physics, Niels Bohr Library & Archives (im Folgenden AIP Archives), Samuel A. Goudsmit Papers, 1921–1979, Series IV, Subseries B, Box 28, Folder 45, S. 1.
28 Kuhn et al. 1967, S. vi.
29 Antrag an die National Science Foundation (im Folgenden NSF), 7.6.1961, AHQP/MPIWG, Mikrofilm 1419-08, Blatt 347 ff., S. 2.
30 H. Woolf an J. A. Wheeler, 12.9.1960, Anlage, American Philosophical Society (im Folgenden APS), John A. Wheeler Papers, Series I, Box 26, B:W 564, S. 2. Bei der Anlage handelt es sich um einen Projektentwurf, adressiert an

»Mr. Borgman« [sic!], gemeint ist Carl W. Borgmann, Programmdirektor der Abteilung »Science and Engineering« der Ford Foundation.

31 Erste Versuche, einen Verlauf der Ereignisse zu zeichnen, stammen interessanterweise von den beteiligten Physikern selbst; vgl. z. B. Bohr 1926 oder Heisenberg 1929. Ein weiteres schönes Beispiel ist die folgende von Daniel Kevles in seinem Buch *The Physicists: The History of a Scientific Community in Modern America* berichtete Episode: »A number of years ago I met the American Nobel laureate physicist I. I. Rabi. Veterans of Los Alamos during World War II remember how Rabi would get off the train in the hot Albuquerque sun wearing rubbers and carrying an umbrella [...]. Now Rabi remarked to me in his freewheeling fashion that there were few histories of modern science or biographies of its leading figures. Why doesn't someone write about my generation of physicists? he asked in his twinkling manner: ›After all, we changed the world.‹« (Kevles 1978, S. ix)

32 Antrag an die NSF, 7.6.1961, AHQP/MPIWG, Mikrofilm 1419-08, Blatt 347 ff., S. 2.

33 Kuhn et al. 1967, S. v.

34 Ebd.

35 Ebd., S. vi.

36 Ebd.

37 Vgl. den von Wheeler verfassten Abschlussbericht vom 29.12.1972 (»Final Report«, 29.12.1972, Massachusetts Institut of Technology [im Folgenden MIT] Archives, Thomas S. Kuhn Papers, MC 240, Box 6).

38 Vgl. Koyré 1957, Butterfield 1950. Vgl. dazu auch Aronova/Turchetti 2016.

39 Vgl. Cohen 1955a; Cohen nennt dies eine »angewandte« Wissenschaftsgeschichte.

40 Vgl. als Überblick Kevles 1990 und Wang 1999.

41 Vgl. Walker 1989.

42 Kaiser 2020, S. 72 ff.

43 Ebd., S. 71–85.

44 Smyth 1947, S. 266.

45 Vgl. Kaiser/Wilson 2015.

46 Vgl. Kevles 1990.

47 Kaiser 2020, S. 97–115. Zum Kalten Krieg und der Einbindung der Wissenschaften in den militärisch-technologischen Komplex vgl. Wang 1999 und Bridger 2015.

48 Oppenheimer 1955, S. 38; hierzu Kaiser 2020, S. 119/120.

49 Oppenheimer 1955, S. 39.

50 Ähnlich argumentieren Aronova/Turchetti 2016 in ihrer Einleitung über die Rolle der Wissenschaftsgeschichte und *science studies* im Kalten Krieg. Sie zeigen, dass die Identifizierung von Wissenschaft mit Demokratie eine der Schlüsselrhetoriken des Kalten Krieges war (S. 7), die auch *in nuce*

im Text von Michael Polanyi über die »Republic of Science« von 1962 zu finden sei. In diesem Sinne konstatiert auch Porter 2012 eine politisierte Depolitisierung der Sozialwissenschaften im Kalten Krieg (S. ix).

51 So die Vorwürfe an J. Robert Oppenheimer, vgl. J. Robert Oppenheimer Personnel Hearings Transcripts (Vol. 1, 4 ff.), U. S. Department of Energy (Open Net System) (https://www.osti.gov/opennet/hearing).

52 Vgl. Kaiser 2005, der in seinem Text beschreibt, warum gerade die theoretischen Physiker als besonders verdächtige Gruppe erschienen und wie es dazu kam, dass komplexe physikalische Vorgänge zu einfachen, geheim weiterzugebenden Formeln gerannen.

2 Akteure

53 J. A. Wheeler an G. Corner, K. K. Darrow, R. H. Shryock, G. E. Uhlenbeck, J. H. Van Vleck, 9.2.1961, APS, John A. Wheeler Papers, Series I, Box 26, B:W 564, S. 1. An dieser Stelle hatte man sogar erste Vorgespräche mit der Ford Foundation geführt. Es scheint, dass ursprünglich Harry Woolf für die Leitung des Projekts im Gespräch war (Wissenschaftshistoriker und zu diesem Zeitpunkt Herausgeber der Zeitschrift *ISIS*), der aber am 12.9.1960 erklärte, dass er sich dagegen entschieden habe. Vermutlich wurde Kuhn erst danach gefragt (vgl. H. Woolf an J. A. Wheeler, 12.9.1960, ebd.). John A. Wheeler gibt im Vorwort zu den *Sources for History of Quantum Physics* 1967 an, dass Kuhn bereits ab August 1960 in die Diskussionen involviert gewesen sei (vgl. Kuhn et al. 1967, S. vi).

54 H. Woolf an J. A. Wheeler, 12.9.1960, Anlage, APS, John A. Wheeler Papers, Series I, Box 26, B:W 564.

55 Die Beteiligung der APS – und nicht, wie man annehmen könnte, der American Historical Association – lag darin begründet, dass die APS sich von ihren Anfängen im 18. Jahrhundert an mit naturphilosophischen Fragen beschäftigt hatte und früh zu dem wichtigsten Archiv wissenschaftshistorischer Bestände, darunter der Nachlass Benjamin Franklins, avanciert war.

56 Kuhn et al. 1967, S. vii–viii.

57 K. K. Darrow an F. Seitz, 20.2.1961, APS, John A. Wheeler Papers, Series I, Box 26, B:W 564, S. 1.

58 Ebd.

59 Cohen 1955a, S. 346. Hinzu kamen Schwierigkeiten bei der Finanzierung ihrer Projekte. Dies müsse geändert werden, so Cohen, und würde auch eine der zukünftigen Aufgaben der NSF sein. Vgl. dazu ausführlicher Rossiter 1984.

60 Kuhn et al. 1967, S. viii. Vgl. auch den ursprünglichen Antrag an die NSF, 7.6.1961, AHQP/MPIWG, Mikrofilm 1419-08, Blatt 347 ff., S. 5.

61 J. A. Wheeler an G. Corner, K. K. Darrow, R. H. Shryock, G. E. Uhlenbeck, J. H. Van Vleck, 9.2.1961, Anhang, APS, John A. Wheeler Papers, Series I,

Box 26, B:W 564. Die offensichtliche Vermutung, in der Tätigkeit für die Campus-Zeitschrift eine der Quellen für Kuhns Interviewinteresse zu finden, konnten sich nicht bestätigen: Bei einer stichprobenhaften Sichtung der entsprechenden Jahrgänge konnten weder das Genre Interview noch Texte Kuhns ermittelt werden.

62 Womit er eine für die Physik der Nachkriegszeit wichtige Expertise besaß (vgl. Kaiser 2004, S. 879).

63 Über den Grund für die Entscheidung für Kuhn (statt für Holton, der – wie noch zu zeigen sein wird – ein sehr naheliegender Kandidat war) kann nur spekuliert werden. Es mag die Fürsprache des Quantenphysikers Van Vleck gewesen sein oder die Äußerungen von Holton selbst im Vorfeld des Treffens, dass er für die Leitung des Projekts durch einen angesehenen Physiker plädiere (um damit auszudrücken, dass er nicht zu Verfügung stehe). G. Holton an C. Kittel, 23.12.1960, APS, John A. Wheeler Papers, Series I, Box 26, B:W 564.

64 Kuhn et al. 1967, S. viii.

65 Die Antragsnummer bei der NSF lautet: »Grant NSF-G18637«; vgl. Bewilligungsschreiben an E. Hutchisson vom 3.8.1961, AHQP/MPIWG, Mikrofilm 1419-08, Blatt 385. Mit dieser Summe gehörte das Projekt zu einem der mit den umfangreichsten Mitteln geförderten wissenschaftshistorischen Projekte der NSF (vgl. Rossiter 1984, S. 102).

66 »Third Meeting«, 7.6.1961, APS, John A. Wheeler Papers, Series I, Box 26, B:W 564, S. 2.

67 »Meeting«, 9.6.1961, AIP Archives, AIP Governing Board and Executive Committee meeting minutes 1931–1990 (https://www.aip.org/history-programs/niels-bohr-library/collections/executive-committee/june-9-1961), o. S. J. A. Wheeler selbst sprach von der großen Hilfe des AIP, nicht zuletzt als es darum ging, eine realistische Kostenkalkulation für den Antrag zu entwerfen (Kuhn et al. 1967, S. ix). Während im ersten Proposal ein Finanzvolumen von 109.500 Dollar geschätzt worden war, wurden schließlich 202.996 Dollar eingetragen. Für diese endgültig beantragte Summe s. »Meeting«, 9.6.1961, AIP Archives, AIP Governing Board and Executive Committee meeting minutes 1931–1990 (https://www.aip.org/history-programs/niels-bohr-library/collections/executive-committee/june-9-1961), o. S.

68 Vgl. dazu das »Program of Research in Physics Documentation and Publishing, American Institute of Physics« (Maizell 1960); vgl. auch zum Dokumentationswesen und den entsprechenden technischen Medien wie staatlicher Politik in Bezug auf Vervielfältigungsprogramme Dommann 2014, S. 235–267.

69 Kaiser 2004, S. 853. Vgl. dazu auch Kaiser 2012, Einleitung und erstes Kapitel, hier S. 23.

70 Kaiser 2004, Kaiser 2012, S. 1–23.

71 Den Protokollen der Treffen des »Executive Committee« des Instituts folgend, war es ursprünglich eine Initiative der Smithsonian Institution, die das AIP um Hilfe bei der Sammlung von bedeutsamen physikalischen Forschungsinstrumenten wie auch wichtiger Dokumente und Aufzeichnungen der Physikgeschichte gebeten hatte. Die Niels Bohr Library und die History of Physics Archives (initiiert durch das King-Projekt) wurden am AIP 1965 zum Center for History and Philosophy of Physics vereint. Der Direktor des Zentrums war Charles Weiner.

72 »Meeting«, 29.1.1960, AIP Archives, AIP Governing Board and Executive Committee meeting minutes 1931–1990 (https://www.aip.org/history-programs/niels-bohr-library/collections/executive-committee/january-29-1960), o. S.

73 »Meeting«, 10.12.1960, ebd. (https://www.aip.org/history-programs/niels-bohr-library/collections/executive-committee/december-10-1960), o. S. Zum ersten Mal kam jetzt auch das Projekt zur Geschichte der Quantenphysik zur Sprache: »It was pointed out that APS is considering a project on the history of quantum theory [...]. It is not felt that there is any conflict between this and the proposed AIP study.« Das mag von Seiten des »Executive Committee« aus so gesehen worden sein, die Korrespondenz zwischen Holton und Kuhn, der in der Folge das Sources-Projekt leitete, lässt sehr wohl eine Konkurrenz um Interviewpartner und das Auffinden von persönlichen Papieren bei den Nachkommen der Physiker erkennen (vgl. Korrespondenz G. Holton und T. S. Kuhn, APS, AHQP, Box 17 – 530.1 AR 2.5.).

74 »Meeting«, 9.6.1961, AIP Archives, AIP Governing Board and Executive Committee meeting minutes 1931–1990 (https://www.aip.org/history-programs/niels-bohr-library/collections/executive-committee/june-9-1961), o. S.

75 King 1964, S. 238, gibt »summer of 1961« an. Die Interviews wurden bis in die 1980er Jahre von Charles Weiner durchgeführt.

76 Vgl. ebd., S. 239. Siehe hierzu auch das Dokument im Nachlass von Wheeler: W. H. Freeman an J. A. Wheeler, 17.3.1961, Anlage, APS, John A. Wheeler Papers, Series I, Box 26, B:W 564. W. J. King, ein ehemaliger *curator of physics* an der Smithsonian Institution, wird später durch C. Weiner ersetzt, der sich zu einem der führenden *oral historians* der Naturwissenschaften entwickelt (vgl. Weiner 1988). Vgl. King 1962 und King 1964. Die Interviews wurden zunächst nachrangig behandelt, erst in der Folge traten die gefilmten Interviews in den Vordergrund. Dies legt u.a. ein Blogeintrag eines Mitarbeiters des AIP – William Thomas – nahe, der damals am Transfer der »Oral History Collection« auf die Webseite des Instituts beteiligt war: Will[iam] Thomas: *Charles Weiner and the Oral History of Physics*, 1.2.2012, online: Ether Wave Propaganda. History and Historiography of Science (https://etherwave.wordpress.com/2012/02/01/charles-weiner-and-the-

oral-history-of-physics/). Vgl. dazu auch Holton, der als Vorsitzender des Beirates das Projekt begleitete und sich für eine »Physikerziehung« (»Harvard Project Physics« von 1962 bis 1972) an den Schulen und höheren Bildungseinrichtungen der USA engagierte (Holton 1961).

77 Frank F. Oppenheimer, der Bruder von J. Robert Oppenheimer, arbeitete zu diesem Zeitpunkt bereits an didaktischen Experimenten für die Schule, die 1969 in die Errichtung des »Exploratoriums« in San Francisco mündeten, einem Museum zur Unterrichtung der Naturwissenschaften mithilfe interaktiver Module (Schirrmacher 2019).

78 Jack Churchill: *The Physical Science Study Committee with the support of the National Science Foundation, Alfred P. Sloane Foundation, Ford Foundation presents as part of its course in Physics The Franck-Hertz Experiment*, Physical Science Study Committee: Reed College, 1961, online: https://archive.org/details/FranckHertzExperiment. Vgl. dazu auch Holton 1961, der sich auf den Film als »a recent interview« bezieht (S. 808). Zu dem Physical Science Study Committee vgl. ausführlich Rudolph 2002, Kapitel 5.

79 Weshalb diesem Umstand abgeholfen werden sollte und ein erster Sammelband solcher Aufsätze 1959 erschien: Die *Collected Scientific Papers* des Physikers Paul Ehrenfest wurden von Martin J. Klein im Verlag North-Holland Publishing Company in Amsterdam herausgegeben (Ehrenfest 1959). Vgl. dazu Hu 2012, S. 500–501; s. auch die Rezension von Uhlenbeck 1960.

80 Vgl. Planck 1948 und auf Englisch Planck 1949 (es existiert sogar ein autobiografisch orientierter Film von Planck aus dem Jahr 1942, vgl. dazu das Transkript in Max-Planck-Gesellschaft 1997, S. 90–94). Ähnliches gilt für Max Born, der 1957 *Physik im Wandel meiner Zeit* veröffentlicht hatte, das bereits 1956 auf Englisch in New York (*Physics in My Generation*) erschienen war (die beiden Ausgaben sind allerdings nicht vollkommen identisch) und eine Reihe seiner Aufsätze sowie biografische Reflexionen enthält. Zu dem Genre der Selbstaussagen von Wissenschaftlern und dem der wissenschaftlichen Biografie und ihrer Traditionen wie z. B. Nachrufe vgl. Echterhölter 2012, S. 35–172, sowie im Zusammenhang mit den SHQP Söderqvist 2007.

81 Schilpp 1949, S. viii.

82 Kuhn zitiert in seinem Buch daraus (Kuhn 1976, S. 97, 231) und Holton nennt sie in einem frühen Stadium der Projektplanung als Vorbild für eine mögliche Veröffentlichung (G. Holton an C. Kittel, 23.12.1960, APS, John A. Wheeler Papers, Series I, Box 26, B:W 564, S. 4).

83 Vgl. Fierz/Weisskopf 1960.

84 Vgl. Bohr 1961.

85 Vgl. Conant 1957; der erste Band dieser Reihe erschien 1948 mit vier Fallerzählungen.

86 Vgl. Conant 1957, S. xi. Die Bedeutung Conants für Kuhn – immerhin war diesem Lehrer die erste Auflage der *Structure of Scientific Revolutions* gewidmet – beschreibt ausführlich Isaac 2012a, S. 75 ff. Kuhn wie Holton folgten der von Conant ausgelegten Spur: »The stumbling way [...] seems to me needs telling« (Conant 1947, S. 15). Vgl. auch Isaac 2012b, Hamlin 2016 und Wray 2016; für eine ausführliche Schilderung Kuhns und des »thinking in cases« Forrester 1996 sowie Forrester 2007. Zuletzt hat George Reisch betont, wie wichtig der politische Hintergrund des Kalten Krieges für das Verständnis Conants und Kuhns ist (Reisch 2019).

87 Holton 1953, S. 90.

88 Holton 1973, S. 11.

89 H. Reichenbach zit. n. ebd., S. 17.

90 Holton 1961, S. 809.

91 Ebd., S. 808.

92 Holton 1999, S. 103 ff.

93 Holton 1961, S. 806.

94 Kuhn 1997a, S. 312.

95 Kuhn 1976, S. 25, und Kuhn 2012, S. 10/11.

96 Kuhn 1976, S. 23.

97 Vgl. zu Interviews vor Hewletts Unternehmung etwa die Arbeiten der Historikerin Alice Kimball Smith, der Ehefrau von Cyril Smith, der in Los Alamos gearbeitet und dessen Frau deshalb direkten Kontakt zu einigen der dort tätig gewesenen Physiker hatte. Vgl. Smith 1958, deren Veröffentlichung ähnlich wie für die Sources ein »Aufruf« angehängt war (ebd., S. 312). In ihrem Aufsatz sind zwei Interviews angegeben (S. 297). Vgl. auch den bereits genannten offiziellen Smyth-Report aus dem Jahr 1945, der die Entwicklung und den Stand der amerikanischen Kernwaffenforschung beschreibt und sich in einigen Fällen auf Interviews bezieht, z. B. mit General Leslie R. Groves (Smyth 1945, S. 251).

98 Vgl. Hewlett/Anderson 1962, S. 657–665.

99 Jungk 1956, S. 11/12. Dass Houtermans spannend zu erzählen wusste, erscheint angesichts seines Lebensweges nicht verwunderlich; vgl. Hoffmann 2014.

100 Jungk 1956, S. 12.

101 Ebd., S. 7/8. Blickt man schließlich in den Textabschnitt »Dank des Verfassers«, wird deutlich, dass die Liste der von Jungk für dieses Projekt interviewten Personen Überschneidungen mit derjenigen des Sources-Projekts aufweist.

102 So Edward Uhler Condon, selbst kurze Zeit im Manhattan-Projekt tätig, in seiner Rezension des Buches (Condon 1958, S. 1619).

103 Hewlett/Anderson 1962, S. 662.

104 Baltas et al. 2000, S. 294–302. Vgl. dazu auch die persönliche Darstellung bei Gerald Holton anlässlich des fünfzigsten Jahrestags des Erscheinens von *Structures* (Holton 2016, S. 33/34).

105 T. S. Kuhn an G. Holton, 23.5.1961, APS, AHQP, Box 17, 530.1 AR. 2.5.

106 Lebenslauf im Anhang des Originalantrages; vgl. Antrag an die NSF, 7.6.1961, AHQP/MPIWG, Mikrofilm 1419-08, Blatt 378/379. Der Titel der späteren Dissertation lautete: »A History of the Problem of Atomic Structure from the Discovery of the Electron to the Beginnings of Quantum Mechanics«.

107 Kuhn et al. 1967, S. 2. Sowohl Kuhn als auch Heilbron und Forman müssen durch ihr Studium der Physik und der nachfolgenden Tätigkeit zumindest mit den Grundlagen der Quantenphysik vertraut gewesen sein.

108 So Wheeler im Februar 1961, s. J. A. Wheeler an das Ad Hoc Committee, 9.2.1961, APS, John A. Wheeler Papers, Series I, Box 26, B:W 564, S. 2.

109 So in seiner Korrektur des Antrags für das Projekt an Wheeler, s. T. S. Kuhn an J. A. Wheeler, 23.5.1961, ebd., S. 2.

110 Dazu entstand eine Kartei mit den »für die Entwicklung der Quantenmechanik wichtigen Personen« (»figures significant in the development of quantum mechanics«; Memo von Eleanor Webster, »Notes on Research Methods«, APS, AHQP, Box 22, 530.1 AR 2.5, S. 1) und eine Kartei mit relevanten Artikeln zum Thema sowie eine Liste mit einschlägigen Zeitschriften, in denen quantenphysikalische Artikel erschienen waren.

111 Und sicher auch zur Rechtfertigung dienen musste, wenn man bedenkt, dass noch 1963 die niederländischen Wissenschaftshistoriker Robert J. Forbes und Eduard J. Dijksterhuis die Geschichte der modernen Wissenschaften seit 1900 aussparten (Kragh 1987, S. 30).

112 Vgl. die Listen und Kuhns Notizen, APS, AHQP, Box 22, 530.1 AR 2.5, hier vor allem die Mappe »Preliminary List of Sources WORK SHEETS«. Die zuvor genannten Listen lauten: »Preliminary List Dead Significant Physicists«, die »Preliminary List Sources in the U. S. A.«, »Preliminary List Sources Outside the U. S. A.«, »Older Significant Figures living in U. S.«, »Older Significant Figures living outside the U. S.«.

113 »Replies to Priority List Oct. 16, 1961«, ebd. Die genannten zu untersuchenden Zeiträume variieren sehr stark: Kuhn spricht in seinem begleitenden Brief an das »Joint Committee« von 1920 bis 1935 (vgl. T. S. Kuhn an »Joint Committee«, 16.10.1961, ebd., S. 2.), der »Appeal« 1962 gibt die Jahre 1913 bis 1938 an. Im Folgenden werden in der Regel die Jahre 1900 bis 1935 genannt, weil dies dem Kernzeitraum der meisten in den Interviews behandelten Jahre entspricht. »Would you please, just as soon as possible, rate the names on the lists according to the following schema and then return the lists to me at the project's office.« Man solle eine 1 vor

dem Namen vermerken, wenn es sich um eine wichtige Person handle, eine 2 vor solche, die nicht ganz so wichtig seien, und schließlich ein X für die, von denen man denke, sie gehörten nicht in die Liste (ebd., S. 1).

114 Ebd., S. 2. Ähnliche Sammelbemühungen und eine Listenpolitik war schon 1954 von der National Historical Publications Commission erfolgt, die eine Liste der 112 wichtigsten Amerikaner erstellte, um deren Vorlass oder Nachlass zu sichern. Darunter befanden sich auch Physiker (vgl. National Historical Publications Commission 1954, S. 1/2; auch Bell 1962, S. 15). Da dieser Kommission zeitweise auch der an den SHQP beteiligte Richard H. Shryock angehörte, sind deren Anlage und Design mit den staatlichen Archivierungsprogrammen durchaus in Zusammenhang zu bringen. Weitere Anregungen hatte Kuhn von dem Physiker Paul Peter Ewald erhalten, der anlässlich des 50-jährigen Jubiläums der Röntgen-Diffraktion eine Befragung unter Physikern im In- und Ausland durchgeführt hatte (»What are your most important technical inventions, if any?«, »What are (or were) your physical recreations?«, »Name your children, their ages, main interests and professional trainings.«), deren Ergebnisse für eine Festschrift zu Ehren der Bayerischen Akademie der Wissenschaften zusammengestellt worden waren. Damit hatte Ewald weder Lebenslaufforschung noch Entwicklungspsychologie im Sinn, sondern die Zusammenstellung und Sicherung der wichtigsten Lebensdaten seiner Kollegen. Vgl. die Korrespondenz P. P. Ewalds mit T. S. Kuhn, APS, AHQP, Box 17, 530.1 AR 2.5, Zitate hier aus dem von Ewald beigelegten *questionnaire*.

115 Einmal mehr wurde dadurch Niels Bohr in den Vordergrund gerückt, der das erste quantentheoretische Atommodell entworfen hatte. Das Atom verstand er als ein planetenartiges Kreisen der Elektronen um den Atomkern, eine visuelle Entsprechung wurde von ihm und seinen Mitarbeitern 1921 für eine Veranschaulichung der Theorie erstellt. Mit roten und schwarzen Linien um einen schwarzen Kern sollte dieses Atom für lange Zeit zur leitenden Ikonografie der Atomphysik werden; vgl. Schirrmacher 2009, S. 73/74, dort findet sich auch eine Abbildung der Bohr'schen Atombilder aus den 1920er Jahren.

116 Ein besonders schönes Beispiel einer solchen biografischen wie bibliografischen Zusammenschau stellt die Mappe von Alfred Landé dar; hier ist auch das *outline* für das Gespräch enthalten. Landé nimmt eine Sonderstellung ein, weil er a) als Erster professionell interviewt wird (s. »Progress Report«, 26.4.1962, APS, AHQP, Box 23, 530.1 AR 2.5, S. 2/3), b) derjenige ist, der noch alte Briefe findet, c) derjenige ist, der seine gesamte Sonderdrucksammlung zur Verfügung stellt und d) für den man vermutlich das erste *outline* zusammenstellt. Allesamt Quellen, die Paul Forman später für das Schreiben seines so einflussreichen Aufsatzes »Alfred Landé and the Anomalous Zeeman Effect, 1919–1921« heranziehen wird (vgl. Forman

1970 und das 9. Kapitel in diesem Band). Zu den Mappen und was sie enthalten vgl. zusammenfassend T. S. Kuhn an R. H. Shryock, 3.8.1964, MIT Archives, Thomas S. Kuhn Papers, MC 240, Box 6, S. 1.

117 Über weibliche Informanten und deren Funktion »to obtain an additional perspective on the husband« (so in den Worten des Psychologen Daniel J. Levinson) vgl. Schmidt 2020, S. 102 ff., hier S. 107; vgl. auch Savage 2010, S. 165–186; er beschreibt die geschlechtlichen Zuordnungen in der Etablierung des Interviews und seiner Narrative in den 1950er und 1960er Jahren in England.

118 »Notes on Schematic Biographies Procedures«, APS, AHQP, Box 22, 530.1 AR 2.5. Neben dem Kernteam wurden für die »Routinerecherche« (»routine research«), fürs »Redigieren« (»editing«), »Tippen, Transkribieren und Katalogisieren« (»typing, transcribing, and cataloging«) zahlreiche weitere Assistenten und Typisten beschäftigt. Vgl. Kuhn et al. 1967, S. 1. Dazu gehörten Eleanor Webster, Robert T. Bush und Charles B. Paul. »During the course of the year [gemeint ist das erste Jahr bis Sommer 1962, AtH.] we have also, from time to time, had considerable help from other Research Assistants and typists. For the past several months we have been particularly helped by Hannah Brothers who has transcribed most of the tapes.« (»First Year-End Report«, 8.8.1962, APS, AHQP, Box 23, 530.1 AR 2.5, S. 1.)

119 Vgl. Solovey 2019, S. 210/211, der dies am Beispiel der NSF ausführt.

120 Vgl. zur Dokumentation um 1900, insbesondere zu Paul Otlet Rayward 1990, S. 1–10, sowie Wright 2014 und Day 2014.

121 Vgl. in *ISIS* 53/2 (Juni 1962), S. 221/222. Im gleichen *ISIS*-Heft wird auch das Projekt zu »Recent Physics in the United States« (W. J. King) vorgestellt, allerdings wesentlich kürzer (S. 229); Kuhn spricht an anderer Stelle von insgesamt 16 Zeitschriften, in denen man den Aufruf eingestellt habe (vgl. »Progress Report«, 26.4.1962, APS, AHQP, Box 23, 530.1 AR 2.5, S. 1). Der Aufruf erfolgte auch in deutsch- und französischsprachigen Zeitschriften (vgl. »Announcement to Scient. Journals«, APS, AHQP, Box 22, 530.1 AR 2.5). Neuerliche Aufrufe wurden bei Beginn der Übernahme des Projekts durch Friedrich Hund gestartet, s. z. B. »Aufruf zur Mitarbeit« in: *Physikalische Blätter* 23/7 (1967), S. 324.

122 »Appeal«, Februar 1962, APS, AHQP, Box 22, 530.1 AR 2.5.

123 Ebd.

124 Ebd. (Herv. i. Orig.).

125 T. S. Kuhn an W. Heisenberg, 15.2.1962, Archiv der Max-Planck-Gesellschaft (im Folgenden AMPG), Nachlass Werner Heisenberg, III. Abt., Rep. 93, Nr. 1561. Fotografien standen nicht im Vordergrund, sollten aber, sofern möglich, wie alle anderen Quellen gesammelt und zu den Akten genommen werden. Schnell wurde deutlich, dass das Replizieren der von den Protagonisten ausgeliehenen Fotografien beispielsweise sehr teuer

würde und man deshalb selektiv vorgehen musste (vgl. »Progress Report«, 26.4.1962, APS, AHQP, Box 23, 530.1 AR 2.5, S. 2).

126 Vgl. Bush 1945.

127 Zu den *social sciences* im Kalten Krieg vgl. Engerman 2010, Solovey/Cravens 2012, Erickson et al. 2013, Cohen-Cole 2014, Aronova/Turchetti 2016.

128 Solovey 2019, S. 213, Engerman 2010.

129 Solovey 2019, S. 215. Insbesondere zur Stellung der Geschichte in den Sozialwissenschaften vgl. Revel 2003.

130 Solovey 2019, S. 220/221. Interessanterweise gewinnt das Interview als dezidiertes Forschungsinstrument in dem Moment Bedeutung, in dem sich die Sozialwissenschaften von ihrer angewandten Seite, der Sozialarbeit und des sozialen Engagements, lösten (Platt 1996, S. 24).

131 »Foundation Action Underscores Increasing Importance of Basic Research in the Social Sciences«, APS, John A. Wheeler Papers, Series I, Box 26, B:W 564. Die Anfänge dieser Diskussionen um eine Förderung der Geschichte, Philosophie und Soziologie der Wissenschaften seit den frühen 1950er Jahren, insbesondere seit einem unter der Leitung von Richard H. Shryock stehenden »Steering Committee«, beschreibt Rossiter 1984; wie dies wiederum mit einer Abkehr von der heißen Phase des Kalten Krieges zusammenhängt, vgl. Kleinman/Solovey 1995.

132 Platt 2002, S. 49. Zur Vorgeschichte von Sozialerhebungen vgl. Desrosières 1991, zu Erhebung und Interview seit 1940 Savage 2010.

133 T. S. Kuhn an G. Holton, 23.5.1961, APS, AHQP, Box 17, 530.1 AR. 2.5.

134 »To Joint Committee«, 16.10.1961, APS, AHQP, Box 22, 530.1 AR 2.5, S. 2 (»first rate informant«); »Progress Report«, 26.4.1962, APS, AHQP, Box 23, 530.1 AR 2.5, S. 3 (»informant«). Zur Feldforschung vgl. als Überblick Nielsen et al. 2012.

4 Methode

135 Vgl. [Anonym] 1989, S. 3/4. Diese weitgehend seit dem 17. Jahrhundert geläufigen Definitionen ergänzt das *Oxford English Dictionary* durch das im 19. Jahrhundert einsetzende Presseinterview, das zwischen dem Repräsentanten einer Zeitung und einer Person zu bestimmten Fragen geführt wird. Für das journalistische Interview vgl. die frühen Artikel von Netzer (1970) und Nilsson (1971). Für eine Gattungs- und Diskursgeschichte des Presseinterviews vgl. in neuerer Zeit die umfangreiche Studie von Ruchatz 2014.

136 Vgl. als Überblick te Heesen 2013, Simons/Vogl 2016. Vgl. zur Genealogie des Interviews in literaturwissenschaftlicher Hinsicht Hoffmann/Kaiser 2014 und bezogen auf die Kunstgeschichte Diers et al. 2013.

137 Platt 2002, S. 33.

138 G. Holton an C. Kittel, 23.12.1960, APS, John A. Wheeler Papers, Series I, Box 26, B:W 564, S. 4.

139 J. A. Wheeler an Ad Hoc Committee, 9.2.1961, APS, John A. Wheeler Papers, Series I, Box 26, B:W 564, S. 3. Zu Beginn teilte man die Vorstellung, dass Thomas S. Kuhn durch seine älteren Beiratskollegen begleitet werden würde: Samuel A. Goudsmit sollte mit ihm nach München zu Heisenberg fahren oder George E. Uhlenbeck beim Interview mit Bohr dabei sein (vgl. zum Vorhaben G. Holton an C. Kittel, 23.12.1960, ebd., S. 2/3, sowie J. A. Wheeler an Ad Hoc Committee, 9.2.1961, ebd., S. 2). Interviews wurden immer wieder gemeinsam mit diesen »Erinnerungsveranlassungsgehilfen« geführt, doch in der Folge erwies sich dies als zu aufwendig und zu kostspielig; die noch in das Budget eingestellten Honorare für die »senior scientists« mochte Kuhn lieber an anderer Stelle einsetzen (vgl. T. S. Kuhn an Members of Joint Committee, in: »Progress Report«, 26.4.1962, APS, AHQP, Box 23, 530.1 AR 2.5).

140 Vgl. dazu Ruchatz 2014, S. 39–70.

141 Vgl. Wallach 1998. Für die europäische Entwicklung vgl. die deutsche Pressegeschichtsschreibung in Zechlin 1939, Dovifat 1940, zum Begriff des Presseinterviews im französischen Kontext Kött 2004, S. 51–89, in jüngster Zeit Seillan 2011, erschöpfend Ruchatz 2014.

142 Vgl. Requate 1995, bes. Teil A.

143 Vgl. Lindner 1990.

144 Vgl. Cohen 1955b; zu den Begriffen »interview story« und »written-up interview« vgl. Ruchatz 2014, S. 92–101. An dieser Stelle soll kurz auf das Interviewbändchen von Friedrich Herneck mit der Hausangestellten Einsteins, Herta W., in Berlin verwiesen werden, das in ganz anderer Weise die private Sphäre Einsteins thematisiert (Herneck 1978).

145 Grant Milnor Hyde in »Newspaper Reporting and Correspondence« von 1912; zit. n. Ruchatz 2014, S. 84. Vgl. insgesamt zu diesem Aspekt des Interviews ebd., S. 84–101. Zur europäischen Variante dieser Interviews um 1900 und der Rolle des Interieurs für die Darstellung der befragten Person te Heesen 2022.

146 »Aug. 1960–Apr. 1961«, APS, John A. Wheeler Papers, Series I, Box 26, B:W 564, darin am Ende einliegend der Notizzettel.

147 Charles Poore in der *New York Times*, zit. n. Wilbers 2008, S. 206. Ein ähnliches Unterfangen, das hier nicht näher ausgeführt werden kann, besteht in den 1954 gegründeten »Archives of American Art«, die ab 1958 eine Sammlung von Künstlerinterviews vorantrieben (vgl. dazu Schneemann 2013, bes. S. 145).

148 Cowley 1959, S. 12. Vgl. insgesamt die Tradition der Werkstattgespräche mit Schriftstellern (Unglaub 2014 und Johannsen 2014).

149 Besonders Kuhn hätte diese Interviews kennen können, da er 1958 gemeinsam mit Daniel Aaron Fellow am noch jungen Center for Advanced Study in the Behavioral Sciences in Kalifornien war (vgl. das Jahrbuch

des »Center for Advanced Study in the Behavioral Sciences 1958–1959«, in: Center for Advanced Study in the Behavioral Sciences Records (SC1055), Dept. of Special Collections and University Archives, Stanford Libraries). Aaron hatte u. a. Malcolm Cowley, der eine Auswahl von *Paris Review*-Interviews herausgegeben hatte, für sein Buch *Writers on the Left* befragt, an dem er während seiner Zeit im Center arbeitete.

150 Vgl. als Überblick zur Rolle der Psychologie in den USA seit dem Zweiten Weltkrieg und insbesondere während des Kalten Krieges Herman 1995; über den Zusammenhang von Organisations-, Berufs- und Industriepsychologie Koppes 2007.

151 Vgl. Maccoby/Maccoby 1954, S. 450.

152 Cohen-Cole 2009, S. 219; Cohen-Cole 2014, S. 1.

153 Ebd., S. 4.

154 Vgl. Cohen-Cole 2009 und Cohen-Cole 2014.

155 Cohen-Cole 2009, S. 241. Vgl. auch Bycroft 2012, S. 202 ff.

156 Cohen-Cole 2009, S. 240–242, 246/247.

157 Reckwitz 2012, S. 198–238. Vgl. zusammenfassend Bycroft 2012, S. 202: »Creativity research did not comprise a *methodological* movement in the style of Skinnerian behaviorism, cognitive psychology, and humanist psychology. Indeed, the methods […] are notable more for their disparateness than their unity. The movement was held together not by a common method but by a shared topic (creativity), collaborative projects (such as the Utah Conferences), and a shared feeling among its members that they were participating in a cohesive enterprise devoted to creativity research. Perhaps most importantly, it was united by a shared conviction that creativity research – and creativity itself – could make important contributions beyond professional psychology to a world fraught with Cold War-related problems.« (Herv. i. Orig.)

158 In einer Fußnote von *Structure of Scientific Revolutions* verweist Kuhn auf Kubie (vgl. Kuhn 1976, S. 226): Kubie 1953; vgl. Reckwitz 2012, S. 210. Anders als die Vertreter des Behaviorismus (und die »Eignungsprüfer«, »aptitude testers«, wie Kubie geringschätzig schreibt) setzte er auf die Introspektion. Er plädierte für eine Ablehnung des ausschließlichen Einsatzes von Testverfahren, die den Körper auf eine Reiz-Reaktions-Maschine reduzierten, und stellte stattdessen die umfassende Behandlung der Persönlichkeit durch verschiedene projektive Techniken, durch psychometrische Verfahren, vor allem aber durch die Sammlung persönlicher Dokumente und Interviews des Probanden in den Vordergrund (Kubie 1953, S. 601).

159 Kuhn hatte vermutlich Anne Roe auf einer der Konferenzen der University of Utah kennengelernt, die das Herzstück der Kreativitätsforschung bildeten und von 1955 bis 1971 veranstaltet wurden. Beide nahmen an

der dritten Konferenz von 1959 zur »Erkennung des wissenschaftlichen Talents« (»identification of scientific talent«) teil und bildeten mit den anderen Teilnehmern in den Worten eines zeitgenössischen Beobachters das »who's who« der Kreativitätsforschung. Vgl. Bycroft 2012, S. 199 ff. zu den Konferenzen, das Zitat ebd., S. 200. Bycroft nennt in diesem Zusammenhang auch Anne Roe (S. 200); Kuhns Text »The Essential Tension: Tradition and Innovation in Scientific Research« erscheint in einem der Konferenzbände. Kuhn hatte Frank Barron, einen der wichtigsten Protagonisten der damaligen Kreativitätsforschung und Mitorganisator der »Utah Research Conferences«, am Center for Advanced Study in the Behavioral Sciences während seines Fellowships 1958/1959 kennengelernt (vgl. das Jahrbuch des »Center for Advanced Study in the Behavioral Sciences 1958–1959«, in: Center for Advanced Study in the Behavioral Sciences Records (SC1055), Dept. of Special Collections and University Archives, Stanford Libraries) und zitiert ihn in seinem Buch *Struktur wissenschaftlicher Revolutionen*. Er könnte auch durch den Aufsatz von Kubie, den er persönlich kannte (Reisch 2019, S. xiv, 165), auf Roe aufmerksam gemacht worden sein, oder durch seinen Doktorvater Van Vleck, der selbst an Roes Studie als Proband beteiligt gewesen war (vgl. Roe 1953).

160 Ebd., S. 5.

161 Vgl. auch Roe 1951; der Aufsatz bezieht sich auf die Untersuchung der Physiker und ging – publiziert als Fachstudie in einer psychologischen Zeitschrift – der vergleichenden Veröffentlichung im Buch voraus. Der Unterschied besteht darin, dass in der Fachstudie weit mehr aus den Interviews zitiert wird, ganze Monologe die Seiten füllen. An einigen Stellen sind die Fragen der Interviewerin abgedruckt. Neben den Tests, die auch im Buch erwähnt werden, nimmt die Lebensgeschichte insgesamt einen großen Raum ein.

162 Roe 1953, S. 42.

163 Vgl. die Angaben des Archivs der APS (http://www.amphilsoc.org/collections/view?docId=ead/Mss.B.R621-ead.xml#genphysdesc).

164 Hinzu kam, dass das Material ihrer Studie auf ihren Wunsch hin und weil sie der Auffassung war, dass es als Teil einer Wissenschaftsgeschichte begriffen werden müsse, ebenfalls dem Archiv der APS übereignet wurde (und dort bis heute lagert): »One of the anthropologists, before agreeing to become a subject, asked a question which I had wondered at not having been asked before. This was the question of what would happen to the records eventually, and it is a very good question, indeed. The answer was that they were covered by a codicil to my will, leaving them to the library of the American Philosophical Society which had agreed to accept them under certain conditions. […] I had chosen this society not only because

many of my subjects are members but because its library specializes in the history of science in America«. Vgl. Roe 1953, S. 53.

165 Im Vordergrund quantitativer Befragungen stand das alte, bis weit in das 18. Jahrhundert zurückreichende Ideal einer Messbarkeit des Sozialen, die Hoffnung auf zu ermittelnde (Durchschnitts-)Eigenschaften, die eine Beschreibung und Analyse der Gesellschaft ermöglichen sollten. Vgl. zur Messbarkeit des Sozialen Bulmer et al. 1991, Yeo 2003 und zu seiner Darstellbarkeit Reinecke/Mergel 2012. Zur langen Geschichte der Marktforschung und Volkszählung Brückweh 2015, die die Interviewpraktiken der britischen Volkszählung detailliert beschreibt, sowie Igo 2007 für den amerikanischen Kontext. Allgemein zu den sozialwissenschaftlichen Forschungsmethoden Platt 1996 und zur Einübung des »Tatsachenblicks« Bonß 1982.

166 Vgl. König 1952, S. 29/30. Der Soziologe René König bezieht sich auf das amerikanische Sozialforschungsinterview, dessen Forschungstechniken er durch die Herausgabe ausgewählter Texte von amerikanischen oder in Amerika lebenden Sozialforschern erstmals 1952 einem deutschen Publikum vorstellte. Vgl. auch im gleichen Band den Artikel zum qualitativen Interview des Bureaus of Applied Social Research, S. 107–140.

167 Lindner 1990, S. 182.

168 Lemov 2015, S. 192.

169 Ebd., S. 194. Lemov beschäftigt sich in ihrem Buch mit der »Database of Dreams«, einem sozialwissenschaftlichen Projekt, in dem seit 1955 die Lebensgeschichten, Testresultate und vor allem Träume verschiedenster Probanden aus der ganzen Welt gesammelt und »as data and cold-stored for future use« auf Mikrofiche gespeichert wurden (ebd., S. 187). Lemov erzählt in ihrem Buch die Geschichte dieses Archivs und seiner Rolle in der Entwicklung von »big data«.

170 Vgl. Hoyle 1972, der drei Typen von Oral-History-Programmen identifiziert, die immer biografisch orientiert sind (S. 64/65).

171 K. K. Darrow an F. Seitz, 20.2.1961, APS, John A. Wheeler Papers, Series I, Box 26, B:W 564, S. 2. Shryock kannte Allan Nevins und Saul Benison persönlich, es ist zu vermuten, dass er den Kontakt für Kuhn herstellte.

172 Grele 1996, S. 63.

173 Vgl. die Definition des Zeitzeugen bei Sabrow 2012, S. 14: »Der Zeitzeuge im engeren Sinne [...] beglaubigt nicht so sehr ein außerhalb seiner selbst liegendes Geschehnis, wie dies der klassische Tat- und Augenzeuge tut; er konstituiert vielmehr durch seine Erzählung eine eigene Geschehenswelt.«

174 Grele 1996, S. 64–66.

175 Zur Oral History vor dem Columbia Oral History Program vgl. Hirsch 2007.

176 Nevins 1938, S. iv. Zu Nevins vgl. die biografische Studie von Fetner 2004.
177 Nevins 1938, S. 117.
178 Ebd., S. 194.
179 Ebd., S. 203, 204.
180 Vgl. Niethammer 1978, S. 465, oder auch Sharpless 2006, S. 22; zur Geschichte des Tonbandes Morton 2000 und Daniel et al. 1999.
181 Bombard 1955, S. 124/125. (Die Erwähnung der Kurzschrift bezieht sich u. a. auf die umfangreiche Sammlung stenografischer Interviews mit den »Pionieren« des amerikanischen Westens, die Hubert Howe Bancroft angelegt hatte und die 1954 zum Grundstock des neu gegründeten Regional Oral History Office in Berkeley gehörte, heute Oral History Center of the Bancroft Library. 1958 übernahm Willa Baum die Leitung des Büros; diese war auch mit Saul Benison bekannt.) Lorraine J. Daston beschreibt diesen Vorgang wie folgt: »Every new medium conjures its own all-encompassing yet compact documentary project« (Daston 2017b, S. 11).
182 Vgl. dazu Lee 2004, S. 874–878.
183 Gilb 1957, S. 335. Was nicht nur für Briefe, sondern auch für Notizen nach Konferenzen, Diskussionen oder informellen Absprachen und Tagebücher galt (Nunis 1963, S. 151).
184 Gilb 1957, S. 338.
185 Vgl. Niethammer 1978, S. 457, für den in der amerikanischen Oral History die »Erfahrung von Quellendefiziten« zum Ausdruck kommt. Niethammer blickt in einem (fingierten) Interview auf die Anfänge der Oral History in Deutschland zurück und resümiert dabei auch seine Erfahrungen in den USA (Niethammer 2017). Zu den Anfängen der Oral History und ihrer Mediengeschichte vgl. Hoyle 1972.
186 [Hand in:] Dixon/Mink 1969, S. 8, 11.
187 [Selesnick in:] Ebd., S. 19. Vgl. dazu die seit 1930 bestehende Reihe »A History of Psychology in Autobiography«, in deren Bänden autobiografische Darstellungen einzelner Psychologen mit anschließender Bibliografie ihrer Schriften gesammelt werden; vgl z. B. die Biografie von Joy Paul Guilford (Boring/Lindzey 1967, S. 167–191).
188 [Starr in:] Dixon/Mink 1969, S. 15 (Herv. i. Orig.).
189 Zur Ausbreitung siehe die sehr gute Zusammenfassung von Sharpless 2006; vgl. auch die anschaulichen Grafiken in Starr 1996, S. 46, 47.
190 Seldon 1996, S. 353.

5 Befragungsarbeit

191 Das beschäftigte auch die »Conference on Scientific Manuscripts«, die im Mai 1960 stattfand und deren Ergebnisse in einer Nummer der Zeitschrift *ISIS* 1962 veröffentlicht wurden. Hier ging es vor allem um die schriftlichen Hinterlassenschaften, also die Frage, wie die Nachlässe anerkannter Wis-

senschaftler archiviert werden könnten und welche Systematik man dafür zu entwerfen habe. Die Tagung war von der NSF finanziell unterstützt und von der History of Science Society organisiert worden (Woolf 1962, S. 3). Auf dieser Tagung sprach auch Saul Benison, Kuhns Berater in Sachen Oral History, und mahnte an, wie wichtig es sei, wissenschaftliche Entwicklungen als menschliches Tun aufzuzeichnen. Er bezog sich damit auf George Sarton: »The late historian of science, George Sarton, long ago pointed out that learning about the individual was peculiarly important for the history of science. ›Discoveries are evanescent for they are soon replaced by better ones. The historian must try not only to describe those evanescent discoveries but to find in science that which is timeless … It is the historian's main duty to revive the personalities, rather than to enumerate their scientific discoveries. Discoveries may be important but personalities are infinitely more so …‹« (Benison 1962, S. 114). Bei Sarton selbst heißt es: »The more science enters in our lives, the more it must be ›humanized,‹ and there is no better way to humanize it than to study its history.« (Sarton 1917, S. 284)

192 Vgl. zum Betroffensein die »Editorial Note« der ersten Ausgabe des *Journal of Contemporary History* ([Anonym] 1966, S. iii). Die bekannte Definition der Zeitgeschichte als »Epoche der Mitlebenden und ihre wissenschaftliche Behandlung« bei Rothfels (1953), S. 2. Vgl. als Überblick Metzler 2014.

193 Vgl. zum Zeitzeugen Sabrow 2012; zum wissenschaftlichen Zeugen als einer Figur, die nicht nur zuschaut, sondern gleichermaßen teilnimmt und bezeugt Shapin/Schaffer 1985, S. 55–69, Shapin 1988, S. 390, sowie Shapin 1994, S. 193–242.

194 Auch der Historiker Arthur Schlesinger sieht 1967 die Besonderheit der Zeitgeschichte darin, dass es sich um ein Schreiben »in face of the only people who can contradict it, that is, the actual participant« handelt (Schlesinger 1967, S. 74). Für die Vorteile der Zeitgeschichte, die in einer nie dagewesenen Quellenfülle bestünden, argumentiert Woodward 1966. Eben wegen dieser Fülle muss aber die Befragung in ein strenges Reglement gefügt werden, mithilfe einer »Technik der zeitgeschichtlichen Befragungen« (Hüttenberger 1969).

195 »Notes of Oral Interviewing«, 15.9.1961, APS, AHQP, Box 22, 530.1 AR 2.5, S. 1.

196 Ebd., S. 2.

197 Vgl. etwa die Rezension von Aldrich 1954.

198 Sullivan 1954a, in der Reihenfolge der angegebenen Aspekte: S. 34, 36, 47, 55 und zur Chronologie der Erzählung S. 89.

199 Sullivan 1954b, S. 39. Zu der Nutzung der Schriften Harry Stack Sullivans und anderer durch Sozialwissenschaftler wie David Riesman s. Lee 2008, S. 296/297.

200 Freud 1999b.

201 Ob Kuhn Sullivan gelesen hat, bleibt unklar. Seine Lektüre Freuds hatte er in den 1940er Jahren mit der enttäuschenden Erkenntnis beendet, dass diese ihm nicht den kleinsten Anhaltspunkt für die psychologischen Muster eines Zustandekommens von Wissen erbracht hätten (vgl. Isaac 2012b, S. 98). Trotz dieser Erfahrung war er mit psychoanalytischen Verfahren vertraut, »the Kuhn family was imbued with the enthusiatic American Freudianism of the 1930s.« (Forrester 2007, S. 785.) Seine Mutter, die als Lektorin arbeitete, hatte einige der Bücher von Karen Horney herausgegeben, eine der populärsten psychoanalytischen Autorinnen der Zeit (ebd.). Diese wiederum gehörte dem gleichen Kreis der Neo-Freudianer an wie auch Sullivan (Brinich/Shelley 2002, S. 65/66). Darüber hinaus hatte Kuhn in den 1940er Jahren eine Psychoanalyse begonnen (wenn auch abgebrochen), man kann deshalb annehmen, dass er mit den wesentlichen Prinzipien eines solchen Vorgehens und dessen Bedeutungen, ja mit der Atmosphäre vertraut war. (Vgl. Forrester 2007, S. 787/788, den engen Kontakt Kuhns zu Psychologen beschreibt Kaiser 2016.) In seinem Buch über die Kopernikanische Revolution stellt er die psychoanalytischen Theorien Freuds auf die gleiche Stufe wie Einsteins Relativitätstheorien (Kuhn 1957, S. 4).

202 T. S. Kuhn, J. L. Heilbron, Interview mit Alfred Landé, 5.3.1962, AHQP/MPIWG, S. 1.

203 »Ich besaß damals noch die Gabe eines phonographischen Gedächtnisses.« Freud 1999a, S. 3. Und an anderer Stelle: »Das Gespräch, in dem die psychoanalytische Behandlung besteht, verträgt keinen Zuhörer« – auch keinen technischen, so könnte man hinzufügen –, denn die »Mitteilungen, deren die Analyse bedarf, macht er [der Patient, AtH.] nur unter der Bedingung einer besonderen Gefühlsbindung zum Arzt; er würde verstummen, sobald er einen einzigen, ihm indifferenten Zeugen bemerkte.« (Freud 1999c, S. 10)

204 Vgl. Birdsall et al. 2015, S. 66, auch Lempert 2019.

205 Benutzt wurden ein skandinavisches Gerät, »Tandberg Model 8«, und ein deutsches Modell, das »Uher Universal« (»Transcript Editing Policy«, vorangestellt in: T. S. Kuhn, J. L. Heilbron, Interview mit Alfred Landé, 5.3.1962, AHQP/MPIWG, o. S.), das seit 1958 hergestellt wurde und als *state of the art* galt.

206 Woolfenden 1962; T. S. Kuhn an W. Heisenberg, 14.11.1962, AMPG, Nachlass Werner Heisenberg, III. Abt., Rep. 93, Nr. 1561. Vgl. auch Samuel Becketts Stück »Krapp's last tape«, in dem der alternde Krapp mittels eines Tonbandes mit seinen jugendlichen Sprachaufnahmen unangenehm konfrontiert wird und sich selbst als technisches Gegenüber sieht und hört (Beckett 1959).

207 T. S. Kuhn, Interview mit Gregor Wentzel, 3., 4., 5.2.1964, AHQP/MPIWG, S. 1.

208 Das Tonband selbst entstammte – zu einem nicht geringen Teil – dem Krieg. »Tonbandmaschinen für die Soundmontage, Hifitechnik für die Obertonbefreiung, Stereophonie für simulierte Räume, Synthesizer oder Vocoder – jede einzelne dieser Techniken geht auf den Zweiten Weltkrieg zurück.« (Kittler 2013, S. 207/208) Die Generation der um 1960 interviewten Personen hatte die Entwicklung dieser Technik wahrgenommen, wenn nicht gar gestaltet, und neben den Atomprogrammen auch die Nachrichtentechnik und damit die Verbreitung des Radios und des Tonbandgeräts in die privaten Haushalte beobachten können. Das von Friedrich Kittler als »Heeresgerät« betitelte Equipment versuchte sich zwar von dieser Herkunft zu befreien, doch sie ist in den meisten Projekten der 1940er und 1950er Jahre präsent (vgl. etwa Witherspoon 2002, S. 29–47).

209 Roe 1953, S. 43.

210 Die »Transcript Editing Policy« ist allen Transkriptionen zu Beginn vorangestellt. Sie datiert auf den 6. Juni 1962 und wurde am 20. Juli 1964 revidiert; vgl. etwa T. S. Kuhn, J. L. Heilbron, Interview mit Alfred Landé, 5.3.1962, AHQP/MPIWG, o. S. Im bereits erwähnten Landé-Interview vom März 1962 finden sich noch zahlreiche Stellen mit Sternchen oder Kommentaren in eckigen Klammern: »[A discussion of the sense of crisis in physics before 1925 as expressed by some comments of Pauli in the Pauli Memorial Volume is here omitted.]« (T. S. Kuhn, J. L. Heilbron, Interview mit Alfred Landé, 6.3.1962, AHQP/MPIWG, S. 19). Der Band war von Markus Fierz und Victor Weisskopf 1960 unter dem Titel *Theoretical Physics in the Twentieth Century. A Memorial Volume to Wolfgang Pauli* herausgegeben worden (Fierz/Weisskopf 1960). Der Grund, warum diese Stelle gestrichen wurde, liegt nicht im mangelnden Interesse an Krisenphänomenen als vielmehr darin, dass die Bemerkung auf bereits Publiziertem beruhte. Diese Art der Auslassung ist in den späteren Interviews nicht annähernd so häufig zu finden.

211 Vgl. dazu Gottschalk et al. 1945; in dem Vorwort beschreibt der Anthropologe Robert Redfield das »human or personal document« als eines, »in which the human and personal characteristics of somebody who is in some sense the author of the document find expression, so that through its means the reader of the document comes to know the author and his views of events with which the document is concerned.« (Ebd., S. vii)

212 Benison 1967, S. ix–x; vgl. auch Benison 1971, S. 292.

213 S. Benison an T. S. Kuhn, 8.1.1962, APS, AHQP, Box 17, 530.1 AR 2.5. Benison kündigt hier seinen Aufsatz über »Oral History and Manuscript Collecting« an und es ist offensichtlich, dass Kuhn und Heilbron sich nach dessen Anweisungen gerichtet haben (Benison 1962, S. 114; vgl. auch Be-

nison 1965). In Benisons wenige Jahre später erscheinender Darstellung des Mediziners und Virologen Tom Rivers, an der er bereits während der Beratung Kuhns arbeitete, gibt er eine individualisierte Darstellung der Entstehung seiner Datensammlung und reflektiert in der Einleitung über den Prozess der Quellenherstellung (vgl. Benison 1967).

214 H. Woolf an J. A. Wheeler, 12.9.1960, Anlage, APS, John A. Wheeler Papers, Series I, Box 26, B:W 564, S. 2.

215 Der selbstreflektive Anspruch Benisons ließ ihn schließlich ein einziges Buch fertigstellen, die Biografie von Tom Rivers. Das zweite Unternehmen, eine Biografie des Physiologen Walter B. Canon, nahm er bereits gemeinsam mit einem Kollegen in Angriff. Der erste Band erschien, an dem zweiten konnte er nicht mehr mitarbeiten. Seine umfangreichen Sammlungen zu dem Mediziner und Virologen Albert Sabin schloss er nie ab.

216 Lutz Niethammer charakterisierte es 1978 wie folgt: »Das vielleicht bedeutendste wissenschaftsgeschichtliche Oral-History-Projekt über die Entstehung der Quanten-Physik unter der Leitung von Thomas S. Kuhn (1962–64, 175 Interviews mit circa 95 Physikern), das sehr sorgfältig vorbereitet worden war, endet mit einer sehr abgewogenen Darstellung des hohen Aufwands und des z. T. unerwarteten Ergebnisses, dessen Wert oft eher im sozialautobiografischen Einblick als im Zeugnis wissenschaftlichen Fortschritts lag, sowie einer Masse von Archivmaterial, dessen Sammlung z. T. durch Interviews angebahnt worden war.« Niethammer 1978, S. 472.

217 Benison 1967, S. ix.

218 H. Woolf an J. A. Wheeler, 12.9.1960, Anlage, APS, John A. Wheeler Papers, Series I, Box 26, B:W 564, S. 1. Vgl. auch Wheeler im abschließenden Vorwort der Projektpublikation: »During the twentieth century standards of professional publication have become more and more impersonal, and it is now harder than it has ever been to get from published sources hints about how ideas started and about how they developed.« (Kuhn et al. 1967, S. viii)

219 Die Literatur zu Zeugenschaft und Geschichtswissenschaft ist immens; einen guten Überblick bieten Sabrow/Frei 2012 und Saupe 2012. Zu Zeugenschaft und Interviews mit Holocaustüberlebenden wie auch dem Eichmann-Prozess vgl. Wieviorka 2006 und Taubitz 2016, S. 63–65.

220 Holton 1961, S. 807. Der Text Holtons, den bereits Merton zitiert hatte (vgl. Einleitung in diesem Band), ging aus seinen Eröffnungsworten zu der Tagung »Topics in the history of modern physics« im Februar 1961 hervor. Auf dieser Tagung wurden Physiker wie A. H. Compton oder C. D. Anderson gebeten, über ihre vergangenen Entdeckungen zu berichten.

221 Kuhn 1976, S. 62.

222 »Progress Report«, 26.4.1962, APS, AHQP, Box 23, 530.1 AR 2.5, S. 2.

223 Ebd., S. 2/3. Von den zahlreichen Interviews werden insgesamt drei mit Quantenphysikerinnen geführt: Maria Goeppert-Mayer, Lise Meitner und Hertha Sponer.

224 Es war Teil der sogenannten »trial interviews«, mithilfe derer man Vorgehen und Ausführung der Interviews erproben wollte; vgl. »Informal minutes«, 31.3.1961, APS, John A. Wheeler Papers, Series I, Box 26, B:W 564, S. 3; Kuhn et al. 1967, S. 1 (»experimental interview«).

225 T. S. Kuhn, J. L. Heilbron, Interview mit Alfred Landé, 5.3.1962, AHQP/MPIWG, S. 5/6.

226 Mit der »Bohr-Veröffentlichung« ist die erstmalige Formulierung des Atommodells durch Niels Bohr (Bohr 1913) gemeint.

227 T. S. Kuhn, J. L. Heilbron, Interview mit Alfred Landé, 5.3.1962, AHQP/MPIWG, S. 6/7; die vier Sternchen signalisieren laut »Transcript Editing Policy«, dass an dieser Stelle ein erheblicher Teil der Transkription gestrichen worden ist (bis zu einer halben Seite).

228 Ebd., S. 9/10.

229 Was schließlich zu ihrem Aufsatz über die »Genesis of the Bohr Atom« beitragen wird (Heilbron/Kuhn 1969), vgl. dazu Kapitel 9 in diesem Band.

230 Die erste, öffentlichkeitswirksame wissenschaftliche Entdeckungsgeschichte erscheint – meines Wissens – 1968 mit *The Double Helix. A Personal Account of the Discovery of the Structure of* DNA. Dort beschreibt James D. Watson, wie es zur Doppelhelix-Struktur kam, die ihm neben Francis H. C. Crick und Maurice H. F. Wilkins 1962 den Nobelpreis für Medizin eingebracht hatte.

231 »Progress Report«, 26.4.1962, APS, AHQP, Box 23, 530.1 AR 2.5, S. 4.

232 T. S. Kuhn, J. L. Heilbron, Interview mit Alfred Landé, 6.3.1962, AHQP/MPIWG, S. 15; vgl. dazu auch Forman 1970, S. 222.

233 T. S. Kuhn, J. L. Heilbron, Interview mit Alfred Landé, 8.3.1962, AHQP/MPIWG, S. 32/33, Zitat S. 33.

234 Ebd., 6.3.1962, AHQP/MPIWG, S. 13.

235 Ebd., S. 14.

236 Hier bezieht sich Kuhn auf den bereits genannten Band zu Ehren Wolfgang Paulis (Fierz/Weisskopf 1960) und den darin enthaltenen Artikel von Ralph Kronig: »The Turning Point«, der mit der Schilderung seines Aufenthalts in Tübingen beginnt (Kronig 1960).

237 T. S. Kuhn, J. L. Heilbron, Interview mit Alfred Landé, 7.3.1962, AHQP/MPIWG, S. 24/25.

238 Vgl. zu diesem Vorgehen auch die ähnliche Arbeitsweise Saul Benisons (Benison 1967, S. xii–xiii).

239 Vgl. Liste, die dem Interviewtranskript vorangestellt ist, in: Landé, Alfred (Biography), AHQP/MPIWG, Blatt 9–13, das Zitat A. Landé an T. S. Kuhn, 30.1.1962, Blatt 20.

240 A. Landé an T. S. Kuhn, o. D., ebd., Blatt 21.

241 Vermutlich hat Landé die Korrespondenz erst nach den Interviews, also zwischen April und Juli 1962, gefunden. In den Interviews werden sie an keiner Stelle erwähnt und der angeführte Heureka-Brief ist undatiert. Die Briefe bilden die zentrale Grundlage für Paul Formans spätere Dissertation.

242 Blickt man heute in die Landé betreffende Aktenmappe, so sind da zunächst die vier ausführlichen Interviews vom März 1962. Ein fünftes, sehr kurzes Interview wird im Juni von Kuhn geführt. Hinzu kommt der vom Projekt erstellte Lebenslauf Landés mit der Nennung der beruflichen Stationen und der veröffentlichten Aufsätze; eine Publikationsliste mit den Veröffentlichungen von Landé; eine ausgefüllte »Biography Check List for Living Scientists« sowie drei ausgeschnittene biobibliografische kopierte Einträge zur Person aus *J. C. Poggendorffs biographisches-literarisches Handwörterbuch der exakten Naturwissenschaften* (hier Bd. 5 von 1926, Bd. 6 von 1938 sowie Bd. 7a von 1959). Eine weitere Veröffentlichungsliste (identisch mit der ersten), die die handschriftliche Hinzufügung »prepared by Landé« trägt. Drei Briefe von Landé an das Projekt, seine schriftlichen Dokumente betreffend, und ein von Landé verfasstes »Postskript«. Schließlich das *outline* für die Interviews mit Landé vom März 1962 [Abb. 7a–d]. Den Abschluss bildet eine »List of Reprints given by A. Landé to Sources for History of Quantum Physics« mit der Auflistung von fast 400 Aufsätzen und über 20 Dissertationen. Nicht alle Mappen zu einer Person waren so reichhaltig wie die den Interviews beigegebenen Dokumente von und über Landé (vgl. Landé, Alfred (Biography), AHQP/MPIWG).

243 »Progress Report«, 26.4.1962, APS, AHQP, Box 23, 530.1 AR 2.5, S. 3. Kuhn berichtet, dass man bis in den April 1962 17 Interviews mit zehn verschiedenen Personen geführt habe, darunter auch das mit Landé. Vgl. die Liste der Interviews nach Tonbändern, resp. zeitlichen Verlauf geordnet (https://www.amphilsoc.org/guides/ahqp/). Gezählt wurden die ersten Interviews von Februar bis April 1962 mit L. Brillouin, P. Dirac, P. P. Ewald, M. Goeppert-Mayer, A. Landé, R. Minkowski, M. Polanyi, F. Reiche, G. E. Uhlenbeck, J. A. Wheeler.

244 Dort bekam Kuhn sogar ein Büro zur Verfügung gestellt; nachdem er einige der Gespräche in der Wohnung seiner Eltern geführt hatte, machte er von diesem Büro auch Gebrauch (vgl. T. S. Kuhn an G. E. Uhlenbeck, 22.1.1962, AIP Archives, Samuel A. Goudsmit Papers, 1921–1979, Series IV, Subseries B, Box 28, Folder 45, S. 2).

245 Dass diese Aufteilung in theoretisch und experimentell arbeitende Physiker mehr beinhaltete als verschiedene Arbeitsweisen ist heute eine gängige Interpretation, die auch ein weiteres Gespräch mit Landé im Juni 1962 bekräftigt: Im Verlauf des Interviews sprach man über Göttingen als Ort, an dem Mathematiker und theoretisch interessierte Physiker zusammenkommen konnten. Kuhn fragte Landé nach der Situation in Göttingen und Landé beschrieb die reichen Möglichkeiten des Zusammentreffens zweier unterschiedlicher Disziplinen: Dies sei nicht nur dem gegenseitigen Interesse geschuldet gewesen, sondern auch Orten wie dem »Mathematischen Lesezimmer« und den Cafés. »In general, among the mathematicians and physicists who gathered in cafés, are the physicists all theoretical physicists?« Ja, die meisten von ihnen seien das gewesen, antwortet Landé, denn die Experimentalisten mussten die ganze Zeit auf ihre Röhren und Zähler achten, sie hätten »no time to go to cafés« gehabt. Damit brachte Landé das Bohèmegefühl der theoretischen Physiker in wenigen Worten auf den Punkt. Die Arbeit im Café und die mathematische Kalkulation mit philosophischem Anflug stand hier im Gegensatz zu der Arbeit im Labor (T. S. Kuhn, Interview mit Alfred Landé, 15.6.1962, AHQP/MPIWG, S. 1., Herv. i. Orig.).

246 T. S. Kuhn, Interview mit George E. Uhlenbeck, 30.3.1962, AHQP/MPIWG, S. 1.

247 Ebd., 31.3.1962, AHQP/MPIWG, S. 21.

248 Eine Intuition, die auch Paul Forman in seinem berühmten »Weimar-Paper« in den Mittelpunkt stellen wird; vgl. dazu genauer Kapitel 9 in diesem Band.

249 T. S. Kuhn, Interview mit George E. Uhlenbeck, 30.3.1962, AHQP/MPIWG, S. 6.

250 Ebd., S. 2, 5.

251 Ebd., 31.3.1962, AHQP/MPIWG, S. 14.

252 Ebd., S. 19/20.

253 »Wenn sie sich lediglich darüber klar sind, daß etwas grundlegend falsch gelaufen ist«; »Empfinden einer Störung«, Kuhn 1976, S. 99.

254 T. S. Kuhn, Interview mit George E. Uhlenbeck, 5.4.1962, AHQP/MPIWG, S. 16.

255 Seth 2007, dessen Studie sich dem Vokabular der ›Krise‹ in der theoretischen Physik und der Frage widmet, inwiefern von den Protagonisten um 1900 und in den 1920er Jahre wie auch den nachfolgenden Wissenschaftshistorikern ein stereotypes Narrativ aufgebaut wird. Gleiches könnte man für den Ausdruck des ›Kampfes von Ideen‹ um Akzeptanz und Gültigkeit beschreiben, der schon für Alexandre Koyré und auch für Kuhn einen wichtigen Topos darstellte und schließlich im Aufruf des Projekts in dem Ausdruck »battle of minds« seinen Niederschlag findet.

256 Vgl. D. Hoffmann, A. te Heesen, Interview mit John L. Heilbron, 4.11.2013, hier S. 11 (Archiv der Autorin).

257 »First Year-End Report«, 8.8.1962, APS, AHQP, Box 23, 530.1 AR 2.5, S. 2–5.

258 T. S. Kuhn, M. Mayer [sic!], Interview mit James Franck und Hertha Sponer, 12.7.1962, AHQP/MPIWG, S. 12.

259 Ebd., S. 8.

260 T. S. Kuhn, M. Mayer [sic!], Interview mit James Franck, 11.7.1962, AHQP/MPIWG, S. 7.

261 Vgl. zum Zusammenhang des bürgerlichen Gesprächs und dem Gesellschaftszimmer als semi-privatem Raum Linke 1996 und te Heesen 2022, zur langen Geschichte der Konversationstheorien Schmölders 1979, hier bes. ihre Einleitung (S. 9–67).

262 T. S. Kuhn, M. Mayer [sic!], H. Sponer, Interview mit James Franck, 9.7.1962, AHQP/MPIWG, S. 1, 2.

263 T. S. Kuhn, M. Mayer [sic!], Interview mit James Franck und Hertha Sponer, 13.7.1962, AHQP/MPIWG, S. 8.

264 T. S. Kuhn, M. Mayer [sic!], Interview mit James Franck, 10.7.1962, AHQP/MPIWG, S. 5/6.

265 Ebd., S. 8.

266 Ebd., S. 11. Aber Kuhn hatte mit Stern kein Glück. Friedrich Hund versuchte es noch einmal im Mai 1964; wieder durfte das Gespräch nicht aufgezeichnet werden und Hund vermerkte lediglich: »Stern traf Franck auf den Wällen von Laon um 1916. Der Leutnant Franck nahm den Unteroffizier Stern in ein Café mit. Sie sprachen über den Franck-Hertz-Versuch; Stern berichtete dabei Bohrs Theorie. Franck glaubte noch an Ionisierung des Hg. 1918 waren Stern, Franck und Vollmer in Berlin; auf Spaziergängen im Grunewald wurde über Physik diskutiert.« (F. Hund, Interview mit Otto Stern, 30.5.1964, AHQP/MPIWG, S. 1)

267 »First Year-End Report«, 8.8.1962, APS, AHQP, Box 23, 530.1 AR 2.5, S. 4.

268 Ebd.

269 Ebd.

270 Zu den von Franck geschilderten Momenten z.B. T. S. Kuhn, M. Mayer [sic!], Interview mit James Franck, 10.7.1962, AHQP/MPIWG, S. 6/7. Kuhn kam am übernächsten Tag darauf noch einmal zu sprechen: T. S. Kuhn, M. Mayer [sic!], Interview mit James Franck und Hertha Sponer, 12.7.1962, AHQP/MPIWG, S. 5.

271 Ebd., 14.7.1962, AHQP/MPIWG, S. 18.

272 Zit. n. »First Year-End Report«, 8.8.1962, Attachment IV, APS, AHQP, Box 23, 530.1 AR 2.5, S. 1. Das Interview ist im eigentlichen AHQP-Archiv in einer leicht gekürzten Version eingestellt: T. S. Kuhn, G. E. Uhlenbeck, Interview mit Peter Debye, 3.5.1962, AHQP/MPIWG, S. 5.

273 »First Year-End Report«, 8.8.1962, APS, AHQP, Box 23, 530.1 AR 2.5, S. 3.

274 T. S. Kuhn, M. Mayer [sic!], Interview mit James Franck, 10.7.1962, AHQP/MPIWG, S. 11.

275 Alle Zitate aus T. S. Kuhn, Interview mit Otto Stern, 29.5.1962, AHQP/MPIWG, S. 1.

276 Dazu zählen neben Otto Stern (Mai 1962) auch Hedwig Kohn (Juni 1962), Patrick Maynard Stuart Blackett (Dezember 1962) und Gregor Wentzel (Februar 1964). Die Interviews mit Victor Fritz Lenzen (Juni 1962) und Geoffrey Ingram Taylor (Mai 1963) wurden ebenfalls nicht aufgezeichnet, waren aber mehr oder minder zufällig zustande gekommen.

277 T. S. Kuhn, Interview mit Hedwig Kohn, 7.6.1962, AHQP/MPIWG, S. 1.

278 J. L. Heilbron, Interview mit Patrick M. S. Blackett, 17.12.1962, AHQP/MPIWG, S. 1.

279 »Progress Report«, 26.4.1962, APS, AHQP, Box 23, 530.1 AR 2.5, S. 3. Was er hier als Wissenschaftssoziologie im Sinn gehabt haben mag, hat vor ihm Robert K. Merton betrieben und setzt wenig später auch Harriet Zuckerman mit ihren Studien zu Nobelpreisträgern um (Zuckerman 1967).

280 Kuhn 1976, S. 226.

281 T. S. Kuhn, Interview mit Michael Polanyi, 15.2.1962, AHQP/MPIWG, S. 6.

282 Ebd., S. 12.

283 Vgl. Polanyi 2000.

284 Es lohnt sich, den Text Polanyis mit dem drei Jahre zuvor erschienenen Aufsatz Kuhns über »The Essential Tension: Tradition and Innovation in Scientific Research« (Kuhn 1997a) zu vergleichen und die erstaunlichen Gemeinsamkeiten herauszuarbeiten. Über die Gruppe der Wissenschaftler als Modell des idealen freien Austauschs vgl. Shapin 2008, S. 57–91, und über die dazugehörige Ikonografie te Heesen 2019.

285 Vgl. dazu Beddeleem 2020, der in seiner historischen Aufarbeitung des Neoliberalismus auf die ökonomischen, aber auch wissenschaftstheoretischen Entwicklungen der 1930er und 1940er Jahre verweist, an denen Polanyi maßgeblich beteiligt war. Zu Polanyi umfassend Nye 2011, vor allem Kapitel 6 und 7, in denen die Autorin sich mit dem politischen Kontext von Wissenschaftsfreiheit auseinandersetzt.

286 Zuletzt zu dieser *community*, ihren die Welt verändernden Erkenntnissen und der damit verbundenen Faszination Hürter 2021.

7 In Europa

287 Zur Geschichte seines Archivs vgl. https://www.nbarchive.dk/about_us/past-present-future/past/.

288 Vgl. »Progress Report«, 26.4.1962, APS, AHQP, Box 23, 530.1 AR 2.5, Anlage.

289 »Second Year-End Report«, 28.10.1963, APS, AHQP, Box 23, 530.1 AR 2.5, S. 1. Ursprünglich hatte man versucht, jemanden aus Europa für eine dritte volle Stelle zu finden, dies ließ sich aber nicht realisieren (T. S. Kuhn

an Members of Joint Committee, in: »Progress Report«, 26.4.1962, APS, AHQP, Box 23, 530.1 AR 2.5).

290 »Second Year-End Report«, 28.10.1963, APS, AHQP, Box 23, 530.1 AR 2.5, S. 1.

291 Zu Rosbaud vgl. umfassend Schmidtke 2020.

292 Vgl. »News from the American Institute of Physics«, 28.9.1961: »Dr. Paul Rosbaud to receive first John T. Tate Medal of American Institute of Physics« (https://www.aip.org/sites/default/files/aipcorp/files/awards/tate-rosbaud.pdf).

293 Kuhn et al. 1967, S. 6.

294 T. S. Kuhn an P. Rosbaud, 3.7.1962, AIP Archives, Samuel A. Goudsmit Papers, 1921–1979, Series IV, Subseries B, Box 28, Folder 45, S. 1.

295 Man legte den »Appeal« bei, eine Liste mit relevanten Namen und schließlich eine kürzere Liste mit solchen Namen, die in direkter Verbindung zur angeschriebenen Institution standen. Der Rücklauf mit circa 60 Prozent aller angeschriebenen Institutionen wurde als zufriedenstellend gewertet. Vgl. »Second Year-End Report«, 28.10.1963, APS, AHQP, Box 23, 530.1 AR 2.5, S. 7.

296 Etwa Bohr 1961, S. 1091.

297 Z. B. ebd., S. 1092.

298 Ebd.

299 Laut John L. Heilbron war die letzte historische Arbeit, der Bohr sich selbst schreibend widmete, ein Vortrag anlässlich einer Tagung im Oktober 1961 zur Geschichte der berühmten Solvay-Konferenzen; vgl. Heilbron 2020, S. 115.

300 Vgl. ebd., S. 106–111, der diese Entwicklung schildert; auch Carson 2010, S. 409.

301 Frayn 2001 beschäftigt sich mit diesem Treffen Bohrs und Heisenbergs 1941 in Kopenhagen in einem Theaterstück. Die dem Stück beigefügten wissenschaftshistorischen Kommentare geben eine ausführliche und sorgfältig abwägende Darstellung des Ereignisses wieder; vgl. hier vor allem Cathryn Carsons Beitrag (Carson 2001).

302 T. S. Kuhn, L. Rosenfeld, E. Rüdinger, A. Petersen, Interview mit Niels Bohr, 31.10.1962, AHQP/MPIWG, S. 1, 2 sowie ebd., 1.11.1962, AHQP/MPIWG, S. 1.

303 Ebd., 31.10.1962, AHQP/MPIWG, S. 5.

304 Ebd., S. 8.

305 Ebd., 7.11.1962, AHQP/MPIWG, S. 14.

306 Vgl. die Schilderung der letzten Monate von seinem Biografen Abraham Pais, der vermerkt: »Listening to the tapes of these talks [gemeint sind die Interviews Kuhns, AtH.] one can hear deep fatigue in his voice.« Vgl. Pais 1991, S. 529.

307 T. S. Kuhn an Joint Committee, 7.12.1962, APS, AHQP/MPIWG, Box 23, 530.1 AR 2.5, S. 1.

308 Ebd., S. 2. Zugleich – so weiter im Bericht – war neue Unterstützung durch die Person von Théo Kahan aufgetaucht, einem Physiker des Institut Henri Poincaré in Paris, der für das Projekt Interviews in der französischen Metropole arrangiert hatte und mit dem Kuhn gemeinsam eine Reihe von Gesprächen führte. Dass Kuhn die Unterstützung von Kahan gewinnen konnte, war nicht unwichtig: Kahan selbst war an einer solchen Interviewreihe interessiert gewesen und wurde deshalb schon früh in die Sources einbezogen. Bereits im Antrag an die NSF wurde Kahan neben Gerald Holton, Martin J. Klein und Emilio Segré genannt. Während der Laufzeit des Projekts in Berkeley tauchten Gerüchte auf, dass es weitere, durchaus auch kommerziell orientierte Interviewprojekte mit den Heroen der Quantenphysik geben könnte. Goudsmit erkundigte sich deshalb im Januar 1962 bei Rosbaud, der wiederum wenige Tage später in einem Brief eine Einschätzung dessen gab, was er gehört habe: »I have, however, heard another rumour – it seems to be more than a rumour – that Professor Kahan, Paris (professor of theoretical physics) is engaged in a project very similar to that of Kuhn.« (P. Rosbaud an S. A. Goudsmit, 11.1.1962, AIP Archives, Samuel A. Goudsmit Papers, 1921–1979, Series IV, Subseries B, Box 28, Folder 45.) Wenige Monate später besuchte Kahan das Projekt in Kopenhagen und es ist anzunehmen, dass es zu einem Zusammenschluss kam. Kahan selbst wird in der Danksagung des Projekts in der finalen Veröffentlichung neben Paul Rosbaud, Friedrich Hund und anderen als wichtiger Unterstützer genannt. Vgl. Kuhn et al. 1967, S. 1.

309 T. S. Kuhn an S. A. Goudsmit, 15.2.1963, AHQP/MPIWG, Mikrofilm 1419-07, Blatt 814–815, S. 1. Charles Galton Darwin war theoretischer Physiker und hatte in Manchester mit Niels Bohr und Ernest Rutherford zusammengearbeitet; er starb am 31.12.1962.

8 Kuhn und Heisenberg

310 T. S. Kuhn an Joint Committee, 7.12.1962, APS, AHQP, Box 23, 530.1 AR 2.5, S. 2.

311 Während man in Kopenhagen Besucher empfing und diese gemeinsam vor Ort interviewte, waren oftmals bei den Interviews auf den Reisen des *director* und *assistant director* befreundete oder über das Projektnetzwerk kontaktierte *senior physicist interviewers* wie Kahan, oder auch die *living sources* selbst zugegen, wie Friedrich Hund und Gustav Hertz.

312 T. S. Kuhn an Joint Committee, 4.2.1963, APS, AHQP, Box 23, 530.1 AR 2.5, S. 2.

313 Ebd.

314 John L. Heilbron schildert einen weiteren Zusammenhang, der erklärt, warum Kuhn das Heisenberg-Interview so positiv aufnahm: »We had many talks with our Danish colleagues, primarily Aage Petersen and Erik Rüdinger, about *Structure*. Petersen argued persuasively (so I thought) that the scheme of paradigms and revolutions did not work very well for the old quantum theory, in which formulations and exemplars changed so often. Perhaps this consideration helped make Kuhn doubt that he would get the information he wished for from the project as originally conceived.« (J. L. Heilbron, E-Mail an die Autorin, Juli 2018) Mit anderen Worten: Kuhn war durch Heisenbergs affirmative Art ihm gegenüber nicht zuletzt geschmeichelt, wenngleich, wie Heilbron der Autorin gegenüber hervorhebt, Kuhn zwar Heisenberg gern Glauben schenken wollte, als Historiker aber wusste, dass er dies nicht in Gänze tun dürfe.

315 T. S. Kuhn, Interview mit Werner Heisenberg, 27.2.1963, AHQP/MPIWG, S. 20/21.

316 »the nature of science«, Gillispie 2006, S. 343.

317 Kuhn 1976, S. 15–24, das Zitat S. 16.

318 Ebd., S. 15.

319 Vgl. auch Forrester 2007 und explizit zur Rolle der Psychologie in Kuhns Buch sowie seine Kontakte zu Psychologen Kaiser 2016.

320 Kuhn 1976, S. 98. Ein Beispiel, das er direkt aus Hansons »Pattern of Discovery« bezogen hat; vgl. Hanson 1958, S. 13/14.

321 Kuhn 1976, S. 98.

322 Ebd., S. 99.

323 »What intervened between the first sense of trouble and the recognition of an available alternate must have been largely unconscious.« Ebd.

324 Ebd., S. 169.

325 Ebd., S. 126/127.

326 Ebd., S. 96/97.

327 Ebd., S. 97.

328 Ebd., S. 99.

329 Die Vorbereitungen zu diesen detaillierten Frage-Antwort-Szenen im Büro Heisenbergs waren von langer Hand geplant. Erste Briefe wurden mit Samuel A. Goudsmit im Januar 1962 ausgetauscht, als Kuhn für das Projekt warb und Heisenberg schließlich selbst um Mitarbeit bat (T. S. Kuhn an W. Heisenberg, 15.2.1962 und 3.11.1962, AMPG, Nachlass Werner Heisenberg, III. Abt., Rep. 93, Nr. 1561). Im Verlauf des Jahres wurden die Pläne konkreter und waren schließlich im Sommer 1963 abgeschlossen. Insgesamt wurden 12 Interviews von November 1962 bis Juli 1963 geführt, aus denen über 300 transkribierte Seiten resultierten.

330 »Though I hope and expect that this outline will help to make our conversations fruitful, I think we ought not plan to work directly from it. At least

some part of the informality which we achieved in our first talk ought to be preserved. There are many questions I do not know enough to ask, and I hope you will continue to feel able to follow any line of thought wherever it leads you. The outline should serve in part as a stimulus and in part as a check on ground covered, but it must not become the rigid guide of our discussion.« (T. S. Kuhn an W. Heisenberg, 7.1.1963, AMPG, Nachlass Werner Heisenberg, III. Abt., Rep. 93, Nr. 1561, S. 1). Zum Begriff des *outlines* im Projektzusammenhang vgl. auch seine Bezeichnung als »questionnaire«, »briefing sheets« oder »advance inquiries« (»First Year-End Report«, 8.8.1962, APS, AHQP, Box 23, 530.1 AR 2.5, S. 4).

331 Cathryn Carson beschreibt in ihrem Buch den Wissenschaftler Heisenberg und die öffentlich präsente Figur im Nachkriegsdeutschland; vor allem seine 1969 erscheinende wissenschaftliche Biografie *Der Teil und das Ganze. Gespräche im Umkreis der Atomphysik* katapultierte dieses Buch des Physikers in die Bestseller-Listen (vgl. Carson 2010, S. 145–154). Zu Heisenberg im Überblick Cassidy 1992.

332 T. S. Kuhn, Interview mit Werner Heisenberg, 7.2.1963, AHQP/MPIWG, S. 5; Heisenberg zitiert wörtlich aus den *outlines*, vgl. Kuhn et al. 1967, S. 153.

333 T. S. Kuhn, Interview mit Werner Heisenberg, 13.2.1963, AHQP/MPIWG, S. 20.

334 Ebd., 22.2.1963, AHQP/MPIWG, S. 24.

335 Ebd., 13.2.1963, AHQP/MPIWG, S. 15.

336 Ebd., 15.2.1963, AHQP/MPIWG, S. 2.

337 Ebd., S. 3.

338 Ebd., 11.2.1963, AHQP/MPIWG, S. 10.

339 Ebd., 27.2.1963, AHQP/MPIWG, S. 13.

340 Vgl. dazu auch den »Progress Report« von 1962, in dem Kuhn schreibt: »I think no one will be able to listen to the tapes or read the edited transcripts without acquiring full appreciation of the individual character of the various main research centers and of the impact of the personalities and leadership of a number of the central figures in the development of quantum physics.« (»Progress Report«, 26.4.1962, APS, AHQP, Box 23, 530.1 AR 2.5, S. 3.)

341 T. S. Kuhn, Interview mit Werner Heisenberg, 7.2.1963, AHQP/MPIWG, S. 8.

342 Ebd., S. 17.

343 Ebd. Wie viele »schöne Geschichte[n]« er auf Lager hatte, wird deutlich, wenn man die zahlreichen Erinnerungen Heisenbergs (in Vorträgen, in der Autobiografie, in Interviews) miteinander abgleicht: Dazu gehört die Geschichte, wie er sich in München bei dem Mathematiker Ferdinand von Lindemann vorstellte und von dessen Hündchen mundtot gemacht

wurde, oder auch die Geschichte des Spaziergangs mit Niels Bohr auf dem Göttinger Hainberg während der »Bohr-Festspiele« 1922. Der Spaziergang wurde etwa in dem Interview mit Kuhn (ebd., 30.11.1962, AHQP/MPIWG, S. 13/14), in dem Gedenkband für Niels Bohr (Moore 1966, S. 128) und in den Memoiren Heisenbergs (Heisenberg 1969, S. 59–65) geschildert.

344 T. S. Kuhn, Interview mit Werner Heisenberg, 7.2.1963, AHQP/MPIWG, S. 15.

345 Ebd., 11.2.1963, AHQP/MPIWG, S. 16.

346 Ebd., 25.2.1963, AHQP/MPIWG, S. 3/4.

347 Ebd., S. 4.

348 Ebd., S. 5.

349 Vgl. ebd., S. 4, oder ebd., 27.2.1963, AHQP/MPIWG, S. 17; die Zitate aus Heisenberg 1929 in der Reihenfolge ihrer Nennung S. 493, 492, 490.

350 T. S. Kuhn, Interview mit Werner Heisenberg, 27.2.1963, AHQP/MPIWG, S. 9.

351 Kuhn 1976, S. 98 (Herv. i. Orig.).

352 T. S. Kuhn, Interview mit Werner Heisenberg, 13.2.1963, AHQP/MPIWG, S. 15, 19.

353 Ebd., 15.2.1963, AHQP/MPIWG, S. 29/30.

354 Ebd., 19.2.1963, AHQP/MPIWG, S. 20.

355 Ebd., 28.2.1963, AHQP/MPIWG, S. 31.

356 Ebd., 13.2.1963, AHQP/MPIWG, S. 13.

357 Ebd., 27.2.1963, AHQP/MPIWG, S. 3.

358 Ebd., 28.2.1963, AHQP/MPIWG, S. 18.

359 Ebd., S. 11.

360 Ebd., S. 16.

361 Ebd., 11.2.1963, AHQP/MPIWG, S. 2.

362 Ebd., S. 9.

363 Ebd., S. 16.

364 Was damit noch genauer gemeint sein könnte, wird deutlich in der Äußerung der Hoffnung, dass die Protagonisten noch einmal in ihre alte Forschung richtig einsteigen würden (»doing real research«, »First Year-End Report«, 8.8.1962, APS, AHQP, Box 23, 530.1 AR 2.5, S. 4/5), um sich auf die Befragung vorzubereiten.

365 Conant 1957, S. viii/ix.

366 Baltas et al. 2000, S. 280.

367 Vgl. Heilbron 1998, S. 511.

368 Die ausführliche Version (und sie ist länger als die hier zitierten Sätze) dieser immer und immer wieder erzählten Erleuchtung findet sich in dem Text »What Are Scientific Revolutions?« von 1987. John L. Heilbron gab in seinem Nachruf auf Kuhn als Quelle das Vorwort zu dem Sammelband »The Essential Tension« von 1977 an (Heilbron 1998, S. 507, Fn. 10;

vgl. Kuhn 1977, S. xi/xii). In jedem Fall aber wird die »Aristotle experience« zum ersten Mal in den 1970er Jahren formuliert, in einer rückgewandten und sinngebenden Erzählung des Autors. Vgl. auch die Interpretation von George A. Reisch, der die Erleuchtung in einen Zusammenhang mit der Zeit des Kalten Krieges stellt und mit der politisch-ideologischen Bekehrung, wie sie Arthur Koestler und andere in den 1950er Jahren beschrieben haben (Reisch 2016, S. 23 ff.).

369 Kuhn 2000, S. 16.

370 Kuhn 1977, S. xii; Michael Lynch hat diese Darstellung von Wissenschaft in den ihr eigenen Begriffen und Kontexten als »historical realism« bezeichnet (Lynch 2012, S. 451). Dieser besondere historische Rekonstruktionsprozess wurde in ganz ähnlicher Weise zuvor von dem Philosophen und Historiker Robin George Collingwood beschrieben: Eine wichtige Regel, die er seinen Studierenden mitgebe, laute »rekonstruiere das Problem« (»›reconstruct the problem‹«, Collingwood 1978, S. 74), oder: Niemals solle man denken, man habe einen Text verstanden, wenn man nicht zuvor die dem Text zugrundeliegende Problemstellung erörtert habe. »Over and over again, I would return to a familiar passage whose meaning I thought I knew [...] to find that, under this fresh scrutiny, the old interpretation melted away and some quite different meaning began to take form.« Ebd., S. 74/75. Bemerkenswert ist Collingwoods Vorgehen deshalb, weil er den Vermittlungs- und Verständnisprozess des Historikers als ein Frage-Antwort-Schema versteht. Wie in der sokratischen Lehrart kommt es darauf an, einer anderen Person – oder sich selbst – zur Erkenntnis zu verhelfen. Die Form des Dialogs und des schrittweisen Verstehens dessen, was sich in der Geschichte ereignet habe – »die ›Frage-Antwort-Methode‹« –, sei dafür am besten geeignet (»the method of ›question and answer‹«, so Stephen Toulmin in seinem Vorwort zu ebd., S. xvii; vgl. auch Kragh 1987, S. 41–50).

371 Kuhn 1997b, S. 175.

372 Carson 2010, S. 414.

373 Ebd., S. 398–412, hier S. 409.

374 Es kann nur spekuliert werden, ob die Interviews einen Einfluss auf die Entscheidung Heisenbergs zu seiner 1969 erscheinenden Autobiografie hatten; klar ist aber, dass Hund im April 1966 vom »Joint Committee« des Nachfolgeprojekts der Sources beauftragt wird, Heisenberg zum Verfassen seiner Memoiren zu ermuntern (vgl. »Draft of minutes«, 23.4.1966, APS, John A. Wheeler Papers, Series I, Box 27, B:W 564, S. 3); Cathryn Carson schreibt, dass Heisenberg mit der Vorbereitung des Buches 1966 begonnen hat (Carson 2010, S. 145–154).

375 Vgl. dazu auch Beller 1999, die sich dem Dialog als Grundlage der Quantenrevolution widmet. Auch Carson beschreibt die Dialogform der Me-

moiren Heisenbergs *Der Teil und das Ganze* als ein Ergebnis, bei dem Wissenschaft als intersubjektives Ringen, als Teil des Alltags daherkommt (Carson 2010, S. 151), kurz: »personal encounter was the locus of truth« (ebd., S. 154). Paul Forman bedenkt Heisenbergs Buch mit einer Kritik, jener im Wortlaut nicht unähnlich, die Condon 1958 an Jungks Buch geübt hatte (vgl. Kapitel 2 in diesem Band): »But Heisenberg being a scientist, these memoirs will generally be presumed accurate unless proven otherwise, and so are dangerous.« (Forman 1971b, S. 688).

376 Vgl. dazu auch die »Göttinger Erklärung«, bei der 18 Physiker, darunter Heisenberg, ein Manifest gegen die atomare Bewaffnung der Bundeswehr unterzeichneten. Auch hier ging es darum, die Politikferne der Forschung zu betonen und eine Grundlagenforschung jenseits der Anwendung zu postulieren; vgl. Carson 2010, S. 320 ff., und die ausführliche Studie zum Manifest und dessen Entwicklung von Lorenz 2011.

377 T. S. Kuhn an W. Heisenberg, 13.3.1963, AMPG, Nachlass Werner Heisenberg, III. Abt., Rep. 93, Nr. 1561, S. 1.

378 Vgl. »Second Year-End Report«, 28.10.1963, APS, AHQP, Box 23, 530.1 AR 2.5, S. 4.

9 Das Feld verlassen

379 »Second Year-End Report«, 28.10.1963, APS, AHQP, Box 23, 530.1 AR 2.5, S. 1.

380 Ebd., S. 8.

381 Ebd., S. 6.

382 John L. Heilbrons Dissertation wurde an der University of California, Berkeley, 1964 eingereicht (vgl. Anm. 106 in diesem Band); Paul Forman legte seine Dissertation ebendort drei Jahre später mit dem Titel »The Environment and Practice of Atomic Physics in Weimar Germany: A Study in the History of Science« vor (vgl. Forman 1970, S. 154, 160/161).

383 Vgl. T. S. Kuhn an Joint Committee, 4.11.1964, MIT Archives, Thomas S. Kuhn Papers, MC 240, Box 6.

384 T. S. Kuhn an G. E. Uhlenbeck, 18.10.1963, APS, AHQP, Box 23, 530.1 AR 2.5, S. 1. Das bedeutete vor allem die Sammlung von Autobiografien: »There is an implicit belief that, by creating or gathering the autobiographies of contemporaries, the detail and infinite variety of an individual life will be preserved and that such detail will serve to illuminate and help differentiate for the future historian those vast forces that help create and shape modern human activity.« Benison 1962, S. 114.

385 »Second Year-End Report«, 28.10.1963, APS, AHQP, Box 23, 530.1 AR 2.5, S. 5.

386 In Kuhn et al. 1967, S. 6: »Probably it [the collection of manuscripts, AtH.] would be still larger were it not for the tragic death of Dr. Paul Rosbaud

who had agreed to lead the staff's search for manuscripts during the project's year in Copenhagen. The Joint Comittee has succeeded in enlisting Professor Dr. Friedrich Hund of Göttingen to continue the search.« (Hund hatte im gleichen Jahr seine Geschichte der Quantenphysik veröffentlicht; vgl. Hund 1967.) Auch dafür wurden Mittel bei der NSF beantragt und mit einem »supplementary grant« von zwei Jahren bewilligt (Kuhn et al. 1967, S. ix). Die Bewilligung umfasste 23 600 Dollar (vgl. »Seventh Meeting«, 14.11.1964, APS, John A. Wheeler Papers, Series I, Box 27, B:W 564, S. 5). Der Förderungszeitraum und auch die Arbeit Hunds wurden bis 1972 fortgeführt. Sowohl Wheeler als auch Kuhn, der sogar 1968 noch selbst ein Interview mit dem russischen Physiker Vladimir Fock durchführte, bleiben als Berater bei den jährlichen und fortgesetzten Treffen des Joint Committee zugegen. Vgl. dazu »Final Report«, 29.12.1972, MIT Archives, Thomas S. Kuhn Papers, MC 240, Box 6.

387 Kuhn et al. 1967, S. v.

388 Ebd.

389 Vergleichbar mit den bereits in den 1950er Jahren angestoßenen »Einstein-Papers« (Stachel et al. 1987, S. xi–xiv; vgl. auch Bailey 1989), deren erster Band schließlich 1987 erschien. Erst zu Beginn der 1960er Jahre hatte man sich, parallel zur Etablierung des Projekts, auch an anderer Stelle Themen der neueren Physikgeschichte zugewandt. Einige wenige Veröffentlichungen können genannt werden, unter ihnen die beiden zum gleichen Zeitpunkt wie das Projektresümee erschienenen: Max Jammer, *The Conceptual Development of Quantum Mechanics* (Jammer 1966), eine historische Darstellung der wesentlichen Etappen der Quantenphysik, und Bartel Leendert van der Waerden, *Sources of Quantum Mechanics* (van der Waerden 1967), eine Sammlung der wichtigsten publizierten physikalischen Texte der 1920er Jahre. Für den deutschsprachigen Zusammenhang kann zudem, wenngleich zeitversetzt, Armin Hermanns Habilitation über die Frühgeschichte der Quantentheorie bis 1913 hinzugefügt werden (Hermann 1969) sowie die von ihm herausgegebene Reihe »Dokumente der Naturwissenschaften« (1962–1969). Heilbron 1968, S. 100/101, gibt eine erste Zusammenfassung, wer unmittelbar nach der Fertigstellung das Archiv konsultiert hat und wessen physikhistorische Arbeiten darauf beruhen.

390 Kuhn et al. 1967, S. 3/4.

391 So beschrieb es Philip Brooks auf der großen Oral-History-Konferenz 1966 und formulierte damit eine der größten Hoffnungen der Oral History ([Brooks in:] Dixon/Mink 1969, S. 6). Und für das Quantum-Physics-Projekt auch John L. Heilbron (1968).

392 Mit Erscheinen des Kataloges war 1967 die Projektgeschichte vorerst abgeschlossen. John L. Heilbron widmete ihm ein Jahr später einen Absatz und konstatiert darin, dass es von der Physikgeschichte nicht mehr ig-

noriert werden könne (ebd., S. 98–100). Konsultiert wurde es vor allem wegen der dabei zusammengetragenen persönlichen Dokumente der Physiker. Sosehr die Interviews den umfangreichsten Zeitanteil der Projektmitarbeiter einforderten, so waren diese doch mehr und mehr damit beschäftigt, Manuskripte und Briefe, Postkarten und Notizen von den noch lebenden Physikern oder ihren Familien zusammenzutragen. Es waren diese genuin schriftlichen Quellen, die bei allen nachfolgenden Nutzungen im Vordergrund standen. Vgl. etwa von Meyenn 1994, der die Interviews nicht erwähnt. Vgl. auch die ähnlich gelagerten Arbeiten von Wheaton/Heilbron 1982, die sich ausschließlich auf ein Inventar der Briefe von Physikern von 1900 bis 1950 konzentrieren.

393 Vgl. Cassidy 2011, S. 264/265.

394 Vgl. ebd., der die nachfolgenden Veröffentlichungen beschreibt.

395 Baltas et al. 2000, S. 303.

396 Artikel einer dänischen Zeitung vom Juni 1963 im Folder »Collective Material«, APS, AHQP, Box 22, 530.1 AR 2.5 [vgl. Abb. 1].

397 Heilbron/Kuhn 1969, S. 211/212.

398 Ebd., S. 212. Kuhn beschreibt dieses minutiöse Vorgehen einige Jahre später sehr schön: »Die tiefe und einfühlende Versenkung in die Quellen, die diese Tätigkeit [die neue Wissenschaftsgeschichte, AtH.] verlangt, verhindert praktisch größere Überblicke, jedenfalls so lange, bis ein größerer Teil des Gebietes gründlich erforscht ist.« (Kuhn 1997b)

399 Forman 1970, S. 153–158; vgl. dazu auch kommentierend Heilbron 2011, S. 8.

400 Vgl. Shapin 1992, der eine kurze Geschichte der externalistischen und internalistischen Positionen vor allem innerhalb der amerikanischen Wissenschaftsgeschichte beschreibt, bes. S. 335–345; vgl. Dennis 1997.

401 Vgl. Forman 1971a; dazu Carson et al. 2011, auch von Meyenn 1994.

402 Die Spuren des Projekts in den Publikationsbiografien Kuhns, Heilbrons und Formans sind vielfältig und dementsprechend müssten weitere aus dem Projekt resultierende Publikationen genannt werden. Das umfassendste Ergebnis einer »painstacking reconstruction« bildet wahrscheinlich das 1978 von Kuhn veröffentlichte Buch zu *Black-Body Theory and the Quantum Discontinuity, 1894–1912*, dem historischsten seiner Bücher, wie er rückblickend selbst bemerkt hat (Kuhn 1987, S. 349, vgl. auch Buchwald 2016, S. 153); auch bei Biagioli (2012, S. 480) angegeben: »when he engaged in ›serious historical work‹ in the later *Black-Body Theory and the Quantum Discontinuity*«. Im Vorwort datiert Kuhn selbst den Beginn des Werkes mit den Sources (Kuhn 1987, S. xi).

403 Natürlich muss ergänzend erwähnt werden, dass sozial- und kulturhistorische Zugänge schon in den 1930er Jahren etwa von Boris Hessen oder Ludwik Fleck entwickelt worden waren und auch die französische Wissenschaftsgeschichte und ihre Untersuchung der Bedeutung des Unvor-

hergesehenen im Erkenntnisgang bereits bestand (vgl. Rheinberger 2006, S. 21–72, bes. S. 24ff.).

404 Wenngleich im Bewusstsein der Zeitgenossen die Briefe hervorstachen und als besonders wichtig erachtet wurden: Vgl. dazu Goudsmit, der sich 1965 kritisch zu einer Oral History der Physik äußert und Briefe als die verlässlicheren Quellen beschreibt (Goudsmit 1965). Damit war man einer Meinung mit Hewlett und Anderson und ihrer bereits 1962 veröffentlichten Studie zur Geschichte des ›Manhattan Project‹, vgl. dazu Hewlett 1962, S. 35/36.

405 Vgl. Kuhn 1976, S. 17, der auch von einer »historiographischen Revolution« spricht und damit die laut seinem Buch »neue Art von Fragen« meint, die Historiker nun an Wissenschaften stellen würden.

Schluss

406 Baltas et al. 2000, S. 303. Befragt wurde er von den Wissenschaftsphilosophen Aristides Baltas und Vassiliki Kindi sowie von dem Wissenschaftshistoriker Kostas Gavroglu.

407 Vgl. dazu den bereits erwähnten Text von Seth 2007, jüngst Blum et al. 2017.

408 Kuhn versuchte auch in seinen nachfolgenden Schriften immer noch die vergangene Realität genauestens einzufangen, hatte aber mittlerweile eine quellenkritisch differenziertere Position dazu eingenommen (vgl. z. B. Kuhn 1987).

409 Hiebert 1967.

410 Cassidy 2011, S. 265. In einem persönlichen Gespräch mit der Autorin 2020 äußerte sich Lorraine Daston ähnlich: »When I was in graduate school in the 1970s, it was the exception rather than the rule for dissertations to be based on archival research.« Mit anderen Worten, selbst in den 1970er Jahren war dies noch nicht üblich.

411 Hiebert 1967, S. 625. Nachdem das Projekt in einer vorherigen Ausgabe der Zeitschrift von Joseph Agassi ungerechtfertigterweise als »hastiliy collected material« (Agassi 1967) beschrieben wurde, verfasste Hiebert eine Gegendarstellung und sendete sie als Leserbrief im Juli 1967 an die *book review editors* von *Science* (vgl. E. Hiebert an S. Eberhart, 12.7.1967, MIT Archives, Thomas S. Kuhn Papers, MC 240, Box 6).

412 Um nur einige dieser seit den 1970er Jahren entstehenden Studien zu nennen: Latour/Woolgar 1979, Hacking 1983, Knorr-Cetina 1984, Gooding et al. 1989, Rheinberger 1992, Pickering 1995.

413 »Discussion« 1962, S. 42.

414 Zur Historischen Epistemologie, die die historischen Bedingungen, unter denen Wissen entsteht, untersucht und reflektiert vgl. Rheinberger 2007 und 2017 sowie Nasim 2013.

415 Vgl. dazu Niethammer 1978 und seine bereits erwähnte Beschreibung der Sources (S. 472).

416 Vgl. dazu Wierling 2003, S. 129.

417 Soraya de Chadarevian beschreibt den gegenwärtigen Stand aus ihrer langjährigen Erfahrung mit Interviews und reflektiert über die Archive für zeitgenössische Wissenschaft (de Chadarevian 2016). Vgl. auch de Chadarevian 1997, im Überblick Söderqvist 1997, Doel 2003, Doel/Söderqvist 2006, Söderqvist 2007 und Hoddeson 2006. Beispielhaft für unter anderem auf Oral History beruhenden Biografien Holmes 1991/1993 oder Schweber 2012.

418 Vgl. Daston 2017a, s. auch Gugerli et al. 2005 und als Beispiel Wulz et al. 2021.

419 Daston 2012, S. 497.

420 So die Frage des Deutschlandfunks an Benjamin List, der im Oktober 2021 den Nobelpreis für Chemie erhielt (Deutschlandfunk, »Forschung Aktuell«, 6.10.2021, 16:40 Uhr, Autor: Ralf Krauter, 07:13 min.). Eine kurze, stichprobenhafte Recherche von journalistischen Interviews seit den 1950er Jahren hat ergeben, dass die Fragen nach Forschungsmomenten in den 1960er und 1970er Jahren noch keine Rolle spielten.

421 Vgl. Hürter 2021, aber auch Agamben 2020, Edmonds 2021, Labatut 2020, Rovelli 2021.

Anhang

Das durch die Interviews und Dokumentensammlung entstandene Archiv befindet sich in der American Philosophical Society (APS), Philadelphia, USA. Wie geschildert, wurden die von den Sources gesammelten Materialien per Mikrofilmkopie an drei Orte gegeben: eine Kopie ging ebenfalls an die APS, die anderen an die Bibliothek der University of California, Berkeley, und an das Niels Bohr Archive (NBA) in Kopenhagen. In späteren Zeiten wurde das Material in zusätzlichen Kopien auch anderen Bibliotheken und Institutionen zur Verfügung gestellt (das AIP erhielt z. B. seine Kopie 1972) und ist heute an 19 verschiedenen Orten auf der Welt zugänglich (vgl. https://amphilsoc.org/guides/ahqp/, hier: »AHQP Libraries«). Die Konsultation der Quellen für das vorliegende Buch erfolgte zum größten Teil über die APS, die der Interviews über die Mikrofilme der Transkripte in der Bibliothek des Max-Planck-Instituts für Wissenschaftsgeschichte (MPIWG) in Berlin. Die Sammlung wird in der Regel mit Archive for the History of Quantum Physics (AHQP) angegeben. In manchen Fällen wird der Buchtitel des nach Fertigstellung des Projekts veröffentlichten Reports beziehungsweise des Archivinventars zur Bezeichnung herangezogen: Sources for History of Quantum Physics (SHQP). Im vorliegenden Buch wird die Bezeichnung SHQP-Projekt, Sources oder Sources-Projekt verwendet, um den Quellencharakter der Materialien zu betonen.

Die englischen Zitate aus den Archivunterlagen und der Literatur wurden, wenn nicht anders angegeben, von mir ins Deutsche übersetzt. Die Wiedergabe der originalen englischen Zitate hätte den Fußnotenapparat gesprengt und musste deshalb ausgespart werden. Um dennoch einen Zugang zur den jeweiligen Originaltexten zu ermöglichen, wurde eine Liste mit allen entsprechenden Nachweisen erstellt, die über die Seite des Buches auf der Webseite des Verlags Klaus Wagenbach (www.wagenbach.de) abzurufen ist .

Sämtliche Angaben zu Internetseiten in den Anmerkungen sowie in den Literaturangaben wurden zuletzt im Januar 2022 geprüft.

Abkürzungen

AHQP	Archive for the History of Quantum Physics
AIP	American Institute of Physics
AMPG	Archiv der Max-Planck-Gesellschaft
APS	American Philosophical Society
MIT	Massachusetts Institute of Technology
MPIWG	Max-Planck-Institut für Wissenschaftsgeschichte
NSF	National Science Foundation
SHQP	Sources for History of Quantum Physics

Archive

American Institute of Physics, Niels Bohr Library & Archives, New York (USA), AIP Governing Board and Executive Committee Meeting Minutes 1931–1990.

American Institute of Physics, Niels Bohr Library & Archives, New York (USA), Samuel A. Goudsmit Papers.

American Philosophical Society, Library, Philadelphia (USA), Archive for the History of Quantum Physics.

American Philosophical Society, Library, Philadelphia (USA), John A. Wheeler Papers.

Archiv der Max-Planck-Gesellschaft, Berlin (D), Nachlass Werner Heisenberg.

Massachusetts Institute of Technology, MIT Libraries, Institute Archives and Special Collections, Cambridge (USA), Thomas S. Kuhn Papers.

Max-Planck-Institut für Wissenschaftsgeschichte, Bibliothek, Berlin (D), Archive for the History of Quantum Physics (Mikrofilm).

Stanford University, Stanford Libraries, Department of Special Collections and University Archives, Stanford (USA), Center for Advanced Study in the Behavioral Sciences Records.

Literatur

Agamben, Giorgio: *Was ist Wirklichkeit? Das Verschwinden des Ettore Majorana* [2016], Berlin: Matthes & Seitz, Berlin 2020.

Agar, Jon: *Science in the Twentieth Century and Beyond*, Cambridge (UK)/Malden (Mass.): Polity Press 2012.

Agassi, Joseph: »History of Physics [Rezension zu: *Sources for History of Quantum Physics. An Inventory and Report* von Thomas S. Kuhn, John L. Heilbron, Paul Forman und Lini Allen]«, in: *Science* 156 (1967), S. 1589.

Aldrich, C. Knight: [Rezension zu:] »*The Psychiatric Interview* by Harry Stack Sullivan«, in: *Science* 120 (1954), S. 979.

[Anonym:] »Editorial Note«, in: *Journal of Contemporary History* 1 (1966), S. iii–vi.

[Anonym:] Stichwort »interview«, in: *Oxford English Dictionary*, 2. Aufl., Bd. VIII: *Interval–Looie*, Oxford: Clarendon Press 1989, S. 3/4.

Aronova, Elena/Turchetti, Simone (Hgg.): *Science Studies during the Cold War and Beyond. Paradigms Defected*, New York: Palgrave Macmillan 2016.

Bailey, Herbert Smith, Jr.: »On the Collected Papers of Albert Einstein: The Development of the Project«, in: *Proceedings of the American Philosophical Society* 133/3 (1989), S. 347–359.

Baltas, Aristides/Gavroglu, Kostas/Kindi, Vassiliki: »A Discussion with Thomas S. Kuhn«, in: Thomas Kuhn: *The Road since Structure. Philosophical Essays, 1970–1993, with an autobiographical interview*, hg. v. James Conant/John Haugeland, Chicago (Ill.)/London: University of Chicago Press 2000, S. 255–323.

Beckett, Samuel: *Krapp's Last Tape and Embers*, London: Faber & Faber 1959.

Beddeleem, Martin: »Fragile Knowledge, Moral Pitfalls: Early Neoliberalism and Its Demise«, in: *Know. A Journal on the Formation of Knowledge* 4/2 (2020), S. 175–202.

Bell, Whitfield J., Jr.: »Editing a Scientist's Papers«, in: *ISIS* 53/1 (1962), S. 14–20.

Beller, Mara: *Quantum Dialogue. The Making of a Revolution*, Chicago (Ill.)/London: University of Chicago Press 1999.

Benison, Saul: »Oral History and Manuscript Collecting«, in: *ISIS* 53/1 (1962), S. 113–117.

Benison, Saul: »Reflections on Oral History«, in: *The American Archivist* 28/1 (1965), S. 71–77.

Benison, Saul: *Tom Rivers. Reflections on a Life in Medicine and Science*, Cambridge (Mass.): M.I.T. Press 1967.

Benison, Saul: »Oral History. A Personal View«, in: *Modern Methods in the History of Medicine*, hg. v. Edwin Clarke, London: Athlone Press 1971, S. 286–305.

Biagioli, Mario: »Productive Illusions: Kuhn's *Structure* as a Recruitment Tool«, in: *Historical Studies in the Natural Sciences* 42/5 (2012), S. 479–484.

Birdsall, Carolyn/Parry, Manon/Tkaczyk, Viktoria: »Listening to the Mind: Tracing the Auditory History of Mental Illness in Archives and Exhibitions«, in: *The Public Historian* 37/4 (2015), S. 47–72.

Blum, Alexander/Jähnert, Martin/Lehner, Christoph/Renn, Jürgen: »Translation as Heuristics: Heisenberg's Turn to Matrix Mechanics«, in: *Studies in History and Philosophy of Science*, Part B, *Studies in History and Philosophy of Modern Physics* 60 (2017), S. 3–22.

Bohr, Niels: »On the Constitution of Atoms and Molecules«, in: *Philosophical Magazine* 26/151 (1913), S. 1–25; 26/153 (1913), S. 476–502; 26/155 (1913), S. 857–875.

Bohr, Niels: »Atomtheorie und Mechanik«, in: *Die Naturwissenschaften* 14 (1926), S. 1–10.

Bohr, Niels: »The Rutherford Memorial Lecture 1958: Reminiscences of the Founder of Nuclear Science and of Some Developments Based on His Work«, in: *Proceedings of the Physical Society* 78/6 (1961), S. 1083–1115.

Bombard, Owen W.: »A New Measure of Things Past«, in: *The American Archivist* 18/2 (1955), S. 123–132.

Bonß, Wolfgang: *Die Einübung des Tatsachenblicks. Zur Struktur und Veränderung empirischer Sozialforschung*, Frankfurt a. M.: Suhrkamp Verlag 1982.

Boring, Edwin G./Lindzey, Gardner (Hgg.): *A History of Psychology in Autobiography* (Bd. 5), New York: Appleton-Century-Crofts 1967.

Born, Max: *Physics in My Generation. A Selection of Papers*, London/New York: Pergamon Press 1956.

Born, Max: *Physik im Wandel meiner Zeit*, Braunschweig: Vieweg 1957.

Bridger, Sarah: *Scientists at War. The Ethics of Cold War Weapons Research*, Cambridge (Mass.)/London: Harvard University Press 2015.

Brinich, Paul/Shelley, Christopher: *The Self and Personality Structure*, Buckingham/Philadelphia (Pa.): Open University Press 2002.

Brückweh, Kerstin: *Menschen zählen. Wissensproduktion durch britische Volkszählungen und Umfragen vom 19. Jahrhundert bis ins digitale Zeitalter*, Berlin/Boston (Mass.): De Gruyter Oldenburg 2015.

Buchwald, Jed Z.: »Thomas Kuhn«, in: *Shifting Paradigms. Thomas S. Kuhn and the History of Science*, hg. v. Alexander Blum/Kostas Gavroglu/Christian Joas/Jürgen Renn, Berlin: Edition Open Access, Max Planck Institute for the History of Science 2016, S. 151–161.

Bulmer, Martin/Bales, Kevin/Sklar, Kathryn Kish (Hgg.): *The Social Survey in Historical Perspective 1880–1940*, Cambridge: Cambridge University Press 1991.

Bush, Vannevar: *Science, the Endless Frontier. A Report to the President (on a Programm for Postwar Scientific Research)*, Washington (D. C.): United States Government Printing Office 1945.

Butterfield, Herbert: *The Origins of Modern Science, 1300–1800* [1949], London: Bell 1950.

Bycroft, Michael: »Psychology, Psychologists, and the Creativity Movement: The Lives of Method Inside and Outside the Cold War«, in: *Cold War Social Science. Knowledge Production, Liberal Democracy, and Human Nature*, hg. v. Mark Solovey/Hamilton Cravens, New York: Palgrave Macmillan 2012, S. 197–214.

Carson, Cathryn: »Reflexionen zu ›Kopenhagen‹«, in: *Kopenhagen. Stück in zwei Akten*, hg. v. Michael Frayn, Göttingen: Wallstein Verlag 2001, S. 149–162.

Carson, Cathryn: *Heisenberg in the Atomic Age. Science and the Public Sphere*, Cambridge: Cambridge University Press/Washington (D. C.): German Historical Institute 2010.

Carson, Cathryn/Kojevnikov, Alexei/Trischler, Helmuth (Hgg.): *Weimar Culture and Quantum Mechanics. Selected Papers by Paul Forman and Contemporary Perspectives on the Forman Thesis*, London: Imperial Collage Press/Singapore: World Scientific Publishing 2011.

Cassidy, David C.: *Uncertainty – The Life and Science of Werner Heisenberg*, New York: Freeman 1992.

Cassidy, David C.: »Paul Forman and the Environment and Practice of Quantum History«, in: *Weimar Culture and Quantum Mechanics. Selected Papers by Paul Forman and Contemporary Perspectives on the Forman Thesis*, hg. v. Cathryn Carson/Alexei Kojevnikov/Helmuth Trischler, London: Imperial College Press/Singapore: World Scientific Publishing 2011, S. 263–276.

Cassirer, Ernst: »Zur Einsteinschen Relativitätstheorie. Erkenntnistheoretische Betrachtungen« [1921], in: ders.: *Zur modernen Physik*, Darmstadt: Wissenschaftliche Buchgesellschaft 1957a, S. 1–125.

Cassirer, Ernst: »Determinismus und Indeterminismus in der modernen Physik. Historische und semantische Studien zum Kausalproblem« [1937], in: ders.: *Zur modernen Physik*, Darmstadt: Wissenschaftliche Buchgesellschaft 1957b, S. 127–376.

Chadarevian, Soraya de: »Using Interviews to Write the History of Science«, in: *The Historiography of Contemporary Science and Technology*, hg. v. Thomas Söderqvist, Amsterdam: Harwood Academic Publishers 1997, S. 51–70.

Chadarevian, Soraya de: »The Future Historian: Reflections on the Archives of Contemporary Sciences«, in: *Studies in History and Philosophy of Science, Part C, Studies in History and Philosophy of Biological and Biomedical Sciences* 55 (2016), S. 54–60.

Cohen, I. Bernard: »Present Status and Needs of the History of Science«, in: *Proceedings of the American Philosophical Society* 99/5 (1955a), S. 343–347.

Cohen, I. Bernard: »An Interview with Einstein«, in: *Scientific American* 193/1 (1955b), S. 68–73.

Cohen-Cole, Jamie: »The Creative American: Cold War Salons, Social Science, and the Cure for Modern Society«, in: *ISIS* 100/2 (2009), S. 219–262.

Cohen-Cole, Jamie: *The Open Mind. Cold War Politics & the Sciences of Human Nature*, Chicago (Ill.)/London: University of Chicago Press 2014.

Collingwood, Robin George: *An Autobiography* [1939]. *With a new introduction by Stephen Toulmin*, Oxford: Oxford University Press 1978.

Conant, James B.: *On Understanding Science. An Historical Approach*, New Haven (Conn.): Yale University Press 1947.

Conant, James B.: »Introduction«, in: *Harvard Case Histories in Experimental Science* (Bd. 1) [1948], hg. v. dems./Leonard Nash/Duane Roller/Duane H. D. Roller, Cambridge (Mass.): Harvard University Press 1957, S. vii–xvi.

Condon, Edward Uhler: [Rezension zu:] »*Brighter Than a Thousand Suns. A Personal History of the Atomic Scientists* by Robert Jungk, translated by James Cleugh«, in: *Science* 128 (1958), S. 1619–1620.

Cowley, Malcolm (Hg.): *Wie sie schreiben. Sechzehn Gespräche mit Autoren der Gegenwart* [1958], Gütersloh: Mohn 1959.

Daniel, Eric D./Mee, C. Denis/Clark, Mark H. (Hgg.): *Magnetic Recording. The First 100 Years*, New York: IEEE Press 1999.

Daston, Lorraine: »Structure«, in: *Historical Studies in the Natural Sciences* 42/5 (2012), S. 496–499.

Daston, Lorraine: »The History of Science and the History of Knowledge«, in: *Know. A Journal on the Formation of Knowledge* 1/1 (2017a), S. 131–154.

Daston, Lorraine (Hg.): *Science in the Archives. Pasts, Presents, Futures*, Chicago (Ill.)/London: University of Chicago Press 2017b.

Day, Ronald E.: *Indexing It All: The Subject in the Age of Documentation, Information, and Data*, Cambridge (Mass.): M.I.T. Press 2014.

Dennis, Michael Aaron: »Historiography of Science: An American Perspective«, in: *Science in the Twentieth Century*, hg. v. John Krige/Dominique Pestre, Amsterdam: Harwood Academic Publishers 1997, S. 1–26.

Desrosières, Alain: »The Part in Relation to the Whole: How to Generalise? The Prehistory of Representative Sampling«, in: *The Social Survey in Historical Perspective, 1880–1940*, hg. v. Martin Bulmer/Kevin Bales/Kathryn Kish Sklar, Cambridge/New York: Cambridge University Press 1991, S. 217–244.

Diers, Michael/Blunck, Lars/Obrist, Hans Ulrich (Hgg.): *Das Interview. Formen und Foren des Künstlergesprächs*, Hamburg: Philo Fine Arts 2013.

»Discussion«, in: »The Conference on Science Manuscripts«, *ISIS* 53/1 (1962), S. 39–51.

Dixon, Elisabeth I./Mink, James V. (Hgg.): *Oral History at Arrowhead. Proceedings of the First National Colloquium on Oral History* [1967]. University of California Conference-Center Lake Arrowhead, California, September 25–28, 1966, Los Angeles: The Oral History Association 1969.

Doel, Ronald E.: »Oral History of American Science: A Forty-Year Review«, in: *History of Science* 41/4 (2003), S. 349–378.

Doel, Ronald E./Söderqvist, Thomas (Hgg.): *The Historiography of Contemporary Science, Technology, and Medicine. Writing Recent Science*, London: Routledge 2006.

Dommann, Monika: *Autoren und Apparate. Die Geschichte des Copyrights im Medienwandel*, Frankfurt a. M.: S. Fischer Verlag 2014.

Dovifat, Emil: »Interview«, in: *Handbuch der Zeitungswissenschaft*, hg. v. Walther Heide, Bd. 2, Leipzig: Hiersemann 1940, Sp. 1845–1862.

Echterhölter, Anna: *Schattengefechte. Genealogische Praktiken in Nachrufen auf Naturwissenschaftler (1710–1860)*, Göttingen: Wallstein Verlag 2012.

Edmonds, David: *Die Ermordung des Professor Schlick. Der Wiener Kreis und die dunklen Jahre der Philosophie* [2020], München: C. H. Beck 2021.

Ehrenfest, Paul: *Collected Scientific Papers*, hg. v. Martin J. Klein, Amsterdam: North-Holland Publishing Company 1959.

Emter, Elisabeth: *Literatur und Quantentheorie: Die Rezeption der modernen Physik in Schriften zur Literatur und Philosophie deutschsprachiger Autoren (1925–1970)*, Berlin/New York: De Gruyter 1995.

Engerman, David C.: »Social Science in the Cold War«, in: *ISIS* 101/2 (2010), S. 393–400.

Erickson, Paul/Klein, Judy L./Daston, Lorraine/Lemov, Rebecca/Sturm, Thomas/Gordin, Michael D.: *How Reason Almost Lost Its Mind. The Strange Career of Cold War Rationality*, Chicago (Ill.)/London: University of Chicago Press 2013.

Fetner, Gerald L.: *Immersed in Great Affairs. Allan Nevins and the Heroic Age of American History*, Albany (N. Y.): State University of New York Press 2004.

Fierz, Markus/Weisskopf, Victor F.: *Theoretical Physics in the Twentieth Century. A Memorial Volume to Wolfgang Pauli*, New York/London: Interscience Publishers 1960.

Forman, Paul: »Alfred Landé and the Anomalous Zeeman Effect, 1919–1921«, in: *Historical Studies in the Physical Sciences* 2 (1970), S. 153–261.

Forman, Paul: »Weimar Culture, Causality, and Quantum Theory, 1918–1927: Adaptation by German Physicists and Mathematicians to a Hostile Intellectual Environment«, in: *Historical Studies in the Physical Sciences* 3 (1971a), S. 1–115.

Forman, Paul: »Historiographic Doubts [Rezension zu: *Physics and Beyond. Encounters and Conversations* von Werner Heisenberg, übersetzt von Arnold J. Pomerans]«, in: *Science* 172 (1971b), S. 687–688.

Forrester, John: »If *p*, Then What? Thinking in Cases«, in: *History of the Human Sciences* 9/3 (1996), S. 1–25.

Forrester, John: »On Kuhn's Case: Psychoanalysis and the Paradigm«, in: *Critical Inquiry* 33/4 (2007), S. 782–819.

Frayn, Michael: *Kopenhagen. Stück in zwei Akten. Mit zehn wissenschaftsgeschichtlichen Kommentaren*, Göttingen: Wallstein Verlag 2001.

Freud, Sigmund: *Neue Folge der Vorlesungen zur Einführung in die Psychoanalyse* [1933] (= *Gesammelte Werke*, hg. v. Anna Freud/Edward Bibring/William Hoffer/Ernst Kris/Otto Isakower, Bd. 15 [1940]), Frankfurt a. M.: S. Fischer Verlag 1999a.

Freud, Sigmund: »Tatbestandsdiagnostik und Psychoanalyse« [1906], in: *Gesammelte Werke*, hg. v. Anna Freud/Edward Bibring/William Hoffer/Ernst Kris/Otto Isakower, Bd. 7 [1941], Frankfurt a. M.: S. Fischer Verlag 1999b, S. 3–15.

Freud, Sigmund: »Vorlesungen zur Einführung in die Psychoanalyse [1916/1917]« (= *Gesammelte Werke*, hg. v. Anna Freud/Edward Bibring/William Hoffer/Ernst Kris/Otto Isakower, Bd. 11 [1940]), Frankfurt a. M.: S. Fischer Verlag 1999c.

Fuller, Steve: *Thomas Kuhn. A Philosophical History for Our Times*, Chicago (Ill.)/London: University of Chicago Press 2000.

Gilb, Corinne Lathrop: »Tape-Recorded Interviewing: Some Thoughts from California«, in: *The American Archivist* 20/4 (1957), S. 335–344.

Gillispie, Charles Coulston: »Thomas S. Kuhn: The Nature of Science« [1962], in: *Essays and Reviews in History and History of Science*, erschienen in: *Transactions of the American Philosophical Society* 96/5 (2006), S. 341–349.

Gooding, David/Pinch, Trevor/Schaffer, Simon: *The Uses of Experiment.*

Studies in the Natural Sciences, Cambridge: Cambridge University Press 1989.

Gottschalk, Louis/Kluckhohn, Clyde/Angell, Robert: *The Use of Personal Documents in History, Anthropology, and Sociology*, New York: Social Science Research Council 1945.

Goudsmit, Samuel A.: »Die Entdeckung des Elektronenspins«, in: *Physikalische Blätter* 21/10 (1965), S. 445–453.

Grele, Ronald J.: »Directions for Oral History in the United States«, in: *Oral History. An Interdisciplinary Anthology*, hg. v. David King Dunaway/Willa K. Baum, 2. Aufl., Walnut Creek: Altamira Press 1996, S. 62–84.

Gugerli, David/Hagner, Michael/Hampe, Michael/Orland, Barbara/Sarasin, Philipp/Tanner, Jakob: »Editorial«, in: *Nach Feierabend. Zürcher Jahrbuch für Wissensgeschichte* 1 (2005), S. 7–11.

Hacking, Ian: *Representing and Intervening. Introductory Topics in the Philosophy of Natural Science*, Cambridge: Cambridge University Press 1983.

Hamlin, Christopher: »The Pedagogical Roots of the History of Science: Revisiting the Vision of James Bryant Conant«, in: *ISIS* 107/2 (2016), S. 282–308.

Hanson, Norwood Russell: *Patterns of Discovery: An Inquiry into the Conceptual Foundations of Science*, Cambridge: Cambridge University Press 1958.

te Heesen, Anke: »Naturgeschichte des Interviews«, in: *Merkur. Deutsche Zeitschrift für Europäisches Denken* 67/4 (2013), S. 317–328.

te Heesen, Anke: »›The Way of the Scientist.‹ Ikonografie der Unmittelbarkeit«, in: *Gesichter der Wissenschaft. Repräsentanz und Performanz von Gelehrten in Porträts*, hg. v. Christian Vogel/Sonja E. Nökel, Göttingen: Wallstein Verlag 2019, S. 161–178.

te Heesen, Anke: »Interview and Interior: Procedures of Narrative Surveys around 1900«, in: *Science in Context* (2022), im Erscheinen.

Heilbron, John L.: »Quantum Historiography and the Archive for History of Quantum Physics«, in: *History of Science* 7/1 (1968), S. 90–111.

Heilbron, John L.: »Thomas Samuel Kuhn, 18 July 1922–17 June 1996«, in: *ISIS* 89/3 (1998), S. 505–515.

Heilbron, John L.: »Cold War Culture, History of Science and Postmodernity: Engagement of an Intellectual in a Hostile Academic Environment«, in: *Weimar Culture and Quantum Mechanics. Selected Papers by Paul Forman and Contemporary Perspectives on the Forman Thesis*, hg. v. Cathryn Carson/Alexei Kojevnikov/Helmuth Trischler, London: Imperial College Press/ Singapore: World Scientific Publishing 2011, S. 7–20.

Heilbron, John L.: *Niels Bohr. A Very Short Introduction*, Oxford: Oxford University Press 2020.

Heilbron, John L./Kuhn, Thomas S.: »The Genesis of the Bohr Atom«, in: *Historical Studies in the Physical Sciences* 1 (1969), S. 211–290.

Heisenberg, Werner: »Über den anschaulichen Inhalt der quantentheoretischen Kinematik und Mechanik«, in: *Zeitschrift für Physik* 43 (1927), S. 172–198.

Heisenberg, Werner: »Die Entwicklung der Quantentheorie 1918–1928«, in: *Die Naturwissenschaften* 17 (1929), S. 490–496.

Heisenberg, Werner: *Der Teil und das Ganze. Gespräche im Umkreis der Atomphysik*, München: Piper Verlag 1969.

Herman, Ellen: *The Romance of American Psychology. Political Culture in the Age of Experts*, Berkeley (Ca.)/Los Angeles/London: University of California Press 1995.

Hermann, Armin: *Frühgeschichte der Quantentheorie 1899–1913*, Mosbach in Baden: Physik Verlag 1969.

Herneck, Friedrich: *Einstein privat. Herta W. erinnert sich an die Jahre 1927 bis 1933*, Berlin: Der Morgen 1978.

Hewlett, Richard G./Anderson, Oscar E., Jr.: *The New World 1939–1946*, University Park (Pa.): Pennsylvania State University Press 1962.

Hewlett, Richard G.: »A Pilot Study in Contemporary Scientific History«, in: *ISIS* 53/1 (1962), S. 31–38.

Hiebert, Erwin: »Archival Project in Physics«, in: *Science* 157/3789 (1967), S. 625–626.

Hirsch, Jerrold: »Before Columbia: The FWP and American Oral History Research«, in: *The Oral History Review* 34/2 (2007), S. 1–16.

Hoddeson, Lillian: »The Conflict of Memories and Documents: Dilemmas and Pragmatics of Oral History«, in: *The Historiography of Contemporary Science, Technology, and Medicine. Writing Recent Science*, hg. v. Ronald E. Doel/Thomas Söderqvist, London: Routledge 2006, S. 187–200.

Hoffmann, Dieter: »Ein Physiker zwischen Hitler und Stalin«, in: *Spektrum der Wissenschaft* (Februar 2014), S. 62–70.

Hoffmann, Torsten/Kaiser, Gerhard (Hgg.): *Echt inszeniert. Interviews in Literatur und Literaturbetrieb*, Paderborn: Wilhelm Fink Verlag 2014.

Holmes, Frederic Lawrence: *Hans Krebs* (2 Bde.), New York/Oxford: Oxford University Press 1991/1993.

Holton, Gerald: »On the Duality and Growth of Physical Science«, in: *American Scientist* 41/1 (1953), S. 89–99.

Holton, Gerald: »On the Recent Past of Physics«, in: *American Journal of Physics* 29/12 (1961), S. 805–810.

Holton, Gerald: »Introduction«, in: ders.: *Thematic Origins of Scientific Thought. Kepler to Einstein*, Cambridge (Mass.): Harvard University Press 1973, S. 11–44.

Holton, Gerald: »Some Lessons from Living in the History of Science«, in: *ISIS* 90/S2 (1999), S. 95–116.

Holton, Gerald: »Steve's Question and Tom's Last Lecture: A Personal Perspective«, in: *Shifting Paradigms. Thomas S. Kuhn and the History of Science*, hg. v. Alexander Blum/Kostas Gavroglu/Christian Joas/Jürgen Renn, Berlin: Edition Open Access, Max Planck Institute for the History of Science 2016, S. 31–35.

Hoyle, Norman: »Oral History«, in: *Library Trends* 21/1 (1972), S. 60–82.

Hu, Danian: »In Appreciation. Martin J. Klein: From Physicist to Historian«, in: *Physics in Perspective* 14 (2012), S. 498–507.

Hund, Friedrich: *Geschichte der Quantentheorie*, Mannheim: Bibliographisches Institut 1967.

Hürter, Tobias: *Das Zeitalter der Unschärfe. Die glänzenden und die dunklen Jahre der Physik 1895–1945*, Stuttgart: Klett-Cotta 2021.

Hüttenberger, Peter: »Zur Technik der zeitgeschichtlichen Befragungen«, in: *Der Archivar. Mitteilungsblatt für deutsches Archivwesen* 22 (1969), S. 167–175.

Igo, Sarah E.: *The Averaged American. Surveys, Citizens, and the Making of a Mass Public*, Cambridge (Mass.)/London: Harvard University Press 2007.

Isaac, Joel: *Working Knowledge. Making the Human Sciences from Parsons to Kuhn*, Cambridge (Mass.)/London: Harvard University Press 2012a.

Isaac, Joel: »Kuhn's Education: Wittgenstein, Pedagogy, and the Road to *Structure*«, in: *Modern Intellectual History* 9/1 (2012b), S. 89–107.

Jähnert, Martin: *Practicing the Correspondence Principle in the Old Quantum Theory. A Transformation through Implementation*, Cham: Springer International Publishing 2019.

Jammer, Max: *The Conceptual Development of Quantum Mechanics*, New York: McGraw-Hill Book Company 1966.

Johannsen, Anja: »..., dass ich nicht kam wie ein Kläffer‹. Heinz Ludwig Arnolds *Gespräche mit Schriftstellern*: Peter Handke, Rolf Hochhuth, Günther Grass«, in: *Echt inszeniert. Interviews in Literatur und Literaturbetrieb*, hg. v. Torsten Hoffmann/Gerhard Kaiser, Paderborn: Wilhelm Fink Verlag 2014, S. 223–237.

Jungk, Robert: *Heller als tausend Sonnen. Das Schicksal der Atomforscher*, Bern: Scherz Verlag 1956.

Kaiser, David: »The Postwar Suburbanization of American Physics«, in: *American Quarterly* 56/4 (2004), S. 851–888.

Kaiser, David: »The Atomic Secret in Red Hands? American Suspicions of Theoretical Physicists during the Early Cold War«, in: *Representations* 90/1 (2005), S. 28–60.

Kaiser, David: *How the Hippies Saved Physics. Science, Counterculture, and the Quantum Revival* [2011], New York/London: W. W. Norton & Company 2012.

Kaiser, David/Wilson, Benjamin: »American Scientists as Public Citizens: 70 Years of the *Bulletin of the Atomic Scientists*«, in: *Bulletin of the Atomic Scientists* 71/1 (2015), S. 13–25.

Kaiser, David: »Thomas Kuhn and the Psychology of Scientific Revolutions«, in: *Kuhn's Structure of Scientific Revolutions at Fifty. Reflections on a Science Classic*, hg. v. Robert J. Richards/Lorraine Daston, Chicago (Ill.)/London: University of Chicago Press 2016, S. 71–95.

Kaiser, David: *Quantum Legacies. Dispatches from an Uncertain World*, Chicago (Ill.)/London: Chicago University Press 2020.

Kevles, Daniel J.: *The Physicists. The History of a Scientific Community in Modern America* [1971], New York: Alfred A. Knopf 1978.

Kevles, Dan: »Cold War and Hot Physics: Science, Security, and the American State, 1945–56«, in: *Historical Studies in the Physical and Biological Sciences* 20/2 (1990), S. 239–264.

King, W. James: »Source Materials for the History of Recent Physics«, in: *Physics Today* 15/1 (1962), S. 44.

King, W. James: »The Project on the History of Recent Physics in the United States«, in: *The American Archivist* 27/2 (1964), S. 237–243.

Kittler, Friedrich A.: »Rock Musik – Ein Mißbrauch von Heeresgerät« [1988], in: *Die Wahrheit der technischen Welt. Essays zur Genealogie der Gegenwart*, hg. u. m. Nachwort v. Hans Ulrich Gumbrecht, Berlin: Suhrkamp Verlag 2013, S. 198–213.

Kleinman, Daniel Lee/Solovey, Mark: »Hot Science/Cold War: The National Science Foundation after World War II«, in: *Radical History Review* 63 (1995), S. 111–139.

Knorr-Cetina, Karin: *Die Fabrikation von Erkenntnis. Zur Anthropologie der Naturwissenschaft*, Frankfurt a. M.: Suhrkamp Verlag 1984.

König, René (Hg.): *Das Interview. Formen, Technik, Auswertung*, Dortmund: Ardey Verlag 1952.

Koppes, Laura L. (Hg.): *Historical Perspectives in Industrial and Organizational Psychology*, Mahwah (N. J.)/London: Lawrence Erlbaum Associates 2007.

Kött, Martin: *Das Interview in der französischen Presse. Geschichte und Gegenwart einer journalistischen Textsorte*, Tübingen: Niemeyer 2004.

Koyré, Alexandre: *From the Closed World to the Infinite Universe*, Baltimore (Md.): Johns Hopkins Press 1957.

Kragh, Helge: *An Introduction to the Historiography of Science*, Cambridge: Cambridge University Press 1987.

Kragh, Helge: *Quantum Generations. A History of Physics in the Twentieth Century*, Princeton (N. J.): Princeton University Press 1999.

Kronig, Ralph: »The Turning Point«, in: *Theoretical Physics in the Twentieth Century. A Memorial Volume to Wolfgang Pauli*, hg. v. Markus Fierz/Victor Frederick Weisskopf, New York/London: Interscience Publishers 1960, S. 5–39.

Kubie, Lawrence S.: »Some Unsolved Problems of the Scientific Career«, in: *American Scientist* 41/4 (1953), S. 596–613.

Kuhn, Thomas S.: *The Copernican Revolution. Planetary Astronomy in the Development of Western Thought*, Cambridge (Mass.): Harvard University Press 1957.

Kuhn, Thomas S.: *Die Struktur wissenschaftlicher Revolutionen* [1967], 2. Aufl., Frankfurt a. M.: Suhrkamp Verlag 1976.

Kuhn, Thomas S.: *The Essential Tension. Selected Studies in Scientific Tradition and Change*, Chicago (Ill.)/London: University of Chicago Press 1977.

Kuhn, Thomas S.: *Black-Body Theory and the Quantum Discontinuity, 1894–1912* [1978], Chicago (Ill.)/London: University of Chicago Press 1987.

Kuhn, Thomas S.: »Die grundlegende Spannung: Tradition und Neuerung in der wissenschaftlichen Forschung« [1959], in: ders.: *Die Entstehung des Neuen. Studien zur Struktur der Wissenschaftsgeschichte* [1978], hg. v. Lorenz Krüger, 5. Aufl., Frankfurt a. M.: Suhrkamp Verlag 1997a, S. 308–326.

Kuhn, Thomas S.: »Die Wissenschaftsgeschichte« [1968], in: *Die Entstehung des Neuen. Studien zur Struktur der Wissenschaftsgeschichte* [1978], hg. v. Lorenz Krüger, 5. Aufl., Frankfurt a. M.: Suhrkamp Verlag 1997b, S. 169–193.

Kuhn, Thomas S.: »What Are Scientific Revolutions?« [1987], in: Thomas S. Kuhn: *The Road since Structure*, hg. v. James Conant/John Haugeland, Chicago (Ill.)/London: University of Chicago Press 2000, S. 13–32.

Kuhn, Thomas S.: *The Structure of Scientific Revolutions* [1962]. *With an Introductory Essay by Ian Hacking*, 4. Aufl., Chicago (Ill.)/London: University of Chicago Press 2012.

Kuhn, Thomas S./Heilbron, John L./Forman, Paul/Allen, Lini (Hgg.): *Sources for History of Quantum Physics. An Inventory and Report*, Philadelphia (Pa.): The American Philosophical Society 1967.

Labatut, Benjamín: *Das blinde Licht. Irrfahrten der Wissenschaft* [2020], Berlin: Suhrkamp Verlag 2020.

Latour, Bruno/Woolgar, Steve: *Laboratory Life. The Social Construction of Scientific Facts*, Beverly Hills (Ca.)/London: Sage Publications 1979.

Lee, Raymond M.: »Recording Technologies and the Interview in Sociology, 1920–2000«, in: *Sociology* 38/5 (2004), S. 869–889.

Lee, Raymond M.: »David Riesman and the Sociology of the Interview«, in: *The Sociological Quarterly* 49/2 (2008), S. 285–307.

Lemov, Rebecca: *Database of Dreams. The Lost Quest to Catalog Humanity*, New Haven (Conn.)/London: Yale University Press 2015.

Lempert, Michael: »Fine-Grained Analysis: Talk Therapy, Media, and the Microscopic Science of the Face-to-Face«, in: *ISIS* 110/1 (2019), S. 24–47.

Lindner, Rolf: *Die Entdeckung der Stadtkultur. Soziologie aus der Erfahrung der Reportage*, Frankfurt a. M.: Suhrkamp Verlag 1990.

Linke, Angelika: *Sprachkultur und Bürgertum. Zur Mentalitätsgeschichte des 19. Jahrhunderts*, Stuttgart/Weimar: Metzler 1996.

Lorenz, Robert: *Protest der Physiker. Die »Göttinger Erklärung« von 1957*, Bielefeld: Transcript 2011.

Lynch, Michael: »Self-exemplifying Revolutions? Notes on Kuhn and Latour«, in: *Social Studies of Science* 42/3 (2012), S. 449–455.

Maccoby, Eleanor E./Maccoby, Nathan: »The Interview: A Tool of Social Science«, in: *Handbook of Social Psychology*, hg. v. Gardner Lindzey, Cambridge (Mass.): Addison-Wesley Publishing Company 1954, S. 449–487.

Maizell, Robert E.: »AIP Documentation Research Project«, in: *Physics Today* 13/10 (1960), S. 42–46.
Max-Planck-Gesellschaft zur Förderung der Wissenschaften (Hg.): *Max Planck. Vorträge und Ausstellung zum 50. Todestag*, Göttingen: Vandenhoeck & Ruprecht 1997.
McLuhan, Marshall: *Die Gutenberg Galaxis. Das Ende des Buchzeitalters* [1968], Bonn/Paris/Reading: Addison-Wesley 1995.
McLuhan, Marshall: *The Gutenberg Galaxy: The Making of Typographic Man* [1962], 10. Aufl., Toronto: University of Toronto Press 1997.
Merton, Robert K.: »A Note on Science and Democracy«, in: *Journal of Legal and Political Sociology* 1/1–2 (1942), S. 115–126.
Merton, Robert K.: *Auf den Schultern von Riesen. Ein Leitfaden durch das Labyrinth der Gelehrsamkeit* [1965], Frankfurt a. M.: Suhrkamp Verlag 1983.
Metzler, Gabriele: »Zeitgeschichte: Begriff – Disziplin – Problem«, in: *Docupedia-Zeitgeschichte* (7.4.2014), online: http://docupedia.de/zg/metzler_zeitgeschichte_v1_de_2014.
Meyenn, Karl von: »Ist die Quantentheorie milieubedingt?«, in: *Quantenmechanik und Weimarer Republik*, hg. v. dems., Braunschweig: Vieweg 1994, S. 3–58.
Moore, Ruth: *Niels Bohr. The Man, His Science, & the World They Changed*, New York: Alfred A. Knopf 1966.
Morton, David: *Off the Record. The Technology and Culture of Sound Recording in America*, New Brunswick (N. J.)/London: Rutgers University Press 2000.
Nasim, Omar W.: »Was ist historische Epistemologie?«, in: *Nach Feierabend. Zürcher Jahrbuch für Wissensgeschichte* 9 (2013), S. 123–144.
National Historical Publications Commission: *A National Program for the Publication of Historical Documents. A Report to the President*, Washington (D. C.): o. V. 1954.
Netzer, Hans-Joachim: »Thesen über das Interview«, in: *Publizistik* 15/1 (1970), S. 31–37.
Nevins, Allan: *The Gateway to History*, New York: Appleton-Century 1938.
Nielsen, Kristian H./Harbsmeier, Michael/Ries, Christopher J.: »Studying Scientists and Scholars in the Field. An Introduction«, in: *Scientists and Scholars in the Field. Studies in the History of Fieldwork and Expeditions*, hg. v. dens., Aarhus/Kopenhagen: Aarhus University Press 2012, S. 9–28.
Niethammer, Lutz: »Oral History in USA. Zur Entwicklung und Problematik diachroner Befragungen«, in: *Archiv für Sozialgeschichte* 18 (1978), S. 457–501.
Niethammer, Lutz: »Oral History in der deutschen Zeitgeschichte. Lutz Niethammer im Gespräch mit Veronika Settele und Paul Nolte«, in: *Geschichte und Gesellschaft* 43/1 (2017), S. 110–145.
Nilsson, Nils Gunnar: »The Origin of the Interview«, in: *Journalism & Mass Communication Quarterly* 48/4 (1971), S. 707–713.
Nunis, Doyce B., Jr.: »Oral History and the History of Technology«, in: *Technology and Culture* 4/2 (1963), S. 149–154.

Nye, Mary Jo: *Michael Polanyi and His Generation. Origins of the Social Construction of Science*, Chicago (Ill.)/London: Chicago University Press 2011.

Oppenheimer, J. Robert: *Wissenschaft und allgemeines Denken* [1953], Hamburg: Rowohlt Taschenbuch Verlag 1955.

Pais, Abraham: *Niels Bohr's Times, in Physics, Philosophy, and Polity*, Oxford: Clarendon Press 1991.

Pickering, Andrew: *The Mangle of Practice. Time, Agency, and Science*, Chicago (Ill.)/London: University of Chicago Press 1995.

Planck, Max: »Das Weltbild der neuen Physik«, in: *Monatshefte für Mathematik und Physik* 36 (1929), S. 387–410.

Planck, Max: *Wissenschaftliche Selbstbiographie: Mit einem Bildnis und der von Max von Laue gehaltenen Traueransprache*, Leipzig: Johann Ambrosius Barth Verlag 1948.

Planck, Max: *Scientific Autobiography and Other Papers*, New York: Philosophical Library 1949.

Platt, Jennifer: *A History of Sociological Research Methods in America, 1920–1960*, Cambridge: Cambridge University Press 1996.

Platt, Jennifer: »The History of the Interview«, in: *Handbook of Interview Research. Context & Method* [2001], hg. v. Jaber F. Gubrium/James A. Holstein, Thousands Oaks (Ca.)/London/New Delhi: Sage Publications 2002, S. 33–54.

Polanyi, Michael: »The Republic of Science: Its Political and Economic Theory« [1962], in: *Minerva* 38/1 (2000), S. 1–21.

Porter, Theodore M.: »Positioning Social Science in Cold War America«, in: *Cold War Social Science. Knowledge Production, Liberal Democracy, and Human Nature*, hg. v. Mark Solovey/Hamilton Cravens, New York: Palgrave Macmillan 2012, S. ix–xv.

Rayward, W. B. (Hg.): *International Organisation and Dissemination of Knowledge. Selected Essays of Paul Otlet*, Amsterdam: Elsevier 1990.

Reckwitz, Andreas: *Die Erfindung der Kreativität. Zum Prozess gesellschaftlicher Ästhetisierung*, Berlin: Suhrkamp Verlag 2012.

Reinecke, Christiane/Mergel, Thomas (Hgg.): *Das Soziale ordnen. Sozialwissenschaften und gesellschaftliche Ungleichheit im 20. Jahrhundert*, Frankfurt a. M.: Campus Verlag 2012.

Reisch, George A.: »Aristotle in the Cold War: On the Origins of Thomas Kuhn's *Structure of Scientific Revolutions*«, in: *Kuhn's Structure of Scientific Revolutions at Fifty. Reflections on a Science Classic*, hg. v. Robert J. Richards/Lorraine Daston, Chicago (Ill.)/London: University of Chicago Press 2016, S. 12–29.

Reisch, George A.: *The Politics of Paradigms. Thomas S. Kuhn, James B. Conant, and the Cold War »Struggle for Men's Minds«*, Albany (N.Y.): State University of New York Press 2019.

Renn, Jürgen: »Schrödinger and the Genesis of Wave Mechanics«, in: *Erwin Schrödinger – 50 Years After*, hg. v. Wolfgang L. Reiter/Jakob Yngvason, Zürich: European Mathematical Society Publishing House 2013, S. 9–36.

Requate, Jörg: *Journalismus als Beruf. Entstehung und Entwicklung des Journalistenberufs im 19. Jahrhundert. Deutschland im internationalen Vergleich*, Göttingen: Vandenhoeck & Ruprecht 1995.

Revel, Jacques: »History and the Social Sciences«, in: *Cambridge History of Science*, Bd. 7: *The Modern Social Sciences*, hg. v. Theodore M. Porter/Dorothy Ross, Cambridge: Cambridge University Press 2003, S. 391–404.

Rheinberger, Hans-Jörg: *Experiment, Differenz, Schrift. Zur Geschichte epistemischer Dinge*, Marburg: Basilisken-Presse 1992.

Rheinberger, Hans-Jörg: *Epistemologie des Konkreten. Studien zur Geschichte der modernen Biologie*, Frankfurt a. M.: Suhrkamp Verlag 2006.

Rheinberger, Hans-Jörg: *Historische Epistemologie zur Einführung*, Hamburg: Junius Verlag 2007.

Rheinberger, Hans-Jörg: »Historische Epistemologie«, in: *Handbuch Wissenschaftsgeschichte*, hg. v. Marianne Sommer/Staffan Müller-Wille/Carsten Reinhardt, Stuttgart: J. B. Metzler 2017, S. 32–45.

Roe, Anne: »A Psychological Study of Physical Scientists«, in: *Genetic Psychology Monographs* 43 (1951), S. 121–239.

Roe, Anne: *The Making of a Scientist*, Westport (Conn.): Greenwood Press 1953.

Rossiter, Margaret W.: »The History and Philosophy of Science Program at the National Science Foundation«, in: *ISIS* 75/1 (1984), S. 95–104.

Rothfels, Hans: »Zeitgeschichte als Aufgabe«, in: *Vierteljahrshefte für Zeitgeschichte* 1/1 (1953), S. 1–8.

Rovelli, Carlo: *Helgoland. Wie die Quantentheorie unsere Welt verändert* [2020], Hamburg: Rowohlt Verlag 2021.

Ruchatz, Jens: *Die Individualität der Celebrity. Eine Mediengeschichte des Interviews*, Konstanz/München: UVK Verlagsgesellschaft 2014.

Rudolph, John L.: *Scientists in the Classroom. The Cold War Reconstruction of American Science Education*, New York: Palgrave 2002.

Sabrow, Martin: »Der Zeitzeuge als Wanderer zwischen zwei Welten«, in: *Die Geburt des Zeitzeugen nach 1945*, hg. v. Martin Sabrow/Norbert Frei, Göttingen: Wallstein Verlag 2012, S. 13–32.

Sabrow, Martin/Frei, Norbert (Hgg.): *Die Geburt des Zeitzeugen nach 1945*, Göttingen: Wallstein Verlag 2012.

Sarton, George: »An Institute for the History of Science and Civilization«, in: *Science* 45/1160 (1917), S. 284–286.

Saupe, Achim: »Zur Kritik des Zeugen in der Konstitutionsphase der modernen Geschichtswissenschaft«, in: *Die Geburt des Zeitzeugen nach 1945*, hg. v. Martin Sabrow/Norbert Frei, Göttingen: Wallstein Verlag 2012, S. 71–92.

Savage, Mike: *Identities and Social Change in Britain since 1940. The Politics of Method*, Oxford: Oxford University Press 2010.

Schilpp, Paul Arthur (Hg.): *Albert Einstein: Philosopher-Scientist* (2 Bde.), Evanston (Ill.): Library of Living Philosophers 1949.

Schirrmacher, Arne: »Bohrsche Bahnen in Europa. Bilder und Modelle zur

Vermittlung des modernen Atoms«, in: *Atombilder. Ikonografie des Atoms in Wissenschaft und Öffentlichkeit des 20. Jahrhunderts*, hg. v. Charlotte Bigg/Jochen Hennig, Göttingen: Wallstein Verlag 2009, S. 73–82.

Schirrmacher, Arne: »North American World's Fairs and the Reinvention of the Science Museum in the 1960s«, in: *Behind the Exhibit. Displaying Science and Technology at World's Fairs and Museums in the Twentieth Century*, hg. v. Elena Canadelli/Marco Beretta/Laura Ronzon, Washington (D. C.): Smithsonian Institution Scholarly Press 2019, S. 158–181.

Schlesinger, Arthur, Jr.: »On the Writing of Contemporary History«, in: *The Atlantic* 219/3 (1967), S. 69–74.

Schmidt, Susanne: *Midlife Crisis. The Feminist Origins of a Chauvinist Cliché*, Chicago (Ill.)/London: Chicago University Press 2020.

Schmidtke, Alrun: *Zwischen Konferenz und Cocktailparty. Wissenschaftsverlage und ihre Berater 1928–1963*, Dissertation, Humboldt-Universität zu Berlin, 2020 (Typoskript).

Schmölders, Claudia (Hg.): *Die Kunst des Gesprächs. Texte zur Geschichte der europäischen Konversationstheorie*, München: dtv 1979.

Schneemann, Peter J.: »Formate und Funktionen der künstlerischen Selbstaussage. Die Produktion von Quellenschriften in der amerikanischen Kunstszene der 1950er Jahre«, in: *Das Interview. Formen und Foren des Künstlergesprächs*, hg. v. Michael Diers/Lars Blunck/Hans Ulrich Obrist, Hamburg: Philo Fine Arts 2013, S. 129–152.

Schrödinger, Erwin: »Ist die Naturwissenschaft milieubedingt?« [1932], in: *Quantenmechanik und Weimarer Republik*, hg. v. Karl von Meyenn, Braunschweig/Wiesbaden: Vieweg 1994, S. 295–332.

Schweber, Silvan S.: *Nuclear Forces: The Making of the Physicist Hans Bethe*, Cambridge (Mass.): Harvard University Press 2012.

Seillan, Jean-Marie: »L'interview«, in: *La Civilisation du journal. Histoire culturelle et littéraire de la presse française au XIXe siècle*, hg. v. Dominique Kalifa/Philippe Régnier/Marie-Ève Thérenty/Alain Vaillant, Paris: Nouveau Monde Édition 2011, S. 1025–1040.

Seldon, Anthony: »Elite Interviews«, in: *The Contemporary History Handbook*, hg. v. Brian Brivati/Julia Buxton/Anthony Seldon, Manchester/New York: Manchester University Press 1996, S. 353–365.

Seth, Suman: »Crisis and the Construction of Modern Theoretical Physics«, in: *British Journal for the History of Science* 40/1 (2007), S. 25–51.

Seth, Suman: »Quantum Physics«, in: *The Oxford Handbook of the History of Physics*, hg. v. Jed Z. Buchwald/Robert Fox, Oxford: Oxford University Press 2013, S. 814–859.

Shapin, Steven: »The House of Experiment in Seventeenth-Century England«, in: *ISIS* 79/3 (1988), S. 373–404.

Shapin, Steven: »Discipline and Bounding: The History and Sociology of Science as Seen through the Externalism-Internalism Debate«, in: *History of Science* 30/4 (1992), S. 333–369.

Shapin, Steven: *A Social History of Truth. Civility and Science in Seventeenth-Century England*, Chicago (Ill.)/London: University of Chicago Press 1994.

Shapin, Steven: *The Scientific Life. A Moral History of a Late Modern Vocation*, Chicago (Ill.): University of Chicago Press 2008.

Shapin, Steven/Schaffer, Simon: *Leviathan and the Air-Pump: Hobbes, Boyle, and the Experimental Life*, Princeton (N. J.): Princeton University Press 1985.

Sharpless, Rebecca: »The History of Oral History«, in: *Handbook of Oral History*, hg. v. Thomas L. Charlton/Lois E. Myers/Rebecca Sharpless, Lanham (Md.): Altamira Press 2006, S. 19–42.

Sigurdsson, Skúli: »The Nature of Scientific Knowledge. An Interview with Thomas S. Kuhn«, in: *Harvard Science Review* 24 (Winter 1990), S. 18–25.

Simons, Oliver/Vogl, Joseph: »Interview als Form«, in: *The Germanic Review: Literature, Culture, Theory* 91/1 (2016), S. 87–96.

Smith, Alice Kimball: »Behind the Decision to Use the Atomic Bomb: Chicago 1944–1945«, in: *Bulletin of the Atomic Scientists* 14/8 (1958), S. 288–312.

Smyth, Henry De Wolf: *Atomic Energy for Military Purposes. The Official Report on the Development of the Atomic Bomb under the Auspices of the United States Government, 1940–1945*, Pennsylvania (Pa.): Maple Press 1945.

Smyth, Henry De Wolf: *Atomenergie und ihre Verwertung im Kriege. Offizieller Bericht über die Entwicklung der Atombombe*, Basel: Ernst Reinhardt Verlag 1947.

Söderqvist, Thomas (Hg.): *The Historiography of Contemporary Science and Technology*, Amsterdam: Harwood Academic Publishers 1997.

Söderqvist, Thomas: »›No Genre of History Fell under More Odium Than That of Biography‹: The Delicate Relations between Scientific Biography and the Historiography of Science«, in: *The History and Poetics of Scientific Biography*, hg. v. dems., Aldershot (UK)/Burlington (Vt.): Ashgate 2007, S. 241–262.

Solovey, Mark: »The Impossible Dream: Scientism as Strategy against Distrust of Social Science at the U. S. National Science Foundation, 1945–1980«, in: *International Journal for History, Culture, and Modernity* 7/1 (2019), S. 209–238.

Solovey, Mark/Cravens, Hamilton: *Cold War Social Science. Knowledge Production, Liberal Democracy, and Human Nature*, New York: Palgrave Macmillan 2012.

Stachel, John/Cassidy, David C./Schulmann, Robert: *The Collected Papers of Albert Einstein*, Bd. 1: *The Early Years, 1879–1902*, Princeton (N. J.): Princeton University Press 1987.

Starr, Louis: »Oral History« [1977], in: *Oral History. An Interdisciplinary Anthology*, hg. v. David King Dunaway/Willa K. Baum, 2. Aufl., Walnut Creek: Altamira Press 1996, S. 39–61.

Sullivan, Harry Stack: *The Psychiatric Interview*, hg. v. Helen Swick Perry/Mary Ladd Gawel, New York: W. W. Norton & Company 1954a.

Sullivan, Harry Stack: »Basic Concepts in the Psychiatric Interview«, in: *Pastoral Psychology* 5/8 (1954b), S. 39–46.

Taubitz, Jan: *Holocaust Oral History und das lange Ende der Zeitzeugenschaft*, Göttingen: Wallstein Verlag 2016.

Uhlenbeck, George E.: »Reviewed Work(s): Paul Ehrenfest, *Collected Scientific Papers* by Martin J. Klein«, in: *Science* 131 (1960), S. 1204.

Unglaub, Erich: »›Une heure avec…‹ Frédéric Lefèvre. Deutsche Autoren der zwanziger und dreißiger Jahre in Pariser Interviews«, in: *Echt inszeniert. Interviews in Literatur und Literaturbetrieb*, hg. v. Torsten Hoffmann/Gerhard Kaiser, Paderborn: Wilhelm Fink Verlag 2014, S. 151–175.

Waerden, Bartel Leendert van der (Hg.): *Sources of Quantum Mechanics. Edited with a Historical Introduction*, Amsterdam: North-Holland Publishing 1967.

Walker, Mark: *German National Socialism and the Quest for Nuclear Power: 1939–1949*, Cambridge: Cambridge University Press 1989.

Wallach, Glenn: »›A Depraved Taste for Publicity:‹ The Press and Private Life in the Gilded Age«, in: *American Studies* 39/1 (1998), S. 31–57.

Wang, Jessica: *American Science in an Age of Anxiety. Scientists, Anticommunism, and the Cold War*, Chapel Hill (N. C.)/London: University of North Carolina Press 1999.

Watson, James D.: *The Double Helix. A Personal Account of the Discovery of the Structure of DNA*, New York: Atheneum 1968.

Weiner, Charles: »Oral History of Science: A Mushrooming Cloud?«, in: *Journal of American History* 75/2 (1988), S. 548–559.

Wheaton, Bruce R./Heilbron, John L. (Hgg.): *An Inventory of Published Letters to and from Physicists, 1900–1950*, Berkeley (Ca.): University of California Press 1982.

Wierling, Dorothee: »Oral History«, in: *Aufriß der Historischen Wissenschaften*, Bd. 7: *Neue Themen und Methoden der Geschichtswissenschaft*, hg. v. Michael Maurer, Stuttgart: Reclam 2003, S. 81–151.

Wieviorka, Annette: *The Era of the Witness* [1998], Ithaka (N.Y.)/London: Cornell University Press 2006.

Wilbers, Usha: »The Author Resurrected: The ›Paris Review's‹ Answer to the Age of Criticism«, in: *American Periodicals* 18/2 (2008), S. 192–212.

Witherspoon, John T.: *Questioning a Source. A Critical Analysis of the Refugee Interview Project, from the Harvard Project on the Soviet Social System.* A thesis submitted to the Department of History in partial fulfillment of the requirements for the Degree of Bachelor of Arts with Honors, Harvard University, März 2002 (Typoskript).

Woodward, Llewellyn: »The Study of Contemporary History«, in: *Journal of Contemporary History* 1/1 (1966), S. 1–13.

Woolf, Harry: »Manuscripts and the History of Science«, in: *ISIS* 53/1 (1962), S. 3/4.

Woolfenden, William E.: »Report on Third Conference: Potential of Tape-Recorded Interviews«, in: *Bulletin (Archives of American Art)* 2/2 (1962), S. 3.

Wray, K. Brad: »The Influence of James B. Conant on Kuhn's *Structure of Scientific Revolutions*«, in: *HOPOS* 6/1 (2016), S. 1–23.

Wright, Alex: *Cataloging the World: Paul Otlet and the Birth of the Information Age*, Oxford: Oxford University Press 2014.

Wulz, Monika/Stadler, Max/Güttler, Nils/Grütter, Fabian: »Einleitung«, in: *Deregulation und Restauration. Eine politische Wissensgeschichte*, hg. v. dens., Berlin: Matthes & Seitz 2021, S. 9–16.

Yeo, Eileen Janes: »Social Surveys in the Eighteenth and Nineteenth Century«, in: *The Cambridge History of Science*, Vol. 7: *The Modern Social Sciences*, hg. v. Theodore M. Porter/Dorothy Ross, Cambridge: Cambridge University Press 2003, S. 83–99.

Zechlin, Walter: »Das Interview«, in: *Zeitungswissenschaft. Monatsschrift für internationale Zeitungsforschung* 14/2 (1939), S. 89–97.

Zuckerman, Harriet: »Nobel Laureates in Science: Patterns of Productivity, Collaboration, and Authorship«, in: *American Sociological Review* 32/3 (1967), S. 391–403.

Abbildungsnachweis

1 Folder »Collective Material«, APS, AHQP, Box 22, 530.1 AR 2.5.

2 T. S. Kuhn an J. A. Wheeler, 21.5.1964, APS, John A. Wheeler Papers, Series I, Box 27, B:W 564.

3 »Appeal«, Februar 1962, APS, AHQP, Box 22, 530.1 AR 2.5.

4a+b »Checklist, February 1962«, APS, AHQP, Box 22, 530.1 AR 2.5.

5 »Aug. 1960–Apr. 1961«, APS, John A. Wheeler Papers, Series I, Box 26, B:W 564.

6 Folder »General Correspondence«, hier: Benison, APS, AHQP, Box 17, 530.1 AR 2.5.

7a–d Landé, Alfred (Biography), AHQP/MPIWG, Mikrofilm 1419-003, Blatt 24–27.

8+9 Archiv Andreas Flader.

10 Landé, Alfred (Interview), AHQP/MPIWG, Mikrofilm 1419-003, Blatt 2.

11 Landé, Alfred (Interview), AHQP/MPIWG, Mikrofilm 1419 003, Blatt 11.

Dank

Dieses Buch beschäftigt mich seit 2014, und so ist es nicht überraschend, dass eine ganze Reihe von Personen und Institutionen zu seiner Entstehung beigetragen haben.

Ein Fellowship am »Internationalen Kolleg für Kulturtechnikforschung und Medienphilosophie« an der Bauhaus-Universität Weimar unter der Leitung von Lorenz Engell und Bernhard Siegert (2016) war ebenso inspirierend wie der Aufenthalt in der Forschungsgruppe »Epistemes of Modern Acoustics« von Viktoria Tkaczyk am Max-Planck-Institut für Wissenschaftsgeschichte (2016). Dort habe ich zudem von der hervorragenden Instituts-Bibliothek profitiert, wie auch von der Projektgruppe »History and Foundations of Quantum Physics« unter der Leitung von Jürgen Renn, die mir Zugang zum Mikrofilm-Archiv des AHQP gewährte. Ein besonderer Dank geht dabei an Esther Chen und Christoph Lehner.

Die Archive der American Philosophical Society, des Massachusetts Institute of Technology, des American Institute of Physics und der Max-Planck-Gesellschaft sowie das Privatarchiv von Andreas Flader zur Geschichte des Tonbandes waren für meine Quellenrecherchen unverzichtbar. Seinen Mitarbeitern und Mitarbeiterinnen bin ich zu großem Dank verpflichtet.

Einzelne Arbeitsstadien des Buches konnte ich in Kolloquien der Universitäten Wien, Lübeck, Frankfurt am Main, der TU Berlin und des Forschungszentrums Gotha der Universität Erfurt vorstellen. Allen Einladenden und Teilnehmenden an diesen Orten sei herzlich für die Aufnahme und die Diskussionen gedankt! Eine erste Version des Manuskripts wurde 2016 in den Kolloquien der Wissenschaftsforschung an der ETH Zürich (mit tätiger Beihilfe der Luzerner Wissenschaftsforschung) und der Wissenschaftsgeschichte an der Humboldt-Universität zu Berlin liebevoll zerrissen.

Das komplette Manuskript lasen mehrere Kolleginnen und Kollegen: Lorraine J. Daston und M. Norton Wise haben mir dabei neben zahlreichen Hinweisen zudem verdeutlicht, wer Thomas S. Kuhn war; Dieter Hoffmann und Martin Jähnert ließen mich danach – genauso wie Arne Schirrmacher – an ihrer physikgeschichtlichen Expertise selbstlos teilhaben; Michael Wildt hinterfragte zahlreiche Selbstverständlichkeiten so inspirierend, dass mir nicht die Luft ausging; Mathias Grote hat die verschiedenen Fassungen unermüdlich begleitet und bestärkt. Martin Bauer stellte schließlich das Manuskript vom Kopf auf die Füße und war auf den letzten Metern der entscheidende Teil eines spontanen Titelfindungskomitees.

Auf Anregung von Dieter Hoffmann konnten wir 2013 ein längeres Interview mit John L. Heilbron führen. Dafür, dass dieser mehr als fünf Jahre später schließlich eine Version des Manuskripts gelesen hat und so einen distanzierten Blick auf seine eigene Geschichte warf, bin ich ihm besonders dankbar.

Für zahlreiche Kommentare und Hilfestellungen danke ich Horst Bredekamp, Eric J. Engstrom, Philipp Felsch, Paul Forman, Michael D. Gordin, Emma Hagström Molin, Klaus Hentschel, Marion Höppner, Lara Keuck, Antje Korsmeier, Mikkel Krammer-Haßler, Sarah Kuhn, Anna Kvicalova, Felix Lüttge, Erika L. Milam, Susanne Saygin, Elvira Scheich, Susanne Schmidt, Alrun Schmidtke, Viktoria Tkaczyk, Joseph Vogl, Noah Willumsen, Hansjakob Ziemer und Hanns Zischler. Skúli Sigurdsson hat das ganze Projekt in seiner unnachahmlichen Art unterstützt und mit Literaturverweisen gefüttert.

Schließlich wäre ohne die Unterstützung der studentischen Hilfskräfte im Verlaufe der Jahre der Faden gerissen, deshalb großer Dank an Stephan Orendi, Vincent Dold, Laura Haßler und Katharina Hillermann!

Ein Buch wird nur ein Buch, wenn es einen Verlag und einen Lektor kennt: Susanne Schüssler und dem Verlagskollektiv bin ich zutiefst dankbar für die Aufnahme in ihr Programm. Dass dieses Buch in der »Kleinen Kulturwissenschaftlichen Bibliothek« erscheint, freut mich besonders, da die Buchreihe mich seinerzeit in nicht unerheblicher Weise überhaupt für meinen Beruf motiviert hat. Tilman Vogt schließlich hat es geschafft, dass ich noch einmal frisch auf bereits Bestehendes blicken konnte, und Corinna Gathmann in der Herstellung war eine ideenreiche Begleitung.

Besonderer Dank geht zum Schluss an die »Dämonenräumdienste«* Michael Hagner, der mit nicht endender Geduld jederzeit Unterstützung gab, und Herbert Stattler, der mich mit seinen unbestechlichen Fragen auf den Boden der Tatsachen zurückholte.

Berlin, im Januar 2022

* Marcel Beyer, *Dämonenräumdienst. Gedichte*, Berlin: Suhrkamp Verlag 2020.

KLEINE KULTURWISSENSCHAFTLICHE BIBLIOTHEK

Deborah Nelson Denken ohne Trost

Arbus, Arendt, Didion, McCarthy, Sontag, Weil

Von Frauen wird Tröstung verlangt. Deborah Nelson nähert sich sechs beeindruckenden Denkerinnen, die sich weigerten, die harte Realität im Meer der Gefühle untergehen zu lassen.

Aus dem amerikanischen Englisch von Birthe Mühlhoff
Mit einem Nachwort von Merve Emre
KKB 91. Klappenbroschur. 240 Seiten

Wolfgang Ullrich Die Kunst nach dem Ende ihrer Autonomie

Muss Kunst heute politisch, fair und klimaneutral sein? Was unterscheidet sie noch von Mode und Design? Kritisch und zugleich kulturoptimistisch: Wolfgang Ullrichs umfassende Analyse eines Paradigmenwechsels, dessen Konsequenzen weit über die Kunst hinausreichen.

KKB 90. Klappenbroschur. 240 Seiten mit vielen farbigen Abbildungen

Andreas Tönnesmann Monopoly

Das Spiel, die Stadt und das Glück

Andreas Tönnesmann enthüllt das Geheimnis des erfolgreichsten Gesellschaftsspiels aller Zeiten: Idealstadtmodelle und moderne Utopien werden auf simple und massentaugliche Regeln reduziert. Wer *Monopoly* gewinnen will, muss seine gute Erziehung vergessen und den Instinkten freien Lauf lassen.

KKB 81. Gebunden mit Schildchen und Prägung. 144 Seiten

Beatriz Preciado Pornotopia

Architektur, Sexualität und Multimedia im »Playboy«

Preciado liest den *Playboy* als Teil der sexuellen Revolution, als maskulin-heterosexuelles Gegenstück zur Emanzipation von Frauen und Homosexuellen und zeigt, wie Männer ihre Sexualität seit den Fünfzigerjahren jenseits des Reproduktionsimperativs umdefinieren und auf die Räume übertragen, in denen sie leben.

Aus dem Spanischen von Bettina Engels und Karen Genschow
KKB 82. Gebunden mit Schildchen und Prägung. 168 Seiten mit vielen Abbildungen

Lesen Sie weiter ...

Lothar Müller Adrien Proust und sein Sohn Marcel

Beobachter der erkrankten Welt

Ein Unbekannter wird entdeckt: Der Arzt und Seuchenbekämpfer Adrien Proust tritt an die Seite seines Sohnes Marcel Proust. Ein faszinierender Einblick in die verborgenen Beziehungen zwischen Medizin und Literatur um 1900.

Klappenbroschur. 224 Seiten mit Abbildungen

Anton Tantner Die ersten Suchmaschinen

Adressbüros, Fragämter, Intelligenz-Comptoirs

Der Historiker Anton Tantner erzählt die Geschichte derer, die nicht zueinanderkommen, weil sie nicht voneinander wissen. Und wie dem abgeholfen wurde. Dahinter steht die Frage: Wie war die Gesellschaft vor ein paar hundert Jahren organisiert, und wie ist sie es heute?

Gebunden mit Schutzumschlag. 176 Seiten

Peter Burke Giganten der Gelehrsamkeit

Die Geschichte der Universalgenies

Wie passt das Wissen der ganzen Welt in den Kopf eines einzelnen Menschen? Wie kann jemand Kenntnisse von 25 Sprachen und parallel in mannigfachen Disziplinen und Künsten besitzen? Das neue große Werk des bedeutenden Kulturhistorikers Peter Burke: Die Geschichte einer gefährdeten Spezies – die der Universalgelehrten.

Gebunden mit Prägung, Großformat. 320 Seiten mit vielen Abbildungen

Revolutionäre im Interview. Thomas Kuhn, Quantenphysik und Oral History erschien im Frühjahr 2022 als Band 92 in der Reihe KLEINE KULTURWISSENSCHAFTLICHE BIBLIOTHEK.

KLEINE
KULTURWISSENSCHAFTLICHE
BIBLIOTHEK
wurde 1988 in Referenz an Aby Warburg gegründet.

www.wagenbach.de
Umschlaggestaltung nach einem Konzept von GROOTHUIS Gesellschaft der Ideen und Passionen mbH. Gesetzt aus der Minion Pro und der BrownStd. Gedruckt und gebunden bei Pustet, Regensburg. Printed in Germany.

ISBN 978 3 8031 5192 6